普通高校“十二五”实用规划教材——公共基础系列

线性代数(经管类)

马　毅　张　良　主　编

赵春昶　刘玉蓉　副主编

清华大学出版社
北　京

内容简介

本书是根据教育部有关的教学大纲及最新全国硕士研究生入学统一考试(数学三)大纲的要求，总结作者多年讲授线性代数课程的实践经验编写而成的。

全书介绍了 n 阶行列式、矩阵及其运算、向量组的线性相关性、线性方程组、矩阵的特征值与特征向量以及二次型等线性代数的基础理论与方法。

本书语言叙述力求深入浅出、通俗易懂，内容编排力求层次清晰、简明扼要，例题与习题选取力求少而精。本书可作为经济管理类本科生的试用教材。

图书在版编目(CIP)数据

线性代数(经管类)/马毅，张良主编. --北京：清华大学出版社，2015
(普通高校"十二五"实用规划教材——公共基础系列)
ISBN 978-7-302-38955-2

Ⅰ. ①线… Ⅱ. ①马… ②张… Ⅲ. ①线性代数 Ⅳ. ①O151.2

中国版本图书馆 CIP 数据核字(2015)第 005617 号

责任编辑：秦 甲
封面设计：刘孝琼
责任校对：周剑云
责任印制：李红英

出版发行：清华大学出版社
网 址：http://www.tup.com.cn，http://www.wqbook.com
地 址：北京清华大学学研大厦 A 座 邮 编：100084
社 总 机：010-62770175 邮 购：010-62786544
投稿与读者服务：010-62776969，c-service@tup.tsinghua.edu.cn
质 量 反 馈：010-62772015，zhiliang@tup.tsinghua.edu.cn
课 件 下 载：http://www.tup.com.cn，010-62791865
印 装 者：北京鑫海金澳胶印有限公司
经 销：全国新华书店
开 本：185mm×260mm 印 张：9.25 字 数：219 千字
版 次：2015 年 4 月第 1 版 印 次：2015 年 4 月第 1 次印刷
印 数：1～3000
定 价：25.00 元

产品编号：061867-01

前　言

线性代数主要研究变量间的线性关系。由于线性关系存在于自然科学与社会科学的各个领域，且大量的非线性问题在一定条件下也可转化为线性问题来处理，于是线性代数理论方法广泛应用于自然科学、工程技术与经济管理科学的各领域中，尤其与金融、证券、投资、运筹学等学科相互渗透或结合。因此线性代数已成为经济管理类专业学生必修的一门重要基础课，它被列为硕士研究生入学考试的必考课程。通过本课程的学习，希望学生能掌握线性代数的基本思想与方法，并且具备一定的分析与解决实际问题的能力。

本书是根据教育部有关的教学大纲及最新全国硕士研究生入学统一考试(数学三)大纲的要求，总结作者多年讲授线性代数课程的实践经验编写而成的。

线性代数课程有如下特征：

(1) 内容抽象、前后关联、相互渗透；

(2) 概念多、定理多、符号多；

(3) 计算原理简单，但计算量较大；

(4) 证明一般需要较高的技巧；

(5) 应用广泛。

为了学好这门比较抽象的课程，本书力求：

(1) 注重线性代数思想与方法的介绍；

(2) 内容精练，结构完整，推理简明，通俗易懂；

(3) 语言叙述深入浅出，便于自学；

(4) 例题选取做到少而精；

(5) 注重应用。

全书由马毅老师和张良老师主持编写。其中第 1 章由刘玉蓉老师撰写，第 2 章由赵春昶老师撰写，第 3～5 章由张良老师撰写，最后由马毅老师和张良老师修改定稿。在编写过程中，承蒙程从沈老师的大力帮助，在此表示衷心感谢！

由于编者水平有限，书中难免有不妥之处，恳请读者批评指正。

编　者

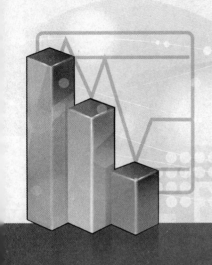

目　录

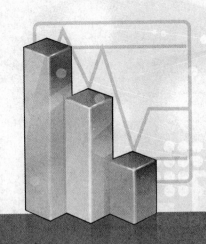

第1章 行 列 式

数学是从人们的需要中产生的，行列式是人们从解线性方程组的需要中建立起来的。

1.1 二阶与三阶行列式

1. 二阶行列式

用记号$\begin{vmatrix} a_{11} & a_{12} \\ a_{21} & a_{22} \end{vmatrix}$表示代数和$a_{11}a_{22}-a_{12}a_{21}$，称记号$\begin{vmatrix} a_{11} & a_{12} \\ a_{21} & a_{22} \end{vmatrix}$为二阶行列式，即

$$\begin{vmatrix} a_{11} & a_{12} \\ a_{21} & a_{22} \end{vmatrix} = a_{11}a_{22}-a_{12}a_{21} \tag{1-1}$$

可借助对角线法则来记忆，参看图 1-1。

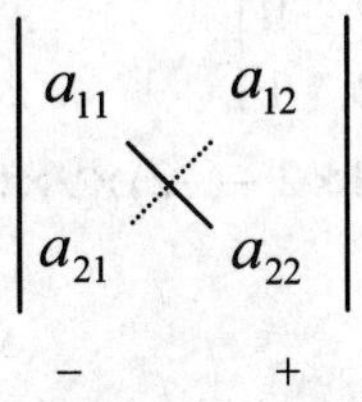

图 1-1

即$\begin{vmatrix} a_{11} & a_{12} \\ a_{21} & a_{22} \end{vmatrix}$等于实连线上两元素乘积与虚连线上两元素乘积之差。

例 1-1 计算二阶行列式$D=\begin{vmatrix} 3 & -2 \\ 2 & 1 \end{vmatrix}$

解 $D=3\times1-(-2)\times2=7$

2. 三阶行列式

用记号 $\begin{vmatrix} a_{11} & a_{12} & a_{13} \\ a_{21} & a_{22} & a_{23} \\ a_{31} & a_{32} & a_{33} \end{vmatrix}$ 表示代数和 $a_{11}a_{22}a_{33}+a_{12}a_{23}a_{31}+a_{13}a_{21}a_{32}-a_{13}a_{22}a_{31}-a_{12}a_{21}a_{33}-a_{11}a_{23}a_{32}$，称它为三阶行列式，即

$$\begin{vmatrix} a_{11} & a_{12} & a_{13} \\ a_{21} & a_{22} & a_{23} \\ a_{31} & a_{32} & a_{33} \end{vmatrix}=a_{11}a_{22}a_{33}+a_{12}a_{23}a_{31}+a_{13}a_{21}a_{32}-a_{13}a_{22}a_{31}-a_{12}a_{21}a_{33}-a_{11}a_{23}a_{32} \tag{1-2}$$

三阶行列式含有六项，每项均为不同行、不同列的三个元素的乘积再冠以正负号，其规律遵循如图 1-2 所示的对角线法则：图中各实线连接的三个元素的乘积是代数和的正项，各虚线连接的三个元素的乘积是代数和的负项。

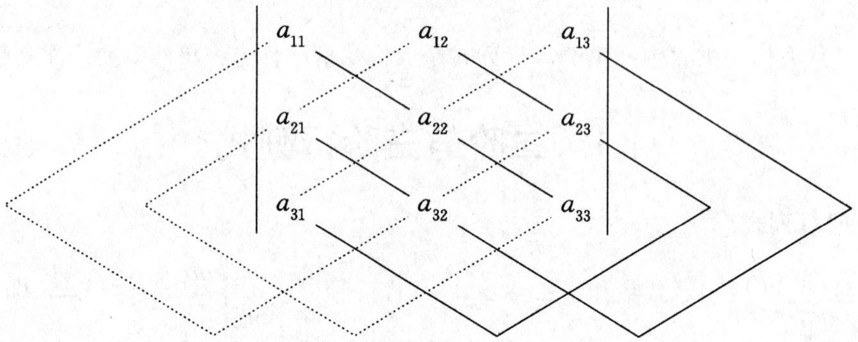

图 1-2

例 1-2 计算三阶行列式 $D=\begin{vmatrix} 3 & 3 & -2 \\ 1 & 9 & 0 \\ 0 & 2 & 1 \end{vmatrix}$

解 $D=3\times9\times1+3\times0\times0+(-2)\times1\times2-(-2)\times9\times0-3\times1\times1-3\times0\times2$
$=27-4-3=20$

例 1-3 解方程 $\begin{vmatrix} 1 & 1 & 1 \\ 2 & 3 & x \\ 4 & 9 & x^2 \end{vmatrix}=0$

解 由 $3x^2+4x+18-12-2x^2-9x=x^2-5x+6=0$，解得 $x=2$ 或 $x=3$。

对角线法则只适用于二阶和三阶行列式，为研究更高阶行列式，下面将介绍有关排列及逆序数的知识。

1.2 排列及其逆序数

定义 1-1 由 n 个自然数 $1,2,3,\cdots,n$ 组成的一个有序数组称为一个 n 级排列。

例如，2 3 4 1 及 4 3 2 1 都是 4 级排列，5 4 2 3 1 是一个 5 级排列。

定义 1-2　在一个 n 级排列中，若较大的数排在较小的数前面，那么它们就构成一个逆序，一个排列中逆序的总数称为这个排列的逆序数。

排列 $j_1j_2\cdots j_n$ 的逆序数记作 $\tau(j_1j_2\cdots j_n)$。

求排列逆序数的方法：若比 1 大而排在 1 前面的数有 k_1 个，比 2 大而排在 2 前面的数有 k_2 个，比 3 大而排在 3 前面的数有 k_3 个，……则这个排列的逆序数为 $k_1+k_2+k_3+\cdots$。

例 1-4　求下列排列的逆序数：

(1) 4 5 3 1 2；(2) 7 6 5 4 3 2 1。

解　(1) $\tau(45312)=3+3+2=8$

(2) $\tau(7654321)=6+5+4+3+2+1=21$

定义 1-3　若 $\tau(j_1j_2\cdots j_n)$ 为奇数，则称排列 $j_1j_2\cdots j_n$ 为奇排列；若 $\tau(j_1j_2\cdots j_n)$ 为偶数，则称排列 $j_1j_2\cdots j_n$ 为偶排列。

例如，排列 7 6 5 4 3 2 1 是奇排列，排列 4 5 3 1 2 是偶排列。

定义 1-4　将一个排列中的任意两个数互换位置，这种对排列的变换称为对换。

定理 1-1　任一排列经过一次对换后，其奇偶性改变。

证明　先证相邻对换的情形：

设排列 $a_1\cdots a_sabb_1\cdots b_t$，对换 a 与 b，变为排列 $a_1\cdots a_sbab_1\cdots b_t$。显然，$a_1,\cdots,a_s$ 和 $b_1,\cdots,b_t$ 这些数的逆序数经过对换并不改变，而 a、b 两数的逆序数改变为：当 $a<b$ 时，经过对换后 a 的逆序数增加 1 而 b 的逆序数不变；当 $a>b$ 时，经过对换后 a 的逆序数不变而 b 的逆序数减少 1，所以排列 $a_1\cdots a_sabb_1\cdots b_t$ 与排列 $a_1\cdots a_sbab_1\cdots b_t$ 的奇偶性不同。

再证一般对换的情形：

设排列 $a_1\cdots a_sab_1\cdots b_tbc_1\cdots c_m$，把它作 t 次相邻对换，变成 $a_1\cdots a_sabb_1\cdots b_tc_1\cdots c_m$，再作 $t+1$ 次相邻对换，变成 $a_1\cdots a_sbb_1\cdots b_tac_1\cdots c_m$。总之，经过 $2t+1$ 次相邻对换，排列 $a_1\cdots a_sab_1\cdots b_tbc_1\cdots c_m$ 变成 $a_1\cdots a_sbb_1\cdots b_tac_1\cdots c_m$，所以这两个排列的奇偶性相反。

定理 1-2　n 级排列共有 $n!$ 个，并且当 $n>1$ 时，在 $n!$ 个不同的排列中，奇排列与偶排列各占一半。

1.3　n 阶行列式

为了给出 n 阶行列式的定义，先来研究三阶行列式的结构。 三阶行列式的定义为

$$\begin{vmatrix} a_{11} & a_{12} & a_{13} \\ a_{21} & a_{22} & a_{23} \\ a_{31} & a_{32} & a_{33} \end{vmatrix} = a_{11}a_{22}a_{33}+a_{12}a_{23}a_{31}+a_{13}a_{21}a_{32}-a_{13}a_{22}a_{31}-a_{12}a_{21}a_{33}-a_{11}a_{23}a_{32}$$

容易看出：

(1) 三阶行列式表示所有位于不同行、不同列的 3 个元素乘积的代数和。3 个元素的乘积可以表示为

$$a_{1j_1}a_{2j_2}a_{3j_3}$$

$j_1\ j_2\ j_3$ 为 3 级排列，当 $j_1\ j_2\ j_3$ 遍取 3 级排列时，即得到三阶行列式的所有项(不包括正负号)，共为 $3!=6$ 项。

(2) 各项的正负号与列下标的排列对照：

带正号的三项列下标排列：123，231，312；

带负号的三项列下标排列：321，213，132。

前三个排列都是偶排列，后三个排列都是奇排列。因此各项所带的正负号可以表示为$(-1)^{\tau(j_1j_2j_3)}$，其中$\tau(j_1j_2j_3)$为列下标排列的逆序数。

总之，三阶行列式可以写成

$$\begin{vmatrix} a_{11} & a_{12} & a_{13} \\ a_{21} & a_{22} & a_{23} \\ a_{31} & a_{32} & a_{33} \end{vmatrix} = \sum_{j_1j_2j_3} (-1)^{\tau(j_1j_2j_3)} a_{1j_1} a_{2j_2} a_{3j_3}$$

其中$\sum\limits_{j_1j_2j_3}$表示对3级排列$j_1\ j_2\ j_3$求和。

仿此，可把行列式推广到一般情形。

定义 1-5 令

$$\begin{vmatrix} a_{11} & a_{12} & \cdots & a_{1n} \\ a_{21} & a_{22} & \cdots & a_{2n} \\ \vdots & \vdots & & \vdots \\ a_{n1} & a_{n2} & \cdots & a_{nn} \end{vmatrix} = \sum_{j_1j_2\cdots j_n} (-1)^{\tau(j_1j_2\cdots j_n)} a_{1j_1} a_{2j_2} \cdots a_{nj_n} \tag{1-3}$$

上式的左端称为n阶行列式，其中横排称为行，纵排称为列，a_{ij}称为行列式的第i行第j列元素；上式的右端称为n阶行列式的展开式，其中$j_1j_2\cdots j_n$是一个n级排列，$\sum\limits_{j_1j_2\cdots j_n}$表示对所有$n$级排列求和。

[注]

(1) 行列式的展开式是行列式中一切不同行、不同列元素的乘积$a_{1j_1}a_{2j_2}\cdots a_{nj_n}$前面加上符号$(-1)^{\tau(j_1j_2\cdots j_n)}$的代数和。

(2) n阶行列式的展开式共有$n!$项，当$n>1$时，$n!$项中一半前面的符号取正号，另一半取负号。

(3) 式(1-3)左端的n阶行列式可简记作$|a_{ij}|$。

例 1-5 证明下三角行列式

$$D = \begin{vmatrix} a_{11} & 0 & \cdots & 0 \\ a_{21} & a_{22} & \cdots & 0 \\ \vdots & \vdots & \ddots & \vdots \\ a_{n1} & a_{n2} & \cdots & a_{nn} \end{vmatrix} = a_{11}a_{22}\cdots a_{nn} \tag{1-4}$$

证明 由于当$i<j$时，$a_{ij}=0$，故D中可能不为0的元素a_{ij_i}，其下标应有$i \geqslant j_i$，即$j_1 \leqslant 1, j_2 \leqslant 2, \cdots, j_n \leqslant n$。

在所有排列中，能满足上述关系的排列只有一个自然排列$12\cdots n$，所以D中可能不为0的项只有一项$(-1)^{\tau(12\cdots n)}a_{11}a_{22}\cdots a_{nn}$。此项的符号为正，所以

$$D = a_{11}a_{22}\cdots a_{nn}$$

同理，小点可得上三角行列式

$$D=\begin{vmatrix} a_{11} & a_{12} & \cdots & a_{1n} \\ 0 & a_{22} & \cdots & a_{2n} \\ \vdots & \vdots & \ddots & \vdots \\ 0 & 0 & \cdots & a_{nn} \end{vmatrix}=a_{11}a_{22}\cdots a_{nn} \tag{1-5}$$

特别是对角行列式

$$D=\begin{vmatrix} a_{11} & 0 & \cdots & 0 \\ 0 & a_{22} & \cdots & 0 \\ \vdots & \vdots & \ddots & \vdots \\ 0 & 0 & \cdots & a_{nn} \end{vmatrix}=a_{11}a_{22}\cdots a_{nn} \tag{1-6}$$

这些结论在以后行列式的计算中可直接应用。

1.4 行列式的性质

将 n 阶行列式 D 的行与列互换位置，即将第一行变成第一列，第二行变成第二列，……第 n 行变成第 n 列，这样所得的行列式称为 D 的转置行列式，记作 D^{T}，即

若 $D=\begin{vmatrix} a_{11} & a_{12} & \cdots & a_{1n} \\ a_{21} & a_{22} & \cdots & a_{2n} \\ \vdots & \vdots & \ddots & \vdots \\ a_{n1} & a_{n2} & \cdots & a_{nn} \end{vmatrix}$，则 $D^{\mathrm{T}}=\begin{vmatrix} a_{11} & a_{21} & \cdots & a_{n1} \\ a_{12} & a_{22} & \cdots & a_{n2} \\ \vdots & \vdots & \ddots & \vdots \\ a_{1n} & a_{2n} & \cdots & a_{nn} \end{vmatrix}$

性质1 行列式与它的转置行列式相等，即 $D^{\mathrm{T}}=D$。

证明从略。

[注]

(1) 由此得，行列式的行与列具有同等的地位，凡是对行成立的性质，对列也成立，反之亦然。

(2) D 与 D^{T} 互为转置行列式。

性质2 行列式的任意两行(列)互换位置，行列式的值仅改变正负号。

证明 设行列式

$$D=\begin{vmatrix} \cdots & \cdots & \cdots \\ a_{i1} & \cdots & a_{in} \\ \cdots & \cdots & \cdots \\ a_{s1} & \cdots & a_{sn} \\ \cdots & \cdots & \cdots \end{vmatrix} \quad (i \neq s)$$

交换 D 的第 i 行与第 s 行，得到行列式

$$D_1=\begin{vmatrix} \cdots & \cdots & \cdots \\ a_{s1} & \cdots & a_{sn} \\ \cdots & \cdots & \cdots \\ a_{i1} & \cdots & a_{in} \\ \cdots & \cdots & \cdots \end{vmatrix}$$

则由定理 1-1 得

$$D=\sum_{j_1j_2\cdots j_n}(-1)^{\tau(j_1\cdots j_i\cdots j_s\cdots j_n)}a_{1j_1}\cdots a_{ij_i}\cdots a_{sj_s}\cdots a_{nj_n}$$

$$=-\sum_{j_1j_2\cdots j_n}(-1)^{\tau(j_1\cdots j_s\cdots j_i\cdots j_n)}a_{1j_1}\cdots a_{sj_s}\cdots a_{ij_i}\cdots a_{nj_n}=-D_1$$

推论 若行列式中有两行(列)完全相同，则该行列式的值等于 0。

性质 3 行列式某行(列)元素的公因式可提至行列式符号外，即

$$\begin{vmatrix} a_{11} & \cdots & a_{1n} \\ \cdots & \cdots & \cdots \\ ka_{i1} & \cdots & ka_{in} \\ \cdots & \cdots & \cdots \\ a_{n1} & \cdots & a_{nn} \end{vmatrix} = k\begin{vmatrix} a_{11} & \cdots & a_{1n} \\ \cdots & \cdots & \cdots \\ a_{i1} & \cdots & a_{in} \\ \cdots & \cdots & \cdots \\ a_{n1} & \cdots & a_{nn} \end{vmatrix}$$

证明 左端 $=\sum\limits_{j_1j_2\cdots j_n}(-1)^{\tau(j_1\cdots j_2\cdots j_n)}a_{1j_1}\cdots(ka_{ij_i})\cdots a_{nj_n}$

$=k\sum\limits_{j_1j_2\cdots j_n}(-1)^{\tau(j_1\cdots j_2\cdots j_n)}a_{1j_1}\cdots(ka_{ij_i})\cdots a_{nj_n}=$ 右端

推论 1 若行列式某行(列)元素全为 0，则该行列式的值等于 0。

推论 2 若行列式中有两行(列)元素对应成比例，则该行列式的值等于 0。

性质 4 若行列式中某一行(列)的元素皆为两数之和，则此行列式等于两个行列式之和，即

$$\begin{vmatrix} a_{11} & \cdots & a_{1n} \\ \cdots & \cdots & \cdots \\ b_{i1}+c_{i1} & \cdots & b_{in}+c_{in} \\ \cdots & \cdots & \cdots \\ a_{n1} & \cdots & a_{nn} \end{vmatrix} = \begin{vmatrix} a_{11} & \cdots & a_{1n} \\ \cdots & \cdots & \cdots \\ b_{i1} & \cdots & b_{in} \\ \cdots & \cdots & \cdots \\ a_{n1} & \cdots & a_{nn} \end{vmatrix} + \begin{vmatrix} a_{11} & \cdots & a_{1n} \\ \cdots & \cdots & \cdots \\ c_{i1} & \cdots & c_{in} \\ \cdots & \cdots & \cdots \\ a_{n1} & \cdots & a_{nn} \end{vmatrix}$$

证明 左端 $=\sum\limits_{j_1j_2\cdots j_n}(-1)^{\tau(j_1\cdots j_2\cdots j_n)}a_{1j_1}\cdots(b_{ij_i}+c_{ij_i})\cdots a_{nj_n}$

$=\sum\limits_{j_1j_2\cdots j_n}(-1)^{\tau(j_1\cdots j_2\cdots j_n)}a_{1j_1}\cdots b_{ij_i}\cdots a_{nj_n}+$

$\sum\limits_{j_1j_2\cdots j_n}(-1)^{\tau(j_1\cdots j_2\cdots j_n)}a_{1j_1}\cdots c_{ij_i}\cdots a_{nj_n}=$ 右端

性质 5 将行列式某行(列)的 k 倍加于另一行(列)，行列式的值不变，即

$$\begin{vmatrix} \cdots & \cdots & \cdots \\ a_{i1} & \cdots & a_{in} \\ \cdots & \cdots & \cdots \\ a_{j1} & \cdots & a_{jn} \\ \cdots & \cdots & \cdots \end{vmatrix} = \begin{vmatrix} \cdots & \cdots & \cdots \\ a_{i1}+ka_{j1} & \cdots & a_{in}+ka_{jn} \\ \cdots & \cdots & \cdots \\ a_{j1} & \cdots & a_{jn} \\ \cdots & \cdots & \cdots \end{vmatrix} \quad (i\neq j)$$

证明 由性质 4、性质 3 的推论 2 立得。

[注] 今后我们用 r_i 表示行列式的第 i 行，以 c_i 表示行列式的第 i 列。互换 i,j 两行，记作 $r_i\leftrightarrow r_j$；互换 i,j 两列，记作 $c_i\leftrightarrow c_j$；用非零数 k 乘以第 j 列，记作 kc_j；将第 j 行的 k

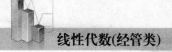

倍加于第 i 行，记作 r_i+kr_j，……

例 1-6 计算行列式 $D=\begin{vmatrix}2 & -4 & 1\\3 & -6 & 3\\6 & -12 & 4\end{vmatrix}$

解 由于第 1 列与第 2 列对应的元素成比例，根据性质 3 的推论 2，得

$$D=\begin{vmatrix}2 & -4 & 1\\3 & -6 & 3\\6 & -12 & 4\end{vmatrix}=0$$

例 1-7 计算 $D=\begin{vmatrix}3 & 1 & -1 & 2\\-5 & 1 & 3 & -4\\2 & 0 & 1 & -1\\1 & -5 & 3 & -3\end{vmatrix}$

解 $D\overset{(1)}{=}-\begin{vmatrix}1 & 3 & -1 & 2\\1 & -5 & 3 & -4\\0 & 2 & 1 & -1\\-5 & 1 & 3 & -3\end{vmatrix}\overset{(2)}{=}-\begin{vmatrix}1 & 3 & -1 & 2\\0 & -8 & 4 & -6\\0 & 2 & 1 & -1\\0 & 16 & -2 & 7\end{vmatrix}\overset{(3)}{=}\begin{vmatrix}1 & 3 & -1 & 2\\0 & 2 & 1 & -1\\0 & -8 & 4 & -6\\0 & 16 & -2 & 7\end{vmatrix}$

$$\overset{(4)}{=}\begin{vmatrix}1 & 3 & -1 & 2\\0 & 2 & 1 & -1\\0 & 0 & 8 & -10\\0 & 0 & -10 & 15\end{vmatrix}\overset{(5)}{=}\begin{vmatrix}1 & 3 & -1 & 2\\0 & 2 & 1 & -1\\0 & 0 & 8 & -10\\0 & 0 & 0 & \frac{5}{2}\end{vmatrix}=40$$

[注] 变换规则分别为：(1) $c_1\leftrightarrow c_2$；(2) $r_2+(-1)r_1, r_4+5r_1$；(3) $r_2\leftrightarrow r_3$；(4) $r_3+4r_2, r_4+(-8)r_2$；(5) $r_4+\frac{10}{8}r_3$。

例 1-8 计算 n 阶行列式 $D=\begin{vmatrix}x & a & a & \cdots & a & a\\a & x & a & \cdots & a & a\\a & a & x & \cdots & a & a\\\vdots & \vdots & \vdots & & \vdots & \vdots\\a & a & a & \cdots & x & a\\a & a & a & \cdots & a & x\end{vmatrix}$

解 $D\overset{(1)}{=}\begin{vmatrix}x+(n-1)a & a & a & \cdots & a & a\\x+(n-1)a & x & a & \cdots & a & a\\x+(n-1)a & a & x & \cdots & a & a\\\vdots & \vdots & \vdots & & \vdots & \vdots\\x+(n-1)a & a & a & \cdots & x & a\\x+(n-1)a & a & a & \cdots & a & x\end{vmatrix}\overset{(2)}{=}[x+(n-1)a]\begin{vmatrix}1 & a & a & \cdots & a & a\\1 & x & a & \cdots & a & a\\1 & a & x & \cdots & a & a\\\vdots & \vdots & \vdots & & \vdots & \vdots\\1 & a & a & \cdots & x & a\\1 & a & a & \cdots & a & x\end{vmatrix}$

$$\overset{(3)}{=}[x+(n-1)a]\begin{vmatrix} 1 & a & a & \cdots & a & a \\ 0 & x-a & 0 & \cdots & 0 & 0 \\ 0 & 0 & x-a & \cdots & 0 & 0 \\ \vdots & \vdots & \vdots & & \vdots & \vdots \\ 0 & 0 & 0 & \cdots & x-a & 0 \\ 0 & 0 & 0 & \cdots & 0 & x-a \end{vmatrix}$$

$$=[x+(n-1)a](x-a)^{n-1}$$

[注] 变换规则分别为：(1) $c_1+c_2, c_1+c_3, \cdots, c_1+c_n$；(2) 将第一列公因式 $x+(n-1)a$ 提至行列式符号外，(3) $r_2+(-1)r_1, r_3+(-1)r_1, \cdots, r_n+(-1)r_1$。

1.5 行列式按行(列)展开

一般来说，低阶行列式的计算比高阶行列式的计算简单，因此很自然提出，能否把高阶行列式转化为低阶行列式来计算。为此，先引进余子式和代数余子式的概念。

定义 1-6 在 n 阶行列式 $|a_{ij}|$ 中，将元素 a_{ij} 所在的第 i 行与第 j 列划去，剩余元素按照原来的相对位置构成的 $n-1$ 阶行列式，称为元素 a_{ij} 的余子式，记作 M_{ij}；而称

$$A_{ij}=(-1)^{i+j}M_{ij} \tag{1-7}$$

为元素 a_{ij} 的代数余子式。

例如，四阶行列式

$$D=\begin{vmatrix} a_{11} & a_{12} & a_{13} & a_{14} \\ a_{21} & a_{22} & a_{23} & a_{24} \\ a_{31} & a_{32} & a_{33} & a_{34} \\ a_{41} & a_{42} & a_{43} & a_{44} \end{vmatrix}$$

中，元素 a_{32} 的余子式和代数余子式分别为

$$M_{32}=\begin{vmatrix} a_{11} & a_{13} & a_{14} \\ a_{21} & a_{23} & a_{24} \\ a_{41} & a_{43} & a_{44} \end{vmatrix}$$

$$A_{32}=(-1)^{3+2}M_{32}=-M_{32}$$

定理 1-3 行列式等于它的任意一行(列)各元素与其代数余子式乘积之和，即

$$D=\begin{vmatrix} a_{11} & a_{12} & \cdots & a_{1n} \\ a_{21} & a_{22} & \cdots & a_{2n} \\ \vdots & \vdots & & \vdots \\ a_{n1} & a_{n2} & \cdots & a_{nn} \end{vmatrix}=a_{i1}A_{i1}+a_{i2}A_{i2}+\cdots+a_{in}A_{in} \quad (i=1,2,\cdots,n) \tag{1-8}$$

证明 先讨论 D 的第一行元素除 $a_{11}\neq 0$ 外，其余元素都为 0 的情形，即

$$D=\begin{vmatrix}a_{11} & 0 & \cdots & 0\\ a_{21} & a_{22} & \cdots & a_{2n}\\ \vdots & \vdots & & \vdots\\ a_{n1} & a_{n2} & \cdots & a_{nn}\end{vmatrix}$$

因为D的每一项都含有第一行中元素，但第一行中仅有$a_{11}\neq 0$，所以

$$D=\sum_{1j_2\cdots j_n}(-1)^{\tau(1j_2\cdots j_n)}a_{11}a_{2j_2}\cdots a_{nj_n}=a_{11}\sum_{j_2\cdots j_n}(-1)^{\tau(j_2\cdots j_n)}a_{2j_2}\cdots a_{nj_n}$$

$$=a_{11}\begin{vmatrix}a_{22} & a_{23} & \cdots & a_{2n}\\ a_{32} & a_{33} & \cdots & a_{3n}\\ \vdots & \vdots & & \vdots\\ a_{n2} & a_{n3} & \cdots & a_{nn}\end{vmatrix}=a_{11}M_{11}$$

由$A_{11}=(-1)^{1+1}M_{11}=M_{11}$，得$D=a_{11}A_{11}$。

再讨论D中第i行元素除$a_{ij}\neq 0$外，其余元素都为0的情形，即

$$D=\begin{vmatrix}a_{11} & \cdots & a_{1j} & \cdots & a_{1n}\\ \vdots & & \vdots & & \vdots\\ 0 & \cdots & a_{ij} & \cdots & 0\\ \vdots & \vdots & \vdots & \vdots & \vdots\\ a_{n1} & \cdots & a_{nj} & \cdots & a_{nn}\end{vmatrix}$$

为了利用上述特殊情形的结果，将D的第i行依次与第$i-1,\cdots,2,1$各行交换后，再将第j列依次与第$j-1,\cdots,2,1$各列交换，经过$i+j-2$次交换D的行和列，得

$$D=(-1)^{i+j-2}\begin{vmatrix}a_{ij} & 0 & \cdots & 0 & 0 & \cdots & 0\\ a_{1j} & a_{11} & \cdots & a_{1j-1} & a_{1j+1} & \cdots & a_{1n}\\ \vdots & \vdots & & \vdots & \vdots & & \vdots\\ a_{nj} & a_{n1} & \cdots & a_{nj-1} & a_{nj+1} & \cdots & a_{nn}\end{vmatrix}=(-1)^{i+j}a_{ij}M_{ij}=a_{ij}A_{ij}$$

最后讨论一般情形

$$D=\begin{vmatrix}a_{11} & a_{12} & \cdots & a_{1n}\\ \vdots & \vdots & & \vdots\\ a_{i1}+0+\cdots+0 & 0+a_{i2}+\cdots+0 & \cdots & 0+\cdots+0+a_{in}\\ \vdots & \vdots & & \vdots\\ a_{n1} & a_{n2} & \cdots & a_{nn}\end{vmatrix}$$

$$=\begin{vmatrix}a_{11} & a_{12} & \cdots & a_{1n}\\ \vdots & \vdots & & \vdots\\ a_{i1} & 0 & \cdots & 0\\ \vdots & \vdots & & \vdots\\ a_{n1} & a_{n2} & \cdots & a_{nn}\end{vmatrix}+\begin{vmatrix}a_{11} & a_{12} & \cdots & a_{1n}\\ \vdots & \vdots & & \vdots\\ 0 & a_{i2} & \cdots & 0\\ \vdots & \vdots & & \vdots\\ a_{n1} & a_{n2} & \cdots & a_{nn}\end{vmatrix}+\cdots+\begin{vmatrix}a_{11} & a_{12} & \cdots & a_{1n}\\ \vdots & \vdots & & \vdots\\ 0 & 0 & \cdots & a_{in}\\ \vdots & \vdots & & \vdots\\ a_{n1} & a_{n2} & \cdots & a_{nn}\end{vmatrix}$$

根据上述结论，得

$$D=a_{i1}A_{i1}+a_{i2}A_{i2}+\cdots+a_{in}A_{in}\quad(i=1,2,\cdots,n)$$

[注] 在行列式性质中，凡是对行成立的性质，对列都成立。因此对行列式按列展开有

$$D = a_{1j}A_{1j} + a_{2j}A_{2j} + \cdots + a_{nj}A_{nj} \quad (j = 1,2,\cdots,n) \tag{1-9}$$

利用这一定理并结合行列式性质，可以简化行列式的计算。

定理 1-4 行列式的任意一行(列)各元素与另一行(列)对应元素的代数余子式乘积之和等于 0，即若 $i \neq j$，则

$$a_{i1}A_{j1} + a_{i2}A_{j2} + \cdots + a_{in}A_{jn} = 0 \tag{1-10}$$

证明 若行列式第 i 行与第 j 行相同，则该行列式等于 0。现将该行列式按第 j 行展开得

$$\begin{vmatrix} a_{11} & a_{12} & \cdots & a_{1n} \\ \vdots & \vdots & \vdots & \vdots \\ a_{i1} & a_{i2} & \cdots & a_{in} \\ \vdots & \vdots & \vdots & \vdots \\ a_{i1} & a_{i2} & \cdots & a_{in} \\ \vdots & \vdots & \vdots & \vdots \\ a_{n1} & a_{n2} & \cdots & a_{nn} \end{vmatrix} = a_{i1}A_{j1} + a_{i2}A_{j2} + \cdots + a_{in}A_{jn} = 0$$

综合上面两个定理的结论，得到

$$\begin{gathered} a_{i1}A_{j1} + a_{i2}A_{j2} + \cdots + a_{in}A_{jn} = \begin{cases} |a_{ij}| & (i = j) \\ 0 & (i \neq j) \end{cases} \\ a_{1i}A_{1j} + a_{2i}A_{2j} + \cdots + a_{ni}A_{nj} = \begin{cases} |a_{ij}| & (i = j) \\ 0 & (i \neq j) \end{cases} \end{gathered} \tag{1-11}$$

例 1-9 计算行列式 $D = \begin{vmatrix} 2 & 1 & 7 & -1 \\ -1 & 2 & 4 & 3 \\ 2 & 1 & 0 & -1 \\ 3 & 2 & 2 & 1 \end{vmatrix}$

解 $D \overset{(1)}{=} \begin{vmatrix} 0 & 1 & 7 & 0 \\ -5 & 2 & 4 & 5 \\ 0 & 1 & 0 & 0 \\ -1 & 2 & 2 & 3 \end{vmatrix} = 1 \times (-1)^{3+2} \begin{vmatrix} 0 & 7 & 0 \\ -5 & 4 & 5 \\ -1 & 2 & 3 \end{vmatrix} = -7 \times (-1)^{1+2} \begin{vmatrix} -5 & 5 \\ -1 & 3 \end{vmatrix} = -70$

[注] 变换规则为：$c_1 + (-2)c_2, c_4 + c_2$。

例 1-10 讨论当 k 为何值时，$D = \begin{vmatrix} 1 & 1 & 0 & 0 \\ 1 & k & 1 & 0 \\ 0 & 0 & k & 2 \\ 0 & 0 & 2 & k \end{vmatrix} \neq 0$

解 因 $D \overset{(1)}{=} \begin{vmatrix} 1 & 1 & 0 & 0 \\ 0 & k-1 & 1 & 0 \\ 0 & 0 & k & 2 \\ 0 & 0 & 2 & k \end{vmatrix} = 1 \times (-1)^{1+1} \begin{vmatrix} k-1 & 1 & 0 \\ 0 & k & 2 \\ 0 & 2 & k \end{vmatrix}$

$$= (k-1)(-1)^{1+1} \begin{vmatrix} k & 2 \\ 2 & k \end{vmatrix} = (k-1)(k^2 - 4) \neq 0$$

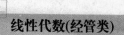

所以 $k \neq 1$ 且 $k \neq \pm 2$。

[注] 变换规则为：$r_2 + (-1)r_1$。

例 1-11　计算 $n+1$ 阶行列式 $D_{n+1} = \begin{vmatrix} -a_1 & a_1 & 0 & \cdots & 0 & 0 \\ 0 & -a_2 & a_2 & \cdots & 0 & 0 \\ \vdots & \vdots & \vdots & & \vdots & \vdots \\ 0 & 0 & 0 & \cdots & -a_n & a_n \\ 1 & 1 & 1 & \cdots & 1 & 1 \end{vmatrix}$

解

$$D_{n+1} \overset{(1)}{=} \begin{vmatrix} 0 & a_1 & 0 & \cdots & 0 & 0 \\ 0 & -a_2 & a_2 & \cdots & 0 & 0 \\ \vdots & \vdots & \vdots & & \vdots & \vdots \\ 0 & 0 & 0 & \cdots & -a_n & a_n \\ n+1 & 1 & 1 & \cdots & 1 & 1 \end{vmatrix}$$

$$= (n+1)\times(-1)^{n+1+1} \begin{vmatrix} a_1 & 0 & \cdots & 0 & 0 \\ -a_2 & a_2 & \cdots & 0 & 0 \\ \vdots & \vdots & & \vdots & \vdots \\ 0 & 0 & \cdots & -a_n & a_n \end{vmatrix} = (-1)^n (n+1) a_1 a_2 \cdots a_n$$

[注] 变换规则为：$c_1 + c_2, c_1 + c_3, \cdots, c_1 + c_{n+1}$。

例 1-12　证明范德蒙(Vandermonde)行列式

$$D_n = \begin{vmatrix} 1 & 1 & \cdots & 1 & 1 \\ x_1 & x_2 & \cdots & x_{n-1} & x_n \\ x_1^2 & x_2^2 & \cdots & x_{n-1}^2 & x_n^2 \\ \vdots & \vdots & \ddots & \vdots & \vdots \\ x_1^{n-1} & x_2^{n-1} & \cdots & x_{n-1}^{n-1} & x_n^{n-1} \end{vmatrix} = \prod_{1 \leqslant i < j \leqslant n} (x_j - x_i)$$

其中 $\prod\limits_{1 \leqslant i < j \leqslant n} (x_j - x_i) = (x_2 - x_1)(x_3 - x_1)(x_3 - x_2)\cdots(x_n - x_1)(x_n - x_2)\cdots(x_n - x_{n-1})$ 是满足关系式 $1 \leqslant i < j \leqslant n$ 的所有因子 $(x_j - x_i)$ 的乘积。

证明　用数学归纳法。因为

$$D_2 = \begin{vmatrix} 1 & 1 \\ x_1 & x_2 \end{vmatrix} = x_2 - x_1 = \prod_{1 \leqslant i < j \leqslant n} (x_j - x_i)$$

所以，当 $n = 2$ 时，范德蒙行列式结论成立。

现假设 $n-1$ 阶范德蒙行列式结论成立，下面证明 n 阶范德蒙行列式结论成立。

为此，从第 n 行开始，依次将前一行乘以 $(-x_1)$ 加到后一行，可得

$$D_n = \begin{vmatrix} 1 & 1 & 1 & \cdots & 1 \\ 0 & x_2 - x_1 & x_3 - x_1 & \cdots & x_n - x_1 \\ 0 & x_2(x_2 - x_1) & x_3(x_3 - x_1) & \cdots & x_n(x_n - x_1) \\ \vdots & \vdots & \vdots & & \vdots \\ 0 & x_2^{n-2}(x_2 - x_1) & x_3^{n-2}(x_3 - x_1) & \cdots & x_n^{n-2}(x_n - x_1) \end{vmatrix}$$

按第一列展开，并把每列的公因子 $(x_i - x_1)$ 提出，就有

$$D_n=(x_2-x_1)(x_3-x_1)\cdots(x_n-x_1)\begin{vmatrix}1&1&\cdots&1\\x_2&x_3&\cdots&x_n\\\vdots&\vdots&&\vdots\\x_2^{n-2}&x_3^{n-2}&\cdots&x_n^{n-2}\end{vmatrix}$$

上式右端的行列式是一个$n-1$阶范德蒙行列式，由归纳法假设，它等于所有(x_j-x_i)因子的乘积，其中$2\leqslant i<j\leqslant n$，故

$$D_n=(x_2-x_1)(x_3-x_1)\cdots(x_n-x_1)\prod_{2\leqslant i<j\leqslant n}(x_j-x_i)=\prod_{1\leqslant i<j\leqslant n}(x_j-x_i)$$

1.6 克莱姆(Cramer)法则

本节介绍行列式在解线性方程组中的一个重要应用——克莱姆法则。

对于二元线性方程组$\begin{cases}a_{11}x_1+a_{12}x_2=b_1\\a_{21}x_1+a_{22}x_2=b_2\end{cases}$，称二阶行列式$D=\begin{vmatrix}a_{11}&a_{12}\\a_{21}&a_{22}\end{vmatrix}$为此方程组的系数行列式。将系数行列式$D$的第一列、第二列分别换成常数项$b_1,b_2$后，所得的行列式依次记作$D_1,D_2$，即

$$D_1=\begin{vmatrix}b_1&a_{12}\\b_2&a_{22}\end{vmatrix}\qquad D_2=\begin{vmatrix}a_{11}&b_1\\a_{21}&b_2\end{vmatrix}$$

则当$D\neq0$时，方程组有唯一解，即

$$x_1=\frac{D_1}{D}\qquad x_2=\frac{D_2}{D}$$

对于三元线性方程组$\begin{cases}a_{11}x_1+a_{12}x_2+a_{13}x_3=b_1\\a_{21}x_1+a_{22}x_2+a_{23}x_3=b_2\\a_{31}x_1+a_{32}x_2+a_{33}x_3=b_3\end{cases}$，称三阶行列式$D=\begin{vmatrix}a_{11}&a_{12}&a_{13}\\a_{21}&a_{22}&a_{23}\\a_{31}&a_{32}&a_{33}\end{vmatrix}$为此方程组的系数行列式。将系数行列式$D$的第一列、第二列、第三列分别换成常数项$b_1,b_2,b_3$后，所得的行列式依次记作$D_1,D_2,D_3$，即

$$D_1=\begin{vmatrix}b_1&a_{12}&a_{13}\\b_2&a_{22}&a_{23}\\b_3&a_{32}&a_{33}\end{vmatrix}\qquad D_2=\begin{vmatrix}a_{11}&b_1&a_{13}\\a_{21}&b_2&a_{23}\\a_{31}&b_3&a_{33}\end{vmatrix}\qquad D_3=\begin{vmatrix}a_{11}&a_{12}&b_1\\a_{21}&a_{22}&b_2\\a_{31}&a_{32}&b_3\end{vmatrix}$$

则当$D\neq0$时方程组有唯一解：

$$x_1=\frac{D_1}{D}\qquad x_2=\frac{D_2}{D}\qquad x_3=\frac{D_3}{D}$$

对于含有n个方程n个未知量的线性方程组，与二元、三元线性方程组的解有相同的法则，这个法则称为克莱姆法则。

含有n个方程的n元线性方程组的一般形式为

$$\left.\begin{array}{l}a_{11}x_1+a_{12}x_2+\cdots+a_{1n}x_n=b_1\\a_{21}x_1+a_{22}x_2+\cdots+a_{2n}x_n=b_2\\\cdots\cdots\cdots\cdots\cdots\cdots\cdots\cdots\\a_{n1}x_1+a_{n2}x_2+\cdots+a_{nn}x_n=b_n\end{array}\right\}\qquad(1\text{-}12)$$

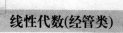

它的系数行列式为

$$D=\begin{vmatrix} a_{11} & a_{12} & \cdots & a_{1n} \\ a_{21} & a_{22} & \cdots & a_{2n} \\ \vdots & \vdots & & \vdots \\ a_{n1} & a_{n2} & \cdots & a_{nn} \end{vmatrix}$$

定理 1-5　(克莱姆法则)对于线性方程组(1-12)，当其系数行列式 $D\neq 0$ 时，该方程组有且仅有唯一解：

$$x_1=\frac{D_1}{D}, x_2=\frac{D_2}{D}, \cdots, x_n=\frac{D_n}{D} \tag{1-13}$$

其中 $D_j(j=1,2,\cdots n)$ 是将系数行列式中的第 j 列换成方程组的常数项 $b_1,b_2,\cdots,b_n$ 所得到的行列式。

证明　以行列式 D 的第 $j(j=1,2,\cdots n)$ 列元素的代数余子式 $A_{1j},A_{2j},\cdots,A_{nj}$ 分别乘以线性方程组(1-12)的第1,第 2,……,第 n 个方程，然后相加，得

$$\begin{aligned} &(a_{11}A_{1j}+a_{21}A_{2j}+\cdots+a_{n1}A_{nj})x_1+\cdots \\ &+(a_{1j}A_{1j}+a_{2j}A_{2j}+\cdots+a_{nj}A_{nj})x_j+\cdots \\ &+(a_{1n}A_{1j}+a_{2n}A_{2j}+\cdots+a_{nn}A_{nj})x_n \\ &=b_1A_{1j}+b_2A_{2j}+\cdots+b_nA_{nj} \end{aligned}$$

由式(1-11)，x_j 的系数等于 D，$x_s(s\neq j)$ 的系数等于 0。等号右端等于 D_j，即

$$Dx_j=D_j \quad (j=1,2,\cdots,n) \tag{1-14}$$

若方程组(1-12)有解，其解必满足式(1-14)，当 $D\neq 0$ 时，则有

$$x_j=\frac{D_j}{D} \quad (j=1,2,\cdots,n)$$

另一方面，将式(1-13)中的 $x_j=\frac{D_j}{D}(j=1,2,\cdots,n)$ 代入方程组(1-12)，它满足方程组(1-12)，所以式(1-13)是方程组(1-12)的解。

例 1-13　解线性方程组 $\begin{cases} x_1+x_2+2x_3+3x_4=1 \\ 3x_1-x_2-x_3-2x_4=-4 \\ 2x_1+3x_2-x_3-x_4=-6 \\ x_1+2x_2+3x_3-x_4=-4 \end{cases}$

解　计算行列式

$$D=\begin{vmatrix} 1 & 1 & 2 & 3 \\ 3 & -1 & -1 & -2 \\ 2 & 3 & -1 & -1 \\ 1 & 2 & 3 & -1 \end{vmatrix}=-153\neq 0$$

$$D_1=\begin{vmatrix} 1 & 1 & 2 & 3 \\ -4 & -1 & -1 & -2 \\ -6 & 3 & -1 & -1 \\ -4 & 2 & 3 & -1 \end{vmatrix}=153 \qquad D_2=\begin{vmatrix} 1 & 1 & 2 & 3 \\ 3 & -4 & -1 & -2 \\ 2 & -6 & -1 & -1 \\ 1 & -4 & 3 & -1 \end{vmatrix}=153$$

$$D_3=\begin{vmatrix}1&1&1&3\\3&-1&-4&-2\\2&3&-6&-1\\1&2&-4&-1\end{vmatrix}=0 \qquad D_4=\begin{vmatrix}1&1&2&1\\3&-1&-1&-4\\2&3&-1&-6\\1&2&3&-4\end{vmatrix}=-153$$

由克莱姆法则，得方程组唯一解：

$$x_1=\frac{D_1}{D}=-1,\quad x_2=\frac{D_2}{D}=-1,\quad x_3=\frac{D_3}{D}=0,\quad x_4=\frac{D_4}{D}=1$$

如果线性方程组(1-12)的常数项全为 0，即

$$\left.\begin{array}{l}a_{11}x_1+a_{12}x_2+\cdots+a_{1n}x_n=0\\a_{21}x_1+a_{22}x_2+\cdots+a_{2n}x_n=0\\\cdots\cdots\cdots\cdots\cdots\cdots\cdots\cdots\\a_{n1}x_1+a_{n2}x_2+\cdots+a_{nn}x_n=0\end{array}\right\}\tag{1-15}$$

则称它为齐次线性方程组。

显然，齐次线性方程组(1-15)一定有零解，对于齐次线性方程组除零解外是否还有非零解，可由以下定理判定。

定理 1-6 如果齐次线性方程组(1-15)的系数行列式 $D\neq 0$，则它仅有零解。

证明 因为 $D\neq 0$，齐次线性方程组(1-15)有唯一解，而 D_j 的第 j 列元素全为 0，所以

$$D_j=0 \qquad (j=1,2,\cdots,n)$$

由克莱姆法则知，唯一解为 $x_j=\dfrac{D_j}{D}=0(j=1,2,\cdots,n)$，故方程组(1-15)只有零解。

定理 1-7 如果齐次线性方程组(1-15)有非零解，则它的系数行列式 $D=0$。

例 1-14 问 λ 取何值时，齐次线性方程组

$$\begin{cases}x_1+x_2+\lambda x_3=0\\x_1+\lambda x_2+x_3=0\\\lambda x_1+x_2+x_3=0\end{cases}$$

只有零解？

解 齐次线性方程组的系数行列式

$$D=\begin{vmatrix}1&1&\lambda\\1&\lambda&1\\\lambda&1&1\end{vmatrix}\overset{(1)}{=}(\lambda+2)\begin{vmatrix}1&1&1\\1&\lambda&1\\\lambda&1&1\end{vmatrix}\overset{(2)}{=}(\lambda+2)\begin{vmatrix}1&0&0\\1&\lambda-1&0\\\lambda&1-\lambda&1-\lambda\end{vmatrix}=-(\lambda-1)^2(\lambda+2)$$

如果方程组只有零解，则 $D\neq 0$，从而 $\lambda\neq 1$ 且 $\lambda\neq -2$。

[注] 变换规则为:

(1) 首先 r_1+r_2,r_1+r_3，然后将第一行的公因式 $\lambda+2$ 提至行列式符号外。

(2) $c_2+(-1)c_1,c_3+(-1)c_1$。

例 1-15 如果齐次线性方程组

$$\begin{cases} kx_1 \qquad\qquad + x_4 = 0 \\ x_1 + 2x_2 \qquad - x_4 = 0 \\ (k+2)x_1 - x_2 \qquad + 4x_4 = 0 \\ 2x_1 + x_2 + 3x_3 + kx_4 = 0 \end{cases}$$

有非零解，k应取何值？

解　齐次线性方程组的系数行列式

$$D = \begin{vmatrix} k & 0 & 0 & 1 \\ 1 & 2 & 0 & -1 \\ k+2 & -1 & 0 & 4 \\ 2 & 1 & 3 & k \end{vmatrix} = -3\begin{vmatrix} k & 0 & 1 \\ 1 & 2 & -1 \\ k+2 & -1 & 4 \end{vmatrix} = -3\begin{vmatrix} k & 0 & 1 \\ 2k+5 & 0 & 7 \\ k+2 & -1 & 4 \end{vmatrix}$$

$$= -3\times(-1)\times(-1)^{3+2}\begin{vmatrix} k & 1 \\ 2k+5 & 7 \end{vmatrix} = -3(5k-5)$$

如果方程组有非零解，则$D=0$，从而 $k=1$。

小　结

1. 行列式的概念

(1) n阶行列式：

$$|a_{ij}| = \sum_{j_1 j_2 \cdots j_n} (-1)^{\tau(j_1 j_2 \cdots j_n)} a_{1j_1} a_{2j_2} \cdots a_{nj_n}$$

[注] n阶行列式$|a_{ij}|$共有n^2个元素，展开后有$n!$项，每一项都是由不同行、不同列元素乘积前面冠以符号$(-1)^{\tau(j_1 j_2 \cdots j_n)}$。

(2) 二阶行列式：

$$\begin{vmatrix} a_{11} & a_{12} \\ a_{21} & a_{22} \end{vmatrix} = a_{11}a_{22} - a_{12}a_{21}$$

(3) 三阶行列式：

$$\begin{vmatrix} a_{11} & a_{12} & a_{13} \\ a_{21} & a_{22} & a_{23} \\ a_{31} & a_{32} & a_{33} \end{vmatrix} = a_{11}a_{22}a_{33} + a_{12}a_{23}a_{31} + a_{13}a_{21}a_{32} - a_{13}a_{22}a_{31} - a_{12}a_{21}a_{33} - a_{11}a_{23}a_{32}$$

(4) 上三角行列式：

$$D = \begin{vmatrix} a_{11} & a_{12} & a_{13} & \cdots & a_{1n} \\ 0 & a_{22} & a_{23} & \cdots & a_{2n} \\ 0 & 0 & a_{33} & \cdots & a_{3n} \\ \vdots & \vdots & \vdots & \ddots & \vdots \\ 0 & 0 & 0 & \cdots & a_{nn} \end{vmatrix} = a_{11}a_{22}\cdots a_{nn}$$

(5) 下三角行列式：

$$D=\begin{vmatrix} a_{11} & 0 & 0 & \cdots & 0 \\ a_{21} & a_{22} & 0 & \cdots & 0 \\ a_{31} & a_{32} & a_{33} & \cdots & 0 \\ \vdots & \vdots & \vdots & \ddots & \vdots \\ a_{n1} & a_{n2} & a_{n3} & \cdots & a_{nn} \end{vmatrix}=a_{11}a_{22}\cdots a_{nn}$$

(6) 对角行列式：

$$D=\begin{vmatrix} a_{11} & 0 & \cdots & 0 \\ 0 & a_{22} & \cdots & 0 \\ \vdots & \vdots & \ddots & \vdots \\ 0 & 0 & \cdots & a_{nn} \end{vmatrix}=a_{11}a_{22}\cdots a_{nn}$$

2. 行列式的性质

(1) 行列式与它的转置行列式相等，即 $D^{\mathrm{T}}=D$。

(2) 将行列式的任意两行(列)互换位置，行列式的值仅改变正负号。

(3) 若行列式中有两行(列)完全相同，则该行列式的值等于 0。

(4) 行列式某行(列)元素的公因式可提至行列式符号外。

(5) 若行列式某行(列)元素全为 0，则该行列式的值等于 0。

(6) 若行列式中有两行(列)元素对应成比例，则该行列式的值等于 0。

(7) 若行列式中某一行(列)的元素皆为两数之和,则此行列式等于两个行列式之和，即

$$\begin{vmatrix} a_{11} & \cdots & a_{1n} \\ \cdots & \cdots & \cdots \\ b_{i1}+c_{i1} & \cdots & b_{in}+c_{in} \\ \cdots & \cdots & \cdots \\ a_{n1} & \cdots & a_{nn} \end{vmatrix}=\begin{vmatrix} a_{11} & \cdots & a_{1n} \\ \cdots & \cdots & \cdots \\ b_{i1} & \cdots & b_{in} \\ \cdots & \cdots & \cdots \\ a_{n1} & \cdots & a_{nn} \end{vmatrix}+\begin{vmatrix} a_{11} & \cdots & a_{1n} \\ \cdots & \cdots & \cdots \\ c_{i1} & \cdots & c_{in} \\ \cdots & \cdots & \cdots \\ a_{n1} & \cdots & a_{nn} \end{vmatrix}$$

(8) 将行列式某行(列)的 k 倍加于另一行(列)，行列式值不变。

3. 行列式按行(列)展开

(1) 余子式与代数余子式：在 n 阶行列式 $\left|a_{ij}\right|$ 中，将元素 a_{ij} 所在的第 i 行与第 j 列划去，剩余元素按照原来的相对位置构成的 $n-1$ 阶行列式，称为元素 a_{ij} 的余子式，记作 M_{ij}；而称

$$A_{ij}=(-1)^{i+j}M_{ij}$$

为元素 a_{ij} 的代数余子式。

[注] M_{ij}, A_{ij} 都与元素 a_{ij} 的值无关。

(2) 行列式等于它的任意一行(列)各元素与其代数余子式乘积之和，即

按第 i 行展开：$\left|a_{ij}\right|=a_{i1}A_{i1}+a_{i2}A_{i2}+\cdots+a_{in}A_{in}\quad(i=1,2,\cdots,n)$

按第 j 列展开：$\left|a_{ij}\right|=a_{1j}A_{1j}+a_{2j}A_{2j}+\cdots+a_{nj}A_{nj}\quad(j=1,2,\cdots,n)$

[注] 上面各元素与其代数余子式乘积 $a_{ij}A_{ij}$，元素下标与代数余子式下标是相同的。

(3) 行列式的任意一行(列)各元素与另一行(列)对应元素的代数余子式乘积之和等于0，即若$i \neq j$，则

① 第i行各元素与第j行对应元素的代数余子式乘积之和：

$$a_{i1}A_{j1}+a_{i2}A_{j2}+\cdots+a_{in}A_{jn}=0$$

② 第i列各元素与第j列对应元素的代数余子式乘积之和：

$$a_{1i}A_{1j}+a_{2i}A_{2j}+\cdots+a_{ni}A_{nj}=0$$

[注] 上面各元素是与另一行(或另一列)对应元素的代数余子式乘积$a_{ik}A_{jk}$(或$a_{ki}A_{kj}$)，元素下标与代数余子式下标是不相同的。

4. 范德蒙(Vandermonde)行列式

$$D_n=\begin{vmatrix} 1 & 1 & \cdots & 1 & 1 \\ x_1 & x_2 & \cdots & x_{n-1} & x_n \\ x_1^2 & x_2^2 & \cdots & x_{n-1}^2 & x_n^2 \\ \vdots & \vdots & \ddots & \vdots & \vdots \\ x_1^{n-1} & x_2^{n-1} & \cdots & x_{n-1}^{n-1} & x_n^{n-1} \end{vmatrix}=\prod_{1\leqslant i<j\leqslant n}(x_j-x_i)$$

[注] 等式右端是所有下标满足$n \geqslant j > i \geqslant 1$因式$(x_j-x_i)$的连乘积。

5. 克莱姆(Cramer)法则

(1) 对n个方程n个未知量的非齐次线性方程组

$$\begin{cases} a_{11}x_1+a_{12}x_2+\cdots+a_{1n}x_n=b_1 \\ a_{21}x_1+a_{22}x_2+\cdots+a_{2n}x_n=b_2 \\ \cdots\cdots\cdots\cdots\cdots\cdots\cdots\cdots \\ a_{n1}x_1+a_{n2}x_2+\cdots+a_{nn}x_n=b_n \end{cases}$$

若其系数行列式$D \neq 0$，则该方程组有唯一解：

$$x_1=\frac{D_1}{D}, x_2=\frac{D_2}{D}, \cdots, x_n=\frac{D_n}{D}$$

其中$D_j(j=1,2,\cdots,n)$是将系数行列式中的第j列换成方程组的常数项$b_1,b_2,\cdots,b_n$所得到的行列式。

(2) 若齐次线性方程组

$$\begin{cases} a_{11}x_1+a_{12}x_2+\cdots+a_{1n}x_n=0 \\ a_{21}x_1+a_{22}x_2+\cdots+a_{2n}x_n=0 \\ \cdots\cdots\cdots\cdots\cdots\cdots\cdots\cdots \\ a_{n1}x_1+a_{n2}x_2+\cdots+a_{nn}x_n=0 \end{cases}$$

的系数行列式$D \neq 0$，则该方程组只有零解。

(3) 若齐次线性方程组

$$\begin{cases} a_{11}x_1+a_{12}x_2+\cdots+a_{1n}x_n=0 \\ a_{21}x_1+a_{22}x_2+\cdots+a_{2n}x_n=0 \\ \cdots\cdots\cdots\cdots\cdots\cdots\cdots\cdots \\ a_{n1}x_1+a_{n2}x_2+\cdots+a_{nn}x_n=0 \end{cases}$$

的系数行列式 $D=0$，则该方程组有非零解。

阶梯化训练题

基础能力题

1. 计算下列二阶行列式：

(1) $\begin{vmatrix} 2 & 5 \\ 3 & 7 \end{vmatrix}$　　(2) $\begin{vmatrix} 2 & 1 \\ -1 & 2 \end{vmatrix}$

(3) $\begin{vmatrix} a^2 & ab \\ ab & b^2 \end{vmatrix}$　　(4) $\begin{vmatrix} x-1 & 1 \\ x^2 & x^2+x+1 \end{vmatrix}$

2. 计算下列三阶行列式：

(1) $\begin{vmatrix} 1 & 1 & 1 \\ 3 & 1 & 4 \\ 8 & 9 & 5 \end{vmatrix}$　　(2) $\begin{vmatrix} 1 & -4 & 1 \\ 2 & -5 & 3 \\ -1 & -1 & 1 \end{vmatrix}$

(3) $\begin{vmatrix} 1 & x & x \\ x & 2 & x \\ x & x & 3 \end{vmatrix}$　　(4) $\begin{vmatrix} 1 & 1 & 1 \\ a & b & c \\ a^2 & b^2 & c^2 \end{vmatrix}$

3. 解方程 $\begin{vmatrix} 1 & 1 & 1 \\ 2 & 3 & x \\ 4 & 9 & x^2 \end{vmatrix}=0$。

4. 求下列排列的逆序数：

(1) 4 1 3 2　　(2) 2 4 1 3

(3) 4 1 2 5 3　　(4) 5 2 3 1 4 6 8 7 9

(5) $n(n-1)\cdots 3\,2\,1$　　(6) $1\,3\,5\cdots(2n-1)\,2\,4\cdots(2n)$

5. 在六阶行列式 $|a_{ij}|$ 中，下列项应取什么符号？

(1) $a_{23}a_{31}a_{42}a_{56}a_{14}a_{65}$　　(2) $a_{32}a_{43}a_{54}a_{11}a_{66}a_{25}$

(3) $a_{21}a_{53}a_{16}a_{42}a_{65}a_{34}$　　(4) $a_{51}a_{13}a_{32}a_{44}a_{26}a_{65}$

6. 计算下列各行列式：

(1) $\begin{vmatrix} 2 & 1 & 4 & 1 \\ 4 & 1 & 2 & 3 \\ 3 & 4 & 1 & 2 \\ 2 & 3 & 4 & 1 \end{vmatrix}$　　(2) $\begin{vmatrix} 4 & 1 & 2 & 4 \\ 1 & 2 & 0 & 2 \\ 10 & 5 & 2 & 0 \\ 0 & 1 & 1 & 7 \end{vmatrix}$

(3) $\begin{vmatrix} a & a & a & a \\ -a & a & a & a \\ -a & -a & a & a \\ -a & -a & -a & a \end{vmatrix}$　　(4) $\begin{vmatrix} 1+x & 1 & 1 & 1 \\ 1 & 1+x & 1 & 1 \\ 1 & 1 & 1+x & 1 \\ 1 & 1 & 1 & 1+x \end{vmatrix}$

7. 利用行列式性质证明：

(1) $$\begin{vmatrix} a_1+kb_1 & b_1+c_1 & c_1 \\ a_2+kb_2 & b_2+c_2 & c_2 \\ a_3+kb_3 & b_3+c_3 & c_3 \end{vmatrix} = \begin{vmatrix} a_1 & b_1 & c_1 \\ a_2 & b_2 & c_2 \\ a_3 & b_3 & c_3 \end{vmatrix}$$

(2) $$\begin{vmatrix} a_1+b_1 & b_1+c_1 & c_1+a_1 \\ a_2+b_2 & b_2+c_2 & c_2+a_2 \\ a_3+b_3 & b_3+c_3 & c_3+a_3 \end{vmatrix} = 2\begin{vmatrix} a_1 & b_1 & c_1 \\ a_2 & b_2 & c_2 \\ a_3 & b_3 & c_3 \end{vmatrix}$$

(3) $$\begin{vmatrix} 1 & a & b & c+d \\ 1 & b & c & d+a \\ 1 & c & d & a+b \\ 1 & d & a & b+c \end{vmatrix} = 0$$

8. 计算下列n阶行列式：

(1) $$\begin{vmatrix} n & 1 & 1 & \cdots & 1 \\ 1 & n & 1 & \cdots & 1 \\ 1 & 1 & n & \cdots & 1 \\ \vdots & \vdots & \vdots & & \vdots \\ 1 & 1 & 1 & \cdots & n \end{vmatrix}$$

(2) $$\begin{vmatrix} 1 & 2 & 3 & \cdots & n \\ 2 & 3 & 4 & \cdots & n+1 \\ 3 & 4 & 5 & \cdots & n+2 \\ \vdots & \vdots & \vdots & & \vdots \\ n & n+1 & n+2 & \cdots & n+n-1 \end{vmatrix}$$

(3) $$\begin{vmatrix} x & y & 0 & \cdots & 0 & 0 \\ 0 & x & y & \cdots & 0 & 0 \\ 0 & 0 & x & \cdots & 0 & 0 \\ \vdots & \vdots & \vdots & & \vdots & \vdots \\ 0 & 0 & 0 & \cdots & x & y \\ y & 0 & 0 & \cdots & 0 & x \end{vmatrix}$$

(4) $$\begin{vmatrix} a_1 & a_2 & a_3 & \cdots & a_{n-1} & a_n \\ -x & x & 0 & \cdots & 0 & 0 \\ 0 & -x & x & \cdots & 0 & 0 \\ \vdots & \vdots & \vdots & & \vdots & \vdots \\ 0 & 0 & 0 & \cdots & x & 0 \\ 0 & 0 & 0 & \cdots & -x & x \end{vmatrix}$$

9. 用克莱姆法则解下列线性方程组：

(1) $$\begin{cases} 4x_1 - x_2 = -5 \\ 6x_1 + 5x_2 = 38 \end{cases}$$

(2) $\begin{cases} x_1+x_2+2x_3=-1 \\ 2x_1-x_2+2x_3=-4 \\ 4x_1+x_2+4x_3=-2 \end{cases}$

(3) $\begin{cases} x_1+x_2-2x_3=-3 \\ 5x_1-2x_2+7x_3=22 \\ 2x_1-5x_2+4x_3=4 \end{cases}$

(4) $\begin{cases} x_2-3x_3+4x_4=-5 \\ x_1-2x_3+3x_4=-4 \\ 3x_1+2x_2-5x_4=12 \\ 4x_1+3x_2-5x_3=5 \end{cases}$

10. 当λ取何值时，齐次线性方程组

$$\begin{cases} \lambda x_1+x_2+x_3=0 \\ x_1+\lambda x_2+x_3=0 \\ 3x_1-x_2+x_3=0 \end{cases}$$

只有零解？

11. 当λ取何值时，齐次线性方程组

$$\begin{cases} (1-\lambda)x_1-2x_2+4x_3=0 \\ 2x_1+(3-\lambda)x_2+x_3=0 \\ x_1+x_2+(1-\lambda)x_3=0 \end{cases}$$

有非零解？

综合提高题

1. 用行列式定义计算下列行列式：

(1) $D=\begin{vmatrix} 0 & 1 & 0 & \cdots & 0 \\ 0 & 0 & 2 & \cdots & 0 \\ \vdots & \vdots & \vdots & \ddots & \vdots \\ 0 & 0 & 0 & \cdots & n-1 \\ n & 0 & 0 & \cdots & 0 \end{vmatrix}$

(2) $D=\begin{vmatrix} 0 & 0 & \cdots & 0 & a_{1n} \\ 0 & 0 & \cdots & a_{2n-1} & a_{2n} \\ \vdots & \vdots & \iddots & \vdots & \vdots \\ 0 & a_{n-12} & \cdots & a_{n-1n-1} & a_{n-1n} \\ a_{n1} & a_{n2} & \cdots & a_{nn-1} & a_{nn} \end{vmatrix}$

(3) $D=\begin{vmatrix} 0 & 0 & 0 & \cdots & 0 & b_1 & 0 \\ 0 & 0 & 0 & \cdots & b_2 & 0 & 0 \\ \vdots & \vdots & \vdots & & \vdots & \vdots & \vdots \\ b_{n-1} & 0 & 0 & \cdots & 0 & 0 & 0 \\ a_1 & a_2 & a_3 & \cdots & a_{n-2} & a_{n-1} & b_n \end{vmatrix}$

2. 计算下列行列式：

(1) $D=\begin{vmatrix} 246 & 427 & 327 \\ 1014 & 543 & 443 \\ -342 & 721 & 621 \end{vmatrix}$

(2) $D=\begin{vmatrix} x & y & x+y \\ y & x+y & x \\ x+y & x & y \end{vmatrix}$

(3) $D=\begin{vmatrix} a_0 & 1 & 1 & \cdots & 1 \\ 1 & a_1 & 0 & \cdots & 0 \\ 1 & 0 & a_2 & \cdots & 0 \\ \vdots & \vdots & \vdots & \ddots & \vdots \\ 1 & 0 & 0 & \cdots & a_n \end{vmatrix} \quad (a_1a_2\cdots a_n \neq 0)$

(4) $D=\begin{vmatrix} 1+a_1 & 1 & 1 & \cdots & 1 \\ 1 & 1+a_2 & 1 & \cdots & 1 \\ 1 & 1 & 1+a_3 & \cdots & 1 \\ \vdots & \vdots & \vdots & \ddots & \vdots \\ 1 & 1 & 1 & \cdots & 1+a_n \end{vmatrix} \quad (a_1a_2\cdots a_n \neq 0)$

(5) $D=\begin{vmatrix} 1 & 2 & 2 & \cdots & 2 & 2 \\ 2 & 2 & 2 & \cdots & 2 & 2 \\ 2 & 2 & 3 & \cdots & 2 & 2 \\ \vdots & \vdots & \vdots & \ddots & \vdots & \vdots \\ 2 & 2 & 2 & \cdots & n-1 & 2 \\ 2 & 2 & 2 & \cdots & 2 & n \end{vmatrix}$

3. 证明 n 阶行列式

$$D_n=\begin{vmatrix} a+b & ab & 0 & \cdots & 0 & 0 \\ 1 & a+b & ab & \cdots & 0 & 0 \\ 0 & 1 & a+b & \cdots & 0 & 0 \\ \vdots & \vdots & \vdots & \ddots & \vdots & \vdots \\ 0 & 0 & 0 & \cdots & a+b & ab \\ 0 & 0 & 0 & \cdots & 1 & a+b \end{vmatrix}=\frac{a^{n+1}-b^{n+1}}{a-b}\,(a\neq b)$$

4. 计算五阶行列式 $D=\begin{vmatrix} 1-a & a & 0 & 0 & 0 \\ -1 & 1-a & a & 0 & 0 \\ 0 & -1 & 1-a & a & 0 \\ 0 & 0 & -1 & 1-a & a \\ 0 & 0 & 0 & -1 & 1-a \end{vmatrix}$

5. 四阶行列式$\begin{vmatrix} a_1 & 0 & 0 & b_1 \\ 0 & a_2 & b_2 & 0 \\ 0 & b_3 & a_3 & 0 \\ b_4 & 0 & 0 & a_4 \end{vmatrix}$的值等于________。

(A) $a_1a_2a_3a_4 - b_1b_2b_3b_4$　　(B) $a_1a_2a_3a_4 + b_1b_2b_3b_4$

(C) $(a_1a_2 - b_1b_2)(a_3a_4 - b_3b_4)$　　(D) $(a_2a_3 - b_2b_3)(a_1a_4 - b_1b_4)$

6. 设$D=\begin{vmatrix} -1 & 5 & 7 & -8 \\ 1 & 1 & 1 & 1 \\ 2 & 0 & -9 & 6 \\ -3 & 4 & 3 & 7 \end{vmatrix}$，证明$A_{41}+A_{42}+A_{43}+A_{44}=0$

其中$A_{4j}\ (j=1,2,3,4)$为行列式D的第4行第j列元素的代数余子式。

7. 设$A_{1j}\ (j=1,2,3,4)$为行列式$D=\begin{vmatrix} a & b & c & d \\ d & c & b & b \\ b & b & b & b \\ c & d & a & d \end{vmatrix}$的第1行第$j$列元素的代数余子式，证明$A_{11}+A_{12}+A_{13}+A_{14}=0$。

8. 已知$D=\begin{vmatrix} 1 & 0 & 1 & 2 \\ -1 & 1 & 0 & 3 \\ 1 & 1 & 1 & 0 \\ -1 & 2 & 5 & 4 \end{vmatrix}$，若$A_{ij}(i,j=1,2,3,4)$是行列式$D$中第$i$行第$j$列元素的代数余子式，试求：

(1) $A_{12}-A_{22}+A_{32}-A_{42}$；

(2) $A_{41}+A_{42}+A_{43}+A_{44}$。

9. 已知$f(x)=\begin{vmatrix} x & 1 & 2 & 4 \\ 1 & 2-x & 2 & 4 \\ 2 & 0 & 1 & 2-x \\ 1 & x & x+3 & x+6 \end{vmatrix}$，证明$f'(x)=0$有小于1的正根。

10. 证明$D=\begin{vmatrix} 1 & 1 & 1 \\ x_1 & x_2 & x_3 \\ x_1^3 & x_2^3 & x_3^3 \end{vmatrix}=(x_1+x_2+x_3)\prod\limits_{1\leqslant j<i\leqslant 3}(x_i-x_j)$。

11. 设a,b,c,d是不全为0的实数，证明方程组

$$\begin{cases} ax_1+bx_2+cx_3+dx_4=0 \\ bx_1-ax_2+dx_3-cx_4=0 \\ cx_1-dx_2-ax_3+bx_4=0 \\ dx_1+cx_2-bx_3-ax_4=0 \end{cases}$$

只有零解。

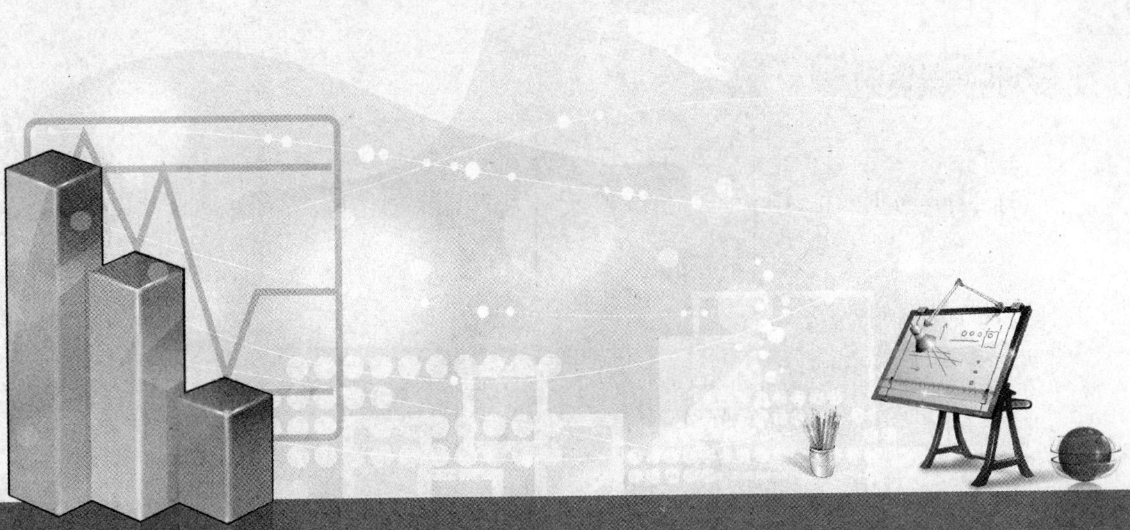

第2章 矩　阵

矩阵也如行列式一样，是从研究线性方程组所引出的。不过行列式是从特殊的线性方程组，即未知量个数与方程个数相同，而且只有唯一解，这样的方程组所引出；而矩阵是从一般的线性方程组所引出，所以矩阵就比行列式的应用广泛得多。

2.1 矩阵的概念

定义 2-1 将 $m\times n$ 个数 a_{ij} $(i=1,2,\cdots,m;\ j=1,2,\cdots,n)$ 排成 m 行 n 列的数表

$$\begin{matrix} a_{11} & a_{12} & \cdots & a_{1n} \\ a_{21} & a_{22} & \cdots & a_{2n} \\ \vdots & \vdots & & \vdots \\ a_{m1} & a_{m2} & \cdots & a_{mn} \end{matrix}$$

称为 m 行 n 列(或 $m\times n$)矩阵，为表示它是一个整体，总是用括号将其括起来，并用大写英文字母 $\boldsymbol{A},\boldsymbol{B},\boldsymbol{C},\cdots$ 或 $(a_{ij}),(b_{ij}),(c_{ij}),\cdots$ 表示，即

$$\boldsymbol{A}=\begin{bmatrix} a_{11} & a_{12} & \cdots & a_{1n} \\ a_{21} & a_{22} & \cdots & a_{2n} \\ \vdots & \vdots & & \vdots \\ a_{m1} & a_{m2} & \cdots & a_{mn} \end{bmatrix}$$

简记作 $\boldsymbol{A}=(a_{ij})_{m\times n}$，其中 a_{ij} 称为矩阵 $\boldsymbol{A}$ 的第 i 行第 j 列元素。

特别是：

(1) 当 $m=1$ 时，称 $\boldsymbol{A}=(a_{11}\ a_{12}\cdots a_{1n})$ 为行矩阵；

(2) 当 $n=1$ 时，称 $\boldsymbol{A}=\begin{bmatrix} a_{11} \\ a_{21} \\ \vdots \\ a_{m1} \end{bmatrix}$ 为列矩阵；

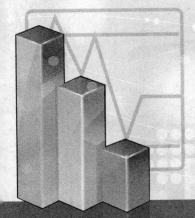

(3) 当 $m=n$ 时，称 $\boldsymbol{A}=\begin{bmatrix} a_{11} & a_{12} & \cdots & a_{1n} \\ a_{21} & a_{22} & \cdots & a_{2n} \\ \vdots & \vdots & & \vdots \\ a_{n1} & a_{n2} & \cdots & a_{nn} \end{bmatrix}$ 为 n 阶矩阵或方阵。n 阶矩阵 $\boldsymbol{A}$ 常记作 $\boldsymbol{A}_n$。

有两个特殊的方阵：

$$\text{对角矩阵 } \boldsymbol{A}=\begin{bmatrix} \lambda_1 & 0 & \cdots & 0 \\ 0 & \lambda_2 & \ddots & \vdots \\ \vdots & \ddots & \ddots & 0 \\ 0 & \cdots & 0 & \lambda_n \end{bmatrix}$$

$$\text{单位矩阵 } \boldsymbol{E}=\begin{bmatrix} 1 & 0 & \cdots & 0 \\ 0 & 1 & \ddots & \vdots \\ \vdots & \ddots & \ddots & 0 \\ 0 & \cdots & 0 & 1 \end{bmatrix}$$

所有元素都是 0 的矩阵称为零矩阵，用 $\boldsymbol{O}$ 表示。

[注] 如果矩阵 $\boldsymbol{A}$ 与矩阵 $\boldsymbol{B}$ 有相同的行数和相同的列数，则称 $\boldsymbol{A}$ 与 $\boldsymbol{B}$ 是同型矩阵。

定义 2-2 若 $\boldsymbol{A}$、$\boldsymbol{B}$ 是同型矩阵，并且对应位置上的元素均相等，则称矩阵 $\boldsymbol{A}$ 与 $\boldsymbol{B}$ 相等，记作 $\boldsymbol{A}=\boldsymbol{B}$。

2.2 矩阵的运算

1. 矩阵的加法

定义 2-3 设 $\boldsymbol{A}=(a_{ij})_{m\times n}$，$\boldsymbol{B}=(b_{ij})_{m\times n}$，那么矩阵 $\boldsymbol{A}$ 与 $\boldsymbol{B}$ 的和记作 $\boldsymbol{A}+\boldsymbol{B}$，规定

$$\boldsymbol{A}+\boldsymbol{B}=(a_{ij}+b_{ij})_{m\times n}=\begin{bmatrix} a_{11}+b_{11} & a_{12}+b_{12} & \cdots & a_{1n}+b_{1n} \\ a_{21}+b_{21} & a_{22}+b_{22} & \cdots & a_{2n}+b_{2n} \\ \vdots & \vdots & \ddots & \vdots \\ a_{m1}+b_{m1} & a_{m2}+b_{m2} & \cdots & a_{mn}+b_{mn} \end{bmatrix} \tag{2-1}$$

[注] 只有当两个矩阵是同型矩阵时，这两个矩阵才能进行加法运算。

2. 数与矩阵的乘法

定义 2-4 用数 k 乘以矩阵 $\boldsymbol{A}$ 的每一个元素所得到的矩阵，称为数 k 与矩阵 $\boldsymbol{A}$ 的积，记作 $k\boldsymbol{A}$。即若 $\boldsymbol{A}=(a_{ij})_{m\times n}$，则

$$k\boldsymbol{A}=(k\,a_{ij})_{m\times n}=\begin{bmatrix} ka_{11} & ka_{12} & \cdots & ka_{1n} \\ ka_{21} & ka_{22} & \cdots & ka_{2n} \\ \vdots & \vdots & \ddots & \vdots \\ ka_{m1} & ka_{m2} & \cdots & ka_{mn} \end{bmatrix} \tag{2-2}$$

将矩阵 $\boldsymbol{A}=(a_{ij})_{m\times n}$ 中所有元素改变正负号所得矩阵称为 $\boldsymbol{A}$ 的负矩阵，记作 $-\boldsymbol{A}$，即

$$-\boldsymbol{A}=(-1)\boldsymbol{A}=(-a_{ij})_{m\times n}$$

由此定义矩阵 $\boldsymbol{A}$ 与 $\boldsymbol{B}$ 的减法为：$\boldsymbol{A}-\boldsymbol{B}=\boldsymbol{A}+(-1)\boldsymbol{B}$，即

$$A-B=(a_{ij}-b_{ij})_{m\times n}=\begin{bmatrix} a_{11}-b_{11} & a_{12}-b_{12} & \cdots & a_{1n}-b_{1n} \\ a_{21}-b_{21} & a_{22}-b_{22} & \cdots & a_{2n}-b_{2n} \\ \vdots & \vdots & \ddots & \vdots \\ a_{m1}-b_{m1} & a_{m2}-b_{m2} & \cdots & a_{mn}-b_{mn} \end{bmatrix} \tag{2-3}$$

矩阵线性运算的性质：设 $\boldsymbol{A},\boldsymbol{B},\boldsymbol{C},\boldsymbol{O}$ 都是同型矩阵，k,l 为常数，则有

(1) $\boldsymbol{A}+\boldsymbol{B}=\boldsymbol{B}+\boldsymbol{A}$　　(2) $(\boldsymbol{A}+\boldsymbol{B})+\boldsymbol{C}=\boldsymbol{A}+(\boldsymbol{B}+\boldsymbol{C})$

(3) $\boldsymbol{A}+\boldsymbol{O}=\boldsymbol{A}$　　(4) $\boldsymbol{A}+(-\boldsymbol{A})=\boldsymbol{O}$

(5) $1\boldsymbol{A}=\boldsymbol{A}$　　(6) $(kl)\boldsymbol{A}=k(l\boldsymbol{A})$

(7) $(k+l)\boldsymbol{A}=k\boldsymbol{A}+l\boldsymbol{A}$　　(8) $k(\boldsymbol{A}+\boldsymbol{B})=k\boldsymbol{A}+k\boldsymbol{B}$

例 2-1　已知 $\boldsymbol{A}=\begin{bmatrix} 1 & 2 & 3 \\ 0 & 3 & 1 \\ -1 & 2 & 3 \end{bmatrix}$，$\boldsymbol{B}=\begin{bmatrix} 2 & -1 & 0 \\ 3 & 2 & 1 \\ 4 & 3 & 5 \end{bmatrix}$，求 $3\boldsymbol{A}-4\boldsymbol{B}$。

解　$3\boldsymbol{A}-4\boldsymbol{B}=3\begin{bmatrix} 1 & 2 & 3 \\ 0 & 3 & 1 \\ -1 & 2 & 3 \end{bmatrix}-4\begin{bmatrix} 2 & -1 & 0 \\ 3 & 2 & 1 \\ 4 & 3 & 5 \end{bmatrix}$

$$=\begin{bmatrix} 3-8 & 6+4 & 9-0 \\ 0-12 & 9-8 & 3-4 \\ -3-16 & 6-12 & 9-20 \end{bmatrix}=\begin{bmatrix} -5 & 10 & 9 \\ -12 & 1 & -1 \\ -19 & -6 & -11 \end{bmatrix}$$

3. 矩阵与矩阵的乘法

定义 2-5　设 $\boldsymbol{A}=(a_{ij})_{m\times s}$，$\boldsymbol{B}=(b_{ij})_{s\times n}$，那么规定矩阵 $\boldsymbol{A}$ 与 $\boldsymbol{B}$ 的乘积是一个 $m\times n$ 矩阵 $\boldsymbol{C}=(c_{ij})_{m\times n}$，其中

$$c_{ij}=a_{i1}b_{1j}+a_{i2}b_{2j}+\cdots+a_{is}b_{sj} \tag{2-4}$$

即

$$\boldsymbol{AB}=\begin{bmatrix} a_{11} & a_{12} & \cdots & a_{1s} \\ a_{21} & a_{22} & \cdots & a_{2s} \\ \vdots & \vdots & & \vdots \\ a_{m1} & a_{m2} & \cdots & a_{ms} \end{bmatrix}\begin{bmatrix} b_{11} & b_{12} & \cdots & b_{1n} \\ b_{21} & b_{22} & \cdots & b_{2n} \\ \vdots & \vdots & & \vdots \\ b_{s1} & b_{s2} & \cdots & b_{sn} \end{bmatrix}=\begin{bmatrix} c_{11} & c_{12} & \cdots & c_{1n} \\ c_{21} & c_{22} & \cdots & c_{2n} \\ \vdots & \vdots & & \vdots \\ c_{m1} & c_{m2} & \cdots & c_{mn} \end{bmatrix} \tag{2-5}$$

[注]

(1) $\boldsymbol{AB}$ 有意义，即 $\boldsymbol{A}$ 与 $\boldsymbol{B}$ 可以相乘 $\Leftrightarrow$ $\boldsymbol{A}$ 的列数=$\boldsymbol{B}$ 的行数；

(2) $\boldsymbol{AB}$ 的行数 =$\boldsymbol{A}$ 的行数，$\boldsymbol{AB}$ 的列数 =$\boldsymbol{B}$ 的列数；

(3) $\boldsymbol{A}$ 与 $\boldsymbol{B}$ 的先后次序不能改变。

例 2-2　若 $\boldsymbol{A}=\begin{bmatrix} 1 & 2 \\ -2 & 3 \\ 2 & 3 \end{bmatrix}$，$\boldsymbol{B}=\begin{bmatrix} 1 & 2 & 3 \\ 2 & 1 & 0 \end{bmatrix}$，求 $\boldsymbol{AB}$，$\boldsymbol{BA}$。

解　$\boldsymbol{AB}=\begin{bmatrix} 1 & 2 \\ -2 & 3 \\ 2 & 3 \end{bmatrix}\begin{bmatrix} 1 & 2 & 3 \\ 2 & 1 & 0 \end{bmatrix}=\begin{bmatrix} 1\times1+2\times2 & 1\times2+2\times1 & 1\times3+2\times0 \\ -2\times1+3\times2 & -2\times2+3\times1 & -2\times3+3\times0 \\ 2\times1+3\times2 & 2\times2+3\times1 & 2\times3+3\times0 \end{bmatrix}$

$$=\begin{bmatrix}5&4&3\\4&-1&-6\\8&7&6\end{bmatrix}$$

$$\boldsymbol{BA}=\begin{bmatrix}1&2&3\\2&1&0\end{bmatrix}\begin{bmatrix}1&2\\-2&3\\2&3\end{bmatrix}=\begin{bmatrix}3&17\\0&7\end{bmatrix}$$

例 2-3 若 $\boldsymbol{A}=\begin{bmatrix}-2&4\\1&-2\end{bmatrix}$，$\boldsymbol{B}=\begin{bmatrix}2&4\\-3&-6\end{bmatrix}$，求 $\boldsymbol{AB}$ 及 $\boldsymbol{BA}$。

解 $\boldsymbol{AB}=\begin{bmatrix}-2&4\\1&-2\end{bmatrix}\begin{bmatrix}2&4\\-3&-6\end{bmatrix}=\begin{bmatrix}-16&-32\\8&16\end{bmatrix}$

$$\boldsymbol{BA}=\begin{bmatrix}2&4\\-3&-6\end{bmatrix}\begin{bmatrix}-2&4\\1&-2\end{bmatrix}=\begin{bmatrix}0&0\\0&0\end{bmatrix}$$

[注]

(1) 矩阵乘法不满足交换律，即一般 $\boldsymbol{AB}\neq\boldsymbol{BA}$；

(2) 矩阵乘法时必须注意顺序：$\boldsymbol{AB}$ 是 $\boldsymbol{A}$ 从 $\boldsymbol{B}$ 的左边乘 $\boldsymbol{B}$，$\boldsymbol{BA}$ 是 $\boldsymbol{A}$ 从 $\boldsymbol{B}$ 的右边乘 $\boldsymbol{B}$；

(3) 两个非零矩阵相乘，结果可能是零矩阵，从而不能从 $\boldsymbol{AB}=\boldsymbol{O}$ 必然推出 $\boldsymbol{A}=\boldsymbol{O}$ 或 $\boldsymbol{B}=\boldsymbol{O}$。

例 2-4 若 $\boldsymbol{A}=\begin{bmatrix}1&1\\0&1\end{bmatrix}$，$\boldsymbol{B}=\begin{bmatrix}1&2\\0&1\end{bmatrix}$，求 $\boldsymbol{AB}$ 及 $\boldsymbol{BA}$。

解 $\boldsymbol{AB}=\begin{bmatrix}1&1\\0&1\end{bmatrix}\begin{bmatrix}1&2\\0&1\end{bmatrix}=\begin{bmatrix}1&3\\0&1\end{bmatrix}$，$\boldsymbol{BA}=\begin{bmatrix}1&2\\0&1\end{bmatrix}\begin{bmatrix}1&1\\0&1\end{bmatrix}=\begin{bmatrix}1&3\\0&1\end{bmatrix}$

可见 $\boldsymbol{AB}=\boldsymbol{BA}$，这种情况是比较特殊的情况。

如果矩阵 $\boldsymbol{A}$ 与 $\boldsymbol{B}$ 相乘，有 $\boldsymbol{AB}=\boldsymbol{BA}$，则称矩阵 $\boldsymbol{A}$ 与 $\boldsymbol{B}$ 可交换。

矩阵乘法运算的性质：

(1) $\boldsymbol{E}_m\boldsymbol{A}_{m\times n}=\boldsymbol{A}$，$\boldsymbol{A}_{m\times n}\boldsymbol{E}_n=\boldsymbol{A}$　　(2) $(\boldsymbol{A}_{m\times s}\boldsymbol{B}_{s\times n})\boldsymbol{C}_{n\times l}=\boldsymbol{A}(\boldsymbol{BC})$

(3) $\boldsymbol{A}_{m\times s}(\boldsymbol{B}_{s\times n}+\boldsymbol{C}_{s\times n})=\boldsymbol{AB}+\boldsymbol{AC}$　　$(\boldsymbol{A}_{m\times s}+\boldsymbol{B}_{m\times s})\boldsymbol{C}_{s\times n}=\boldsymbol{AC}+\boldsymbol{BC}$

(4) $k(\boldsymbol{A}_{m\times s}\boldsymbol{B}_{s\times n})=(k\boldsymbol{A})\boldsymbol{B}=\boldsymbol{A}(k\boldsymbol{B})$

4. 矩阵的转置

定义 2-6 把矩阵 $\boldsymbol{A}$ 的行与列互换位置，即将 $\boldsymbol{A}$ 的第一行变成第一列，第二行变成第二列，……这样所得到的矩阵称为 $\boldsymbol{A}$ 的转置矩阵，记作 $\boldsymbol{A}^{\mathrm{T}}$。

例如，矩阵 $\boldsymbol{A}=\begin{bmatrix}1&2\\3&4\\5&6\end{bmatrix}$ 的转置矩阵 $\boldsymbol{A}^{\mathrm{T}}=\begin{bmatrix}1&3&5\\2&4&6\end{bmatrix}$。

矩阵转置运算的性质：

(1) $(\boldsymbol{A}^{\mathrm{T}})^{\mathrm{T}}=\boldsymbol{A}$　　(2) $(\boldsymbol{A}+\boldsymbol{B})^{\mathrm{T}}=\boldsymbol{A}^{\mathrm{T}}+\boldsymbol{B}^{\mathrm{T}}$

(3) $(k\boldsymbol{A})^{\mathrm{T}}=k\boldsymbol{A}^{\mathrm{T}}$　　(4) $(\boldsymbol{AB})^{\mathrm{T}}=\boldsymbol{B}^{\mathrm{T}}\boldsymbol{A}^{\mathrm{T}}$

例 2-5　已知 $A=\begin{bmatrix}1&0&2\\2&3&-1\end{bmatrix}$，$B=\begin{bmatrix}1&0&2\\3&2&1\\4&2&1\end{bmatrix}$，求 $(AB)^{\mathrm{T}}$。

解法 1　因为 $AB=\begin{bmatrix}1&0&2\\2&3&-1\end{bmatrix}\begin{bmatrix}1&0&2\\3&2&1\\4&2&1\end{bmatrix}=\begin{bmatrix}9&4&4\\7&4&6\end{bmatrix}$，所以 $(AB)^{\mathrm{T}}=\begin{bmatrix}9&7\\4&4\\4&6\end{bmatrix}$

解法 2　$(AB)^{\mathrm{T}}=B^{\mathrm{T}}\ A^{\mathrm{T}}=\begin{bmatrix}1&3&4\\0&2&2\\2&1&1\end{bmatrix}\begin{bmatrix}1&2\\0&3\\2&-1\end{bmatrix}=\begin{bmatrix}9&7\\4&4\\4&6\end{bmatrix}$

定义 2-7　设 A 为 n 阶矩阵，如果 $A^{\mathrm{T}}=A$，即 $a_{ij}=a_{ji}\ (i,j=1,2,\cdots,n)$，则称 A 为对称矩阵。

例如，矩阵 $\begin{bmatrix}1&3\\3&-1\end{bmatrix}$，$\begin{bmatrix}0&2&3\\2&5&-1\\3&-1&6\end{bmatrix}$ 均为对称矩阵。

例 2-6　设 A 与 B 都是 n 阶对称矩阵，证明当且仅当 A 与 B 可交换时，AB 才是对称的。

证明　因为 A 与 B 都是 n 阶对称矩阵，所以 $A^{\mathrm{T}}=A$，$B^{\mathrm{T}}=B$。

若 $AB=BA$，则有 $(AB)^{\mathrm{T}}=B^{\mathrm{T}}A^{\mathrm{T}}=BA=AB$，即 AB 对称。

若 $(AB)^{\mathrm{T}}=AB$，则有 $AB=(AB)^{\mathrm{T}}=B^{\mathrm{T}}A^{\mathrm{T}}=BA$，即 A 与 B 可交换。

5. 方阵的幂

定义 2-8　设 A 为 n 阶矩阵，k 为自然数，则规定 $A^0=E$，$A^1=A$，$A^{k+1}=A^kA$，$(k=1,2,\cdots)$，称 A^k 为方阵 A 的 k 次幂。

方阵幂运算的性质：设 A 为 n 阶矩阵，k,l 为自然数，则

(1) $A^kA^l=A^{k+l}$　　　　(2) $(A^k)^l=A^{kl}$

6. 方阵的行列式

定义 2-9　由 n 阶矩阵 A 的元素构成的行列式(各元素位置不变)，称为方阵 A 的行列式，记作 $|A|$ 或 $\det A$。

[注] 方阵和行列式是两个不同的概念，n 阶矩阵是 n^2 个元素按一定顺序排成的数表，而 n 阶行列式则是这些数按一定运算法则所确定的一个数。

例如，设三阶矩阵 $A=\begin{bmatrix}2&3&4\\0&3&5\\0&0&1\end{bmatrix}$，则矩阵 A 的行列式是 $|A|=\begin{vmatrix}2&3&4\\0&3&5\\0&0&1\end{vmatrix}=6$。

方阵行列式运算的性质：设 A,B 都是 n 阶矩阵，k 为常数，则

(1) $|A^{\mathrm{T}}|=|A|$　　　　(2) $|kA|=k^n|A|$

(3) $|AB|=|A||B|$　　　　(4) $|E|=1$

例 2-7　设 A 为二阶矩阵，$|A|=-3$，求 $\left||A|A^2A^{\mathrm{T}}\right|$。

解 $\left||A|A^2A^T\right|=|A|^2\left|A^2A^T\right|=9|A||A||A^T|=-243$

7. 方阵的伴随矩阵

定义 2-10 设 $A=\begin{bmatrix} a_{11} & a_{12} & \cdots & a_{1n} \\ a_{21} & a_{22} & \cdots & a_{2n} \\ \vdots & \vdots & \ddots & \vdots \\ a_{n1} & a_{n2} & \cdots & a_{nn} \end{bmatrix}$

由 $|A|$ 中各元素 a_{ij} 的代数余子式 A_{ij} 所构成的如下矩阵

$$\begin{bmatrix} A_{11} & A_{21} & \cdots & A_{n1} \\ A_{12} & A_{22} & \cdots & A_{n2} \\ \vdots & \vdots & \ddots & \vdots \\ A_{1n} & A_{2n} & \cdots & A_{nn} \end{bmatrix}$$

称为 A 的伴随矩阵，记作 A^*。

[注] A^* 是将行列式 $|A|$ 中各元素 a_{ij} 换成其代数余子式 A_{ij} 所构成矩阵的转置矩阵，即

$$A^*=\begin{bmatrix} A_{11} & A_{12} & \cdots & A_{1n} \\ A_{21} & A_{22} & \cdots & A_{2n} \\ \vdots & \vdots & \ddots & \vdots \\ A_{n1} & A_{n2} & \cdots & A_{nn} \end{bmatrix}^T \tag{2-6}$$

例 2-8 设 $A=\begin{bmatrix} 1 & 1 & 1 \\ 2 & 1 & 3 \\ 1 & 1 & 4 \end{bmatrix}$，求 A 的伴随矩阵 A^*。

解 由行列式 $|A|$ 中各元素的代数余子式：

$$A_{11}=(-1)^{1+1}\begin{vmatrix} 1 & 3 \\ 1 & 4 \end{vmatrix}=1,\quad A_{12}=(-1)^{1+2}\begin{vmatrix} 2 & 3 \\ 1 & 4 \end{vmatrix}=-5,\quad A_{13}=(-1)^{1+3}\begin{vmatrix} 2 & 1 \\ 1 & 1 \end{vmatrix}=1,$$

$$A_{21}=(-1)^{2+1}\begin{vmatrix} 1 & 1 \\ 1 & 4 \end{vmatrix}=-3,\quad A_{22}=(-1)^{2+2}\begin{vmatrix} 1 & 1 \\ 1 & 4 \end{vmatrix}=3,\quad A_{23}=(-1)^{2+3}\begin{vmatrix} 1 & 1 \\ 1 & 1 \end{vmatrix}=0,$$

$$A_{31}=(-1)^{3+1}\begin{vmatrix} 1 & 1 \\ 1 & 3 \end{vmatrix}=2,\quad A_{32}=(-1)^{3+2}\begin{vmatrix} 1 & 1 \\ 2 & 3 \end{vmatrix}=-1,\quad A_{33}=(-1)^{3+3}\begin{vmatrix} 1 & 1 \\ 2 & 1 \end{vmatrix}=-1$$

得 A 的伴随矩阵

$$A^*=\begin{bmatrix} 1 & -3 & 2 \\ -5 & 3 & -1 \\ 1 & 0 & -1 \end{bmatrix}$$

伴随矩阵的性质： $AA^*=A^*A=|A|E$

证明 设 $A=\begin{bmatrix} a_{11} & a_{12} & \cdots & a_{1n} \\ a_{21} & a_{22} & \cdots & a_{2n} \\ \vdots & \vdots & \ddots & \vdots \\ a_{n1} & a_{n2} & \cdots & a_{nn} \end{bmatrix}$，则 $A^*=\begin{bmatrix} A_{11} & A_{21} & \cdots & A_{n1} \\ A_{12} & A_{22} & \cdots & A_{n2} \\ \vdots & \vdots & \ddots & \vdots \\ A_{1n} & A_{2n} & \cdots & A_{nn} \end{bmatrix}$

于是根据式(1-11)有

$$\boldsymbol{AA}^*=\begin{bmatrix} a_{11} & a_{12} & \cdots & a_{1n} \\ a_{21} & a_{22} & \cdots & a_{2n} \\ \vdots & \vdots & \ddots & \vdots \\ a_{n1} & a_{n2} & \cdots & a_{nn} \end{bmatrix}\begin{bmatrix} A_{11} & A_{21} & \cdots & A_{n1} \\ A_{12} & A_{22} & \cdots & A_{n2} \\ \vdots & \vdots & \ddots & \vdots \\ A_{1n} & A_{2n} & \cdots & A_{nn} \end{bmatrix}=\begin{bmatrix} |\boldsymbol{A}| & 0 & \cdots & 0 \\ 0 & |\boldsymbol{A}| & \cdots & 0 \\ \vdots & \vdots & \ddots & \vdots \\ 0 & 0 & \cdots & |\boldsymbol{A}| \end{bmatrix}=|\boldsymbol{A}|\boldsymbol{E}$$

同理可得 $\boldsymbol{A}^*\boldsymbol{A}=|\boldsymbol{A}|\boldsymbol{E}$ 。

2.3　矩阵分块法

在矩阵的讨论和运算中，对于行数和列数较高的矩阵 $\boldsymbol{A}$ ，运算时常采用分块法，使大矩阵的运算化成小矩阵的运算。可以用若干条纵线和横线将矩阵分成许多个小矩阵，每一个小矩阵称为 $\boldsymbol{A}$ 的子矩阵，以子矩阵为元素的形式上的矩阵称为分块矩阵。

例如　$$\boldsymbol{A}=\left[\begin{array}{cc:cc} 1 & 0 & -1 & 1 \\ -1 & 0 & 1 & 0 \\ \hdashline 0 & 0 & 2 & -1 \\ 0 & 0 & 0 & -3 \end{array}\right]=\begin{bmatrix} \boldsymbol{A}_{11} & \boldsymbol{A}_{12} \\ \boldsymbol{A}_{21} & \boldsymbol{A}_{22} \end{bmatrix}$$

$$\boldsymbol{A}=\left[\begin{array}{c:c:c:c} 1 & 0 & -1 & 1 \\ -1 & 0 & 1 & 0 \\ 0 & 0 & 2 & -1 \\ 0 & 0 & 0 & -3 \end{array}\right]=(\boldsymbol{B}_1\ \boldsymbol{B}_2\ \boldsymbol{B}_3\ \boldsymbol{B}_4)$$

特点：同行上的子矩阵有相同的行数；同列上的子矩阵有相同的列数。

分块矩阵的运算规则与普通矩阵的运算规则相类似，分别说明如下：

加法：设 $\boldsymbol{A}_{m\times n}=\begin{bmatrix} \boldsymbol{A}_{11} & \boldsymbol{A}_{12} & \cdots & \boldsymbol{A}_{1r} \\ \boldsymbol{A}_{21} & \boldsymbol{A}_{22} & \cdots & \boldsymbol{A}_{2r} \\ \vdots & \vdots & & \vdots \\ \boldsymbol{A}_{s1} & \boldsymbol{A}_{s2} & \cdots & \boldsymbol{A}_{sr} \end{bmatrix}$，$\boldsymbol{B}_{m\times n}=\begin{bmatrix} \boldsymbol{B}_{11} & \boldsymbol{B}_{12} & \cdots & \boldsymbol{B}_{1r} \\ \boldsymbol{B}_{21} & \boldsymbol{B}_{22} & \cdots & \boldsymbol{B}_{2r} \\ \vdots & \vdots & & \vdots \\ \boldsymbol{B}_{s1} & \boldsymbol{B}_{s2} & \cdots & \boldsymbol{B}_{sr} \end{bmatrix}$

则

$$\boldsymbol{A}+\boldsymbol{B}=\begin{bmatrix} \boldsymbol{A}_{11}+\boldsymbol{B}_{11} & \boldsymbol{A}_{12}+\boldsymbol{B}_{12} & \cdots & \boldsymbol{A}_{1r}+\boldsymbol{B}_{1r} \\ \boldsymbol{A}_{21}+\boldsymbol{B}_{21} & \boldsymbol{A}_{22}+\boldsymbol{B}_{22} & \cdots & \boldsymbol{A}_{2r}+\boldsymbol{B}_{2r} \\ \vdots & \vdots & & \vdots \\ \boldsymbol{A}_{s1}+\boldsymbol{B}_{s1} & \boldsymbol{A}_{s2}+\boldsymbol{B}_{s2} & \cdots & \boldsymbol{A}_{sr}+\boldsymbol{B}_{sr} \end{bmatrix} \tag{2-7}$$

其中 $\boldsymbol{A}_{ij},\boldsymbol{B}_{ij}$ 分别是矩阵 $\boldsymbol{A},\boldsymbol{B}$ 的子矩阵。

要求：$\boldsymbol{A}$ 与 $\boldsymbol{B}$ 同型，且分块方式相同。

数乘：

$$k\boldsymbol{A}_{m\times n}=\begin{bmatrix} k\boldsymbol{A}_{11} & k\boldsymbol{A}_{12} & \cdots & k\boldsymbol{A}_{1r} \\ k\boldsymbol{A}_{21} & k\boldsymbol{A}_{22} & \cdots & k\boldsymbol{A}_{2r} \\ \vdots & \vdots & & \vdots \\ k\boldsymbol{A}_{s1} & k\boldsymbol{A}_{s2} & \cdots & k\boldsymbol{A}_{sr} \end{bmatrix} \tag{2-8}$$

乘法：设 $A_{m\times l}=\begin{bmatrix} A_{11} & A_{12} & \cdots & A_{1t} \\ A_{21} & A_{22} & \cdots & A_{2t} \\ \vdots & \vdots & & \vdots \\ A_{s1} & A_{s2} & \cdots & A_{st} \end{bmatrix}$，$B_{l\times n}=\begin{bmatrix} B_{11} & B_{12} & \cdots & B_{1r} \\ B_{21} & B_{22} & \cdots & B_{2r} \\ \vdots & \vdots & & \vdots \\ B_{t1} & B_{t2} & \cdots & B_{tr} \end{bmatrix}$，则

$$C_{m\times n}=\begin{bmatrix} C_{11} & C_{12} & \cdots & C_{1r} \\ C_{21} & C_{22} & \cdots & C_{2r} \\ \vdots & \vdots & & \vdots \\ C_{s1} & C_{s2} & \cdots & C_{sr} \end{bmatrix} \tag{2-9}$$

其中

$$C_{ij}=A_{i1}B_{1j}+A_{i2}B_{2j}+\cdots+A_{it}B_{tj} \tag{2-10}$$

要求：对 A 的列的分块方式与对 B 的行的分块方式相同。

转置：若 $A_{m\times n}=\begin{bmatrix} A_{11} & A_{12} & \cdots & A_{1r} \\ A_{21} & A_{22} & \cdots & A_{2r} \\ \vdots & \vdots & & \vdots \\ A_{s1} & A_{s2} & \cdots & A_{sr} \end{bmatrix}$，则

$$(A_{m\times n})^{\mathrm{T}}=\begin{bmatrix} A_{11}^{\mathrm{T}} & A_{21}^{\mathrm{T}} & \cdots & A_{s1}^{\mathrm{T}} \\ A_{12}^{\mathrm{T}} & A_{22}^{\mathrm{T}} & \cdots & A_{s2}^{\mathrm{T}} \\ \vdots & \vdots & & \vdots \\ A_{1r}^{\mathrm{T}} & A_{2r}^{\mathrm{T}} & \cdots & A_{sr}^{\mathrm{T}} \end{bmatrix} \tag{2-11}$$

特点：“大转”+“小转”。

例 2-9 设 $A=\left[\begin{array}{cc:cc} 1 & 0 & 0 & 0 \\ 0 & 1 & 0 & 0 \\ \hdashline -1 & 2 & 1 & 0 \\ 1 & 1 & 0 & 1 \end{array}\right]=\begin{bmatrix} E & O \\ A_{21} & E \end{bmatrix}$，$B=\left[\begin{array}{cc:cc} 1 & 0 & 1 & 0 \\ -1 & 2 & 0 & 1 \\ \hdashline 1 & 0 & 4 & 1 \\ -1 & -1 & 2 & 0 \end{array}\right]=\begin{bmatrix} B_{11} & E \\ B_{21} & B_{22} \end{bmatrix}$，求 AB。

解 $AB=\begin{bmatrix} E & O \\ A_{21} & E \end{bmatrix}\begin{bmatrix} B_{11} & E \\ B_{21} & B_{22} \end{bmatrix}=\begin{bmatrix} B_{11} & E \\ A_{21}B_{11}+B_{21} & A_{21}+B_{22} \end{bmatrix}=\left[\begin{array}{cc:cc} 1 & 0 & 1 & 0 \\ -1 & 2 & 0 & 1 \\ \hdashline -2 & 4 & 3 & 3 \\ -1 & 1 & 3 & 1 \end{array}\right]$

2.4 可逆矩阵

解一元线性方程 $ax=b$，当 $a\neq 0$ 时，存在一个数 a^{-1}，使 $x=a^{-1}b$ 为方程的解。那么在解矩阵方程 $AX=B$ 时，是否也存在一个矩阵，使 X 等于这个矩阵左乘 B。这就是我们要讨论的逆矩阵中一个问题。

定义 2-11 对于 n 阶矩阵 A，若存在矩阵 B，满足

$$AB=BA=E \tag{2-12}$$

则称 A 为可逆矩阵(非奇异矩阵)，B 为 A 的逆矩阵。

定理 2-1 若 A 为可逆矩阵，则 A 的逆矩阵唯一。

证明　如果 $\boldsymbol{B},\boldsymbol{C}$ 都是 $\boldsymbol{A}$ 的逆矩阵，则有

$$\boldsymbol{AB}=\boldsymbol{BA}=\boldsymbol{E}\text{，}\boldsymbol{AC}=\boldsymbol{CA}=\boldsymbol{E}$$

于是

$$\boldsymbol{B}=\boldsymbol{BE}=\boldsymbol{B}(\boldsymbol{AC})=(\boldsymbol{BA})\boldsymbol{C}=\boldsymbol{EC}=\boldsymbol{C}$$

即 $\boldsymbol{A}$ 的逆矩阵是唯一的。

今后用 $\boldsymbol{A}^{-1}$ 表示 $\boldsymbol{A}$ 的逆矩阵。

定理 2-2　n 阶矩阵 $\boldsymbol{A}$ 为可逆矩阵的充分必要条件是 $|\boldsymbol{A}|\neq 0$；且

$$\boldsymbol{A}^{-1}=\frac{1}{|\boldsymbol{A}|}\boldsymbol{A}^* \tag{2-13}$$

证明　(1) 必要性。若 $\boldsymbol{A}$ 可逆，则 $\boldsymbol{A}^{-1}$ 存在，于是由 $\boldsymbol{AA}^{-1}=\boldsymbol{E}$，得 $|\boldsymbol{AA}^{-1}|=|\boldsymbol{A}||\boldsymbol{A}^{-1}|=|\boldsymbol{E}|=1$，从而 $|\boldsymbol{A}|\neq 0$。

(2) 充分性。若 $|\boldsymbol{A}|\neq 0$，则由伴随矩阵性质 $\boldsymbol{AA}^*=\boldsymbol{A}^*\boldsymbol{A}=|\boldsymbol{A}|\boldsymbol{E}$，得 $\boldsymbol{A}\dfrac{\boldsymbol{A}^*}{|\boldsymbol{A}|}=\dfrac{\boldsymbol{A}^*}{|\boldsymbol{A}|}\boldsymbol{A}=\boldsymbol{E}$。

由定义 2-11 知 $\boldsymbol{A}$ 为可逆矩阵，且 $\boldsymbol{A}^{-1}=\dfrac{1}{|\boldsymbol{A}|}\boldsymbol{A}^*$。

例 2-10　求矩阵 $\boldsymbol{A}=\begin{bmatrix} a & b \\ c & d \end{bmatrix}$ 的逆矩阵。

解　若 $|\boldsymbol{A}|=ad-bc\neq 0$，则 $\boldsymbol{A}^{-1}$ 存在，由 $|\boldsymbol{A}|$ 中各元素的代数余子式：

$$A_{11}=(-1)^{1+1}d=d \qquad A_{12}=(-1)^{1+2}c=-c$$

$$A_{21}=(-1)^{2+1}b=-b \qquad A_{22}=(-1)^{2+2}a=a$$

得 $\boldsymbol{A}^*=\begin{bmatrix} d & -b \\ -c & a \end{bmatrix}$。于是

$$\boldsymbol{A}^{-1}=\frac{1}{|\boldsymbol{A}|}\boldsymbol{A}^*=\frac{1}{ad-bc}\begin{bmatrix} d & -b \\ -c & a \end{bmatrix}$$

若 $|\boldsymbol{A}|=ad-bc=0$，则矩阵 $\boldsymbol{A}$ 不可逆。

例 2-11　求矩阵 $\boldsymbol{A}=\begin{bmatrix} 1 & 2 & 3 \\ 2 & 2 & 1 \\ 3 & 4 & 3 \end{bmatrix}$ 的逆矩阵。

解　因 $|\boldsymbol{A}|=2\neq 0$，则 $\boldsymbol{A}^{-1}$ 存在，由 $|\boldsymbol{A}|$ 中各元素的代数余子式：

$$A_{11}=2,\quad A_{12}=-3,\quad A_{13}=2$$

$$A_{21}=6,\quad A_{22}=-6,\quad A_{23}=2$$

$$A_{31}=-4,\quad A_{32}=5,\quad A_{33}=-2$$

得 $\boldsymbol{A}^*=\begin{bmatrix} 2 & 6 & -4 \\ -3 & -6 & 5 \\ 2 & 2 & -2 \end{bmatrix}$，因此 $\boldsymbol{A}^{-1}=\dfrac{1}{|\boldsymbol{A}|}\boldsymbol{A}^*=\begin{bmatrix} 1 & 3 & -2 \\ -\dfrac{3}{2} & -3 & \dfrac{5}{2} \\ 1 & 1 & -1 \end{bmatrix}$。

定理 2-3 若n阶矩阵$\boldsymbol{A},\boldsymbol{B}$满足$\boldsymbol{AB}=\boldsymbol{E}$，则$\boldsymbol{A}^{-1}=\boldsymbol{B}$，$\boldsymbol{B}^{-1}=\boldsymbol{A}$。

证明 若$\boldsymbol{AB}=\boldsymbol{E}$，则$|\boldsymbol{AB}|=|\boldsymbol{A}||\boldsymbol{B}|=|\boldsymbol{E}|=1$，故$|\boldsymbol{A}|\neq 0$，$|\boldsymbol{B}|\neq 0$，因而$\boldsymbol{A}^{-1},\boldsymbol{B}^{-1}$都存在。于是

$$\boldsymbol{B}=\boldsymbol{EB}=(\boldsymbol{A}^{-1}\boldsymbol{A})\boldsymbol{B}=\boldsymbol{A}^{-1}(\boldsymbol{AB})=\boldsymbol{A}^{-1}\boldsymbol{E}=\boldsymbol{A}^{-1}$$
$$\boldsymbol{A}=\boldsymbol{AE}=\boldsymbol{A}(\boldsymbol{BB}^{-1})=(\boldsymbol{AB})\boldsymbol{B}^{-1}=\boldsymbol{EB}^{-1}=\boldsymbol{B}^{-1}$$

可逆矩阵的性质：设$\boldsymbol{A},\boldsymbol{B}$为$n$阶可逆矩阵，则

(1) $(\boldsymbol{A}^{-1})^{-1}=\boldsymbol{A}$

证明 因$\boldsymbol{AA}^{-1}=\boldsymbol{E}$，故$(\boldsymbol{A}^{-1})^{-1}=\boldsymbol{A}$。

(2) 若$k\neq 0$，则$(k\boldsymbol{A})^{-1}=\dfrac{1}{k}\boldsymbol{A}^{-1}$

证明 因$\left(\dfrac{1}{k}\boldsymbol{A}^{-1}\right)(k\boldsymbol{A})=\dfrac{1}{k}k(\boldsymbol{A}^{-1}\boldsymbol{A})=\boldsymbol{E}$，故$(k\boldsymbol{A})^{-1}=\dfrac{1}{k}\boldsymbol{A}^{-1}$。

(3) $(\boldsymbol{AB})^{-1}=\boldsymbol{B}^{-1}\boldsymbol{A}^{-1}$

证明 因$(\boldsymbol{B}^{-1}\boldsymbol{A}^{-1})(\boldsymbol{AB})=\boldsymbol{B}^{-1}(\boldsymbol{A}^{-1}\boldsymbol{A})\boldsymbol{B}=\boldsymbol{B}^{-1}\boldsymbol{B}=\boldsymbol{E}$，故$(\boldsymbol{AB})^{-1}=\boldsymbol{B}^{-1}\boldsymbol{A}^{-1}$。

(4) $(\boldsymbol{A}^{\mathrm{T}})^{-1}=(\boldsymbol{A}^{-1})^{\mathrm{T}}$

证明 因$(\boldsymbol{A}^{-1})^{\mathrm{T}}(\boldsymbol{A}^{\mathrm{T}})=(\boldsymbol{AA}^{-1})^{\mathrm{T}}=\boldsymbol{E}^{\mathrm{T}}=\boldsymbol{E}$，故$(\boldsymbol{A}^{\mathrm{T}})^{-1}=(\boldsymbol{A}^{-1})^{\mathrm{T}}$。

(5) $|\boldsymbol{A}^{-1}|=|\boldsymbol{A}|^{-1}$

证明 因$\boldsymbol{AA}^{-1}=\boldsymbol{E}$，则$|\boldsymbol{AA}^{-1}|=|\boldsymbol{A}||\boldsymbol{A}^{-1}|=|\boldsymbol{E}|=1$，故$|\boldsymbol{A}^{-1}|=|\boldsymbol{A}|^{-1}$。

例 2-12 若$\boldsymbol{A}=\begin{bmatrix} a_1 & 0 & \cdots & 0 \\ 0 & a_2 & \cdots & 0 \\ \vdots & \vdots & \ddots & \vdots \\ 0 & 0 & \cdots & a_n \end{bmatrix}$，证明$\boldsymbol{A}^{-1}=\begin{bmatrix} \frac{1}{a_1} & 0 & \cdots & 0 \\ 0 & \frac{1}{a_2} & \cdots & 0 \\ \vdots & \vdots & \ddots & \vdots \\ 0 & 0 & \cdots & \frac{1}{a_n} \end{bmatrix}$

这里$a_i\neq 0$ $(i=1,2,\cdots n)$。

证明 因为

$$\begin{bmatrix} a_1 & 0 & \cdots & 0 \\ 0 & a_2 & \cdots & 0 \\ \vdots & \vdots & \ddots & \vdots \\ 0 & 0 & \cdots & a_n \end{bmatrix}\begin{bmatrix} \frac{1}{a_1} & 0 & \cdots & 0 \\ 0 & \frac{1}{a_2} & \cdots & 0 \\ \vdots & \vdots & \ddots & \vdots \\ 0 & 0 & \cdots & \frac{1}{a_n} \end{bmatrix}=\boldsymbol{E}$$

由定理 2-3 得

$$A^{-1}=\begin{bmatrix} \frac{1}{a_1} & 0 & \cdots & 0 \\ 0 & \frac{1}{a_2} & \cdots & 0 \\ \vdots & \vdots & \ddots & \vdots \\ 0 & 0 & \cdots & \frac{1}{a_n} \end{bmatrix}$$

例 2-13　若 $\boldsymbol{A},\boldsymbol{B}$ 分别为 r 阶与 k 阶可逆矩阵，则有

(1) $\begin{bmatrix} \boldsymbol{A} & \boldsymbol{O} \\ \boldsymbol{O} & \boldsymbol{B} \end{bmatrix}^{-1}=\begin{bmatrix} \boldsymbol{A}^{-1} & \boldsymbol{O} \\ \boldsymbol{O} & \boldsymbol{B}^{-1} \end{bmatrix}$(主对角分块)

(2) $\begin{bmatrix} \boldsymbol{O} & \boldsymbol{A} \\ \boldsymbol{B} & \boldsymbol{O} \end{bmatrix}^{-1}=\begin{bmatrix} \boldsymbol{O} & \boldsymbol{B}^{-1} \\ \boldsymbol{A}^{-1} & \boldsymbol{O} \end{bmatrix}$(副对角分块)

证明　(1) 因 $\begin{bmatrix} \boldsymbol{A} & \boldsymbol{O} \\ \boldsymbol{O} & \boldsymbol{B} \end{bmatrix}\begin{bmatrix} \boldsymbol{A}^{-1} & \boldsymbol{O} \\ \boldsymbol{O} & \boldsymbol{B}^{-1} \end{bmatrix}=\boldsymbol{E}$，故 $\begin{bmatrix} \boldsymbol{A} & \boldsymbol{O} \\ \boldsymbol{O} & \boldsymbol{B} \end{bmatrix}^{-1}=\begin{bmatrix} \boldsymbol{A}^{-1} & \boldsymbol{O} \\ \boldsymbol{O} & \boldsymbol{B}^{-1} \end{bmatrix}$。

(2) 因 $\begin{bmatrix} \boldsymbol{O} & \boldsymbol{A} \\ \boldsymbol{B} & \boldsymbol{O} \end{bmatrix}\begin{bmatrix} \boldsymbol{O} & \boldsymbol{B}^{-1} \\ \boldsymbol{A}^{-1} & \boldsymbol{O} \end{bmatrix}=\boldsymbol{E}$，故 $\begin{bmatrix} \boldsymbol{O} & \boldsymbol{A} \\ \boldsymbol{B} & \boldsymbol{O} \end{bmatrix}^{-1}=\begin{bmatrix} \boldsymbol{O} & \boldsymbol{B}^{-1} \\ \boldsymbol{A}^{-1} & \boldsymbol{O} \end{bmatrix}$。

2.5　矩阵的初等变换

矩阵的初等变换是十分重要的，它在解线性方程组、求逆矩阵及矩阵理论的探讨中都起着重要作用。

定义 2-12　下列三种对矩阵的变换称为初等变换：

	行变换	列变换
(1) 将矩阵的两行(列)互换位置；	$r_i \leftrightarrow r_j$	$c_i \leftrightarrow c_j$
(2) 用非零数 $k(\neq 0)$ 乘以矩阵的某一行(列)；	$k r_i$	$k c_i$
(3) 将矩阵某行(列)的 k 倍加于另一行(列)。	$r_i + k r_j$	$c_i + k c_j$

定义 2-13　对单位矩阵 $\boldsymbol{E}$ 进行一次初等变换所得到的矩阵，称为初等矩阵。

与矩阵的初等变换对应，初等矩阵有下列三种。

(1) 对 $\boldsymbol{E}$ 进行第一种初等变换所得到的矩阵

$$\boldsymbol{E}\xrightarrow{r_i\leftrightarrow r_j}\begin{bmatrix} \boldsymbol{E} & & & & \\ & 0 & \cdots & 1 & \\ & \vdots & \boldsymbol{E} & \vdots & \\ & 1 & \cdots & 0 & \\ & & & & \boldsymbol{E} \end{bmatrix}\begin{matrix} \\ (i) \\ \\ (j) \\ \\ \end{matrix}\overset{\Delta}{=}\boldsymbol{E}(i,j)$$

(2) 对 $\boldsymbol{E}$ 进行第二种初等变换所得到的矩阵

$$E\xrightarrow{kr_i}\begin{bmatrix}E & & \\ & k & \\ & & E\end{bmatrix}\overset{\Delta}{=}E[i(k)],\quad (k\neq 0)$$

(3) 对 E 进行第三种初等变换所得到的矩阵

$$E\xrightarrow{r_i+kr_j}\begin{bmatrix}E & & & & \\ & 1 & \cdots & k & \\ & & E & \vdots & \\ & & & 1 & \\ & & & & E\end{bmatrix}\begin{matrix} \\ (i) \\ \\ (j) \\ \\ \end{matrix}\overset{\Delta}{=}E[i,j(k)]$$

定理 2-4 设 $A_{m\times n}=\begin{bmatrix}a_{11} & a_{12} & \cdots & a_{1n}\\ a_{21} & a_{22} & \cdots & a_{2n}\\ \vdots & \vdots & & \vdots\\ a_{m1} & a_{m2} & \cdots & a_{mn}\end{bmatrix}=\begin{bmatrix}\alpha_1\\ \cdots\\ \alpha_i\\ \cdots\\ \alpha_j\\ \cdots\\ \alpha_m\end{bmatrix}=(\beta_1\cdots\beta_i\cdots\beta_j\cdots\beta_n)$

(1) 对 A 的行进行某种初等变换所得到的矩阵，等于用同种初等矩阵左乘 A，

即 $E_m(i,j)A=\begin{bmatrix}\alpha_1\\ \cdots\\ \alpha_j\\ \cdots\\ \alpha_i\\ \cdots\\ \alpha_m\end{bmatrix}$，$E_m[i(k)]A=\begin{bmatrix}\alpha_1\\ \cdots\\ k\alpha_i\\ \cdots\\ \alpha_j\\ \cdots\\ \alpha_m\end{bmatrix}$，$E_m[i,j(k)]A=\begin{bmatrix}\alpha_1\\ \cdots\\ \alpha_i+k\alpha_j\\ \cdots\\ \alpha_j\\ \cdots\\ \alpha_m\end{bmatrix}$

(2) 对 A 的列进行某种初等变换所得到的矩阵，等于用同种初等矩阵右乘 A，即

$AE_n(i,j)=(\beta_1\cdots\beta_j\cdots\beta_i\cdots\beta_n)$，$AE_n[i(k)]=(\beta_1\cdots k\beta_i\cdots\beta_j\cdots\beta_n)$，

$AE_n[i,j(k)]=(\beta_1\cdots\beta_i+k\beta_j\cdots\beta_j\cdots\beta_n)$

[注] 对 A 的行进行某种初等变换所得到的矩阵，等于用同种初等矩阵左乘 A，这里的初等矩阵是由对 E 的行进行相应的初等变换所得到的；对 A 的列进行某种初等变换所得到的矩阵，等于用同种初等矩阵右乘 A，这里的初等矩阵是由对 E 的列进行相应的初等变换所得到的。

例如，设矩阵 $A=\begin{bmatrix}3 & 0 & 1\\ 1 & -1 & 2\\ 0 & 1 & 1\end{bmatrix}$，对 A 的行进行第一种初等变换，如交换 A 的第一行与第二行，有

$$A=\begin{bmatrix}3 & 0 & 1\\ 1 & -1 & 2\\ 0 & 1 & 1\end{bmatrix}\xrightarrow{r_1\leftrightarrow r_2}\begin{bmatrix}1 & -1 & 2\\ 3 & 0 & 1\\ 0 & 1 & 1\end{bmatrix}=B$$

用 $E_3(1,2)$ 左乘 A，有

$$E_3(1,2)A=\begin{bmatrix}0&1&0\\1&0&0\\0&0&1\end{bmatrix}\begin{bmatrix}3&0&1\\1&-1&2\\0&1&1\end{bmatrix}=\begin{bmatrix}1&-1&2\\3&0&1\\0&1&1\end{bmatrix}=B$$

对 A 的列进行第三种初等变换，如将 A 的第三列乘 2 加于第一列，有

$$A=\begin{bmatrix}3&0&1\\1&-1&2\\0&1&1\end{bmatrix}\xrightarrow{c_1+2c_3}\begin{bmatrix}5&0&1\\5&-1&2\\2&1&1\end{bmatrix}=C$$

用 $E_3[1,3(2)]$ 右乘 A，有

$$AE_3[1,3(2)]=\begin{bmatrix}3&0&1\\1&-1&2\\0&1&1\end{bmatrix}\begin{bmatrix}1&0&0\\0&1&0\\2&0&1\end{bmatrix}=\begin{bmatrix}5&0&1\\5&-1&2\\2&1&1\end{bmatrix}=C$$

定理 2-5　初等矩阵都是可逆矩阵，且它们的逆矩阵仍是初等矩阵。

证明　$[E(i,j)]^{-1}=E(i,j)$，$[E(i(k))]^{-1}=E\left[i\left(\frac{1}{k}\right)\right]$，$[E(i,j(k))]^{-1}=E[i,j(-k)]$

[注] 矩阵 A 经过若干次初等变换变成 B，则记作 $A\to B$。

定义 2-14　若矩阵 A 经过有限次初等变换变成 B，则称 A 与 B 等价，记作 $A\cong B$。

性质

(1) 自反性：$A\cong A$。

(2) 对称性：若 $A\cong B$，则 $B\cong A$。

(3) 传递性：若 $A\cong B$，$B\cong C$，则 $A\cong C$。

定理 2-6　对于任意非零矩阵 A，都可经过若干次初等变换将 A 变成下面形式的矩阵 D（A 的标准形）：

$$D=\begin{bmatrix}E&O\\O&O\end{bmatrix}\left(\text{或}(E\ \ O),\ \text{或}\begin{bmatrix}E\\O\end{bmatrix},\ \text{或}E\right)$$

即 $A\to D$。

证明略。

推论　如果 A 为可逆矩阵，则 A 经过若干次初等变换可化成单位矩阵 E。

例 2-14　求下列矩阵 A 的标准形：

(1) $A=\begin{bmatrix}2&1&2&3\\4&1&3&5\\2&0&1&2\end{bmatrix}$　　　(2) $A=\begin{bmatrix}1&0&1\\2&1&0\\-3&2&-5\end{bmatrix}$

解 (1) $A=\begin{bmatrix}2&1&2&3\\4&1&3&5\\2&0&1&2\end{bmatrix}\xrightarrow[r_3+(-1)r_1]{r_2+(-2)r_1}\begin{bmatrix}2&1&2&3\\0&-1&-1&-1\\0&-1&-1&-1\end{bmatrix}$

$$\xrightarrow[c_4+\left(-\frac{3}{2}\right)c_1]{\substack{c_2+\left(-\frac{1}{2}\right)c_1 \\ c_3+(-1)c_1}} \begin{bmatrix} 2 & 0 & 0 & 0 \\ 0 & -1 & -1 & -1 \\ 0 & -1 & -1 & -1 \end{bmatrix} \xrightarrow[r_3+(-1)r_2]{\frac{1}{2}r_1} \begin{bmatrix} 1 & 0 & 0 & 0 \\ 0 & -1 & -1 & -1 \\ 0 & 0 & 0 & 0 \end{bmatrix}$$

$$\xrightarrow[c_4+(-1)c_2]{c_3+(-1)c_2} \begin{bmatrix} 1 & 0 & 0 & 0 \\ 0 & -1 & 0 & 0 \\ 0 & 0 & 0 & 0 \end{bmatrix} \xrightarrow{(-1)r_2} \begin{bmatrix} 1 & 0 & 0 & 0 \\ 0 & 1 & 0 & 0 \\ 0 & 0 & 0 & 0 \end{bmatrix}$$

(2) $$\boldsymbol{A}=\begin{bmatrix} 1 & 0 & 1 \\ 2 & 1 & 0 \\ -3 & 2 & -5 \end{bmatrix} \xrightarrow[r_3+3r_1]{r_2+(-2)r_1} \begin{bmatrix} 1 & 0 & 1 \\ 0 & 1 & -2 \\ 0 & 2 & -2 \end{bmatrix} \xrightarrow[r_3+(-2)r_2]{c_3+(-1)c_1} \begin{bmatrix} 1 & 0 & 0 \\ 0 & 1 & -2 \\ 0 & 0 & 2 \end{bmatrix}$$

$$\xrightarrow{c_3+2c_2} \begin{bmatrix} 1 & 0 & 0 \\ 0 & 1 & 0 \\ 0 & 0 & 2 \end{bmatrix} \xrightarrow{\frac{1}{2}c_3} \begin{bmatrix} 1 & 0 & 0 \\ 0 & 1 & 0 \\ 0 & 0 & 1 \end{bmatrix}$$

定理 2-7 矩阵 $\boldsymbol{A}$ 可逆的充分必要条件是 $\boldsymbol{A}$ 可以表示为有限个初等矩阵的乘积。

证明 (1) 必要性。由定理 2-6 的推论知，若 $\boldsymbol{A}$ 可逆，则 $\boldsymbol{A}$ 经过若干次初等变换可化为 $\boldsymbol{E}$，也就是说，存在初等矩阵 $\boldsymbol{P}_1\cdots,\boldsymbol{P}_s,\boldsymbol{Q}_1\cdots\boldsymbol{Q}_t$，使得 $\boldsymbol{P}_1\cdots\boldsymbol{P}_s\boldsymbol{A}\boldsymbol{Q}_1\cdots\boldsymbol{Q}_t=\boldsymbol{E}$，于是

$$\boldsymbol{A}=\boldsymbol{P}_s^{-1}\cdots\boldsymbol{P}_1^{-1}\boldsymbol{E}\boldsymbol{Q}_t^{-1}\cdots\boldsymbol{Q}_1^{-1}=\boldsymbol{P}_s^{-1}\cdots\boldsymbol{P}_1^{-1}\boldsymbol{Q}_t^{-1}\cdots\boldsymbol{Q}_1^{-1}$$

即 $\boldsymbol{A}$ 可以表示为有限个初等矩阵的乘积。

(2) 充分性。由于初等矩阵都是可逆的，可逆矩阵乘积还是可逆的，所以充分性得证。

下面介绍一种用初等行变换法求可逆矩阵的逆矩阵方法。

若 $\boldsymbol{A}$ 可逆，则 $\boldsymbol{A}^{-1}$ 存在，从而有 $\boldsymbol{A}^{-1}=\boldsymbol{P}_1\boldsymbol{P}_2\cdots\boldsymbol{P}_s$ ($\boldsymbol{P}_i$ 都是初等矩阵)。又

$$\boldsymbol{A}^{-1}\boldsymbol{A}=\boldsymbol{P}_1\boldsymbol{P}_2\cdots\boldsymbol{P}_s\boldsymbol{A}=\boldsymbol{E}\text{，}\quad \boldsymbol{P}_1\boldsymbol{P}_2\cdots\boldsymbol{P}_s\boldsymbol{E}=\boldsymbol{A}^{-1}\boldsymbol{E}=\boldsymbol{A}^{-1}$$

则 $\boldsymbol{A}^{-1}(\boldsymbol{A}\,\vdots\,\boldsymbol{E})=(\boldsymbol{A}^{-1}\boldsymbol{A}\,\vdots\,\boldsymbol{A}^{-1}\boldsymbol{E})=(\boldsymbol{E}\,\vdots\,\boldsymbol{A}^{-1})$，即 $\boldsymbol{P}_1\boldsymbol{P}_2\cdots\boldsymbol{P}_s(\boldsymbol{A}\,\vdots\,\boldsymbol{E})=(\boldsymbol{E}\,\vdots\,\boldsymbol{A}^{-1})$。

由此可得：对 $n\times 2n$ 分块矩阵 $(\boldsymbol{A}\,\vdots\,\boldsymbol{E})$ 施行初等行变换，当前 n 列($\boldsymbol{A}$ 的位置)变成 $\boldsymbol{E}$ 时，则后 n 列($\boldsymbol{E}$ 的位置)就是 $\boldsymbol{A}^{-1}$，即

$$(\boldsymbol{A}\,\vdots\,\boldsymbol{E})\xrightarrow{\text{初等行变换}}(\boldsymbol{E}\,\vdots\,\boldsymbol{A}^{-1})$$

例 2-15 设 $\boldsymbol{A}=\begin{bmatrix} 1 & 2 & 3 \\ 2 & 1 & 2 \\ 1 & 3 & 4 \end{bmatrix}$，求 $\boldsymbol{A}^{-1}$。

解 因 $$(\boldsymbol{A}\,\boldsymbol{E})=\left[\begin{array}{ccc:ccc} 1 & 2 & 3 & 1 & 0 & 0 \\ 2 & 1 & 2 & 0 & 1 & 0 \\ 1 & 3 & 4 & 0 & 0 & 1 \end{array}\right] \xrightarrow[r_3+(-1)r_1]{r_2+(-2)r_1} \left[\begin{array}{ccc:ccc} 1 & 2 & 3 & 1 & 0 & 0 \\ 0 & -3 & -4 & -2 & 1 & 0 \\ 0 & 1 & 1 & -1 & 0 & 1 \end{array}\right]$$

$$\xrightarrow{r_2\leftrightarrow r_3} \left[\begin{array}{ccc:ccc} 1 & 2 & 3 & 1 & 0 & 0 \\ 0 & 1 & 1 & -1 & 0 & 1 \\ 0 & -3 & -4 & -2 & 1 & 0 \end{array}\right] \xrightarrow[r_1+(-2)r_2]{r_3+3r_2} \left[\begin{array}{ccc:ccc} 1 & 0 & 1 & 3 & 0 & -2 \\ 0 & 1 & 1 & -1 & 0 & 1 \\ 0 & 0 & -1 & -5 & 1 & 3 \end{array}\right]$$

$$\xrightarrow[r_1+r_3]{r_2+r_3}\left[\begin{array}{ccc|ccc}1&0&0&-2&1&1\\0&1&0&-6&1&4\\0&0&-1&-5&1&3\end{array}\right]\xrightarrow{(-1)r_3}\left[\begin{array}{ccc|ccc}1&0&0&-2&1&1\\0&1&0&-6&1&4\\0&0&1&5&-1&-3\end{array}\right]$$

故
$$A^{-1}=\begin{bmatrix}-2&1&1\\-6&1&4\\5&-1&-3\end{bmatrix}$$

例 2-16 设 $A=\begin{bmatrix}3&2&6\\1&1&2\\2&2&5\end{bmatrix}$，求 A^{-1}。

解 因
$$(A\,E)=\begin{bmatrix}3&2&6&1&0&0\\1&1&2&0&1&0\\2&2&5&0&0&1\end{bmatrix}\xrightarrow{r_1\leftrightarrow r_2}\begin{bmatrix}1&1&2&0&1&0\\3&2&6&1&0&0\\2&2&5&0&0&1\end{bmatrix}$$

$$\xrightarrow[r_3+(-2)r_1]{r_2+(-3)r_1}\begin{bmatrix}1&1&2&0&1&0\\0&-1&0&1&-3&0\\0&0&1&0&-2&1\end{bmatrix}\xrightarrow[r_1+(-2)r_3]{(-1)r_2}\begin{bmatrix}1&1&0&0&5&-2\\0&1&0&-1&3&0\\0&0&1&0&-2&1\end{bmatrix}$$

$$\xrightarrow{r_1+(-1)r_2}\begin{bmatrix}1&0&0&1&2&-2\\0&1&0&-1&3&0\\0&0&1&0&-2&1\end{bmatrix}$$

则
$$A^{-1}=\begin{bmatrix}1&2&-2\\-1&3&0\\0&-2&1\end{bmatrix}$$

[注]

(1) 用初等变换求逆矩阵，仅限于对矩阵的行进行初等变换，即进行初等行变换，不得出现列变换。

(2) 若子块 A 能化成单位矩阵 E，则 A 就是可逆的，否则 A 不可逆。

例 2-17 求矩阵 $A=\begin{bmatrix}1&0&1\\0&-2&2\\1&1&0\end{bmatrix}$ 的逆矩阵。

解 因
$$(A\,E)=\begin{bmatrix}1&0&1&1&0&0\\0&-2&2&0&1&0\\1&1&0&0&0&1\end{bmatrix}\to\begin{bmatrix}1&0&1&1&0&0\\0&-2&2&0&1&0\\0&1&-1&-1&0&1\end{bmatrix}$$

$$\to\begin{bmatrix}1&0&1&1&0&0\\0&-2&2&0&1&0\\0&0&0&-1&\frac{1}{2}&1\end{bmatrix}$$

由于子块 A 不能化成单位矩阵 E，所以 A 是不可逆的。

2.6 矩阵的秩

定义 2-15 在矩阵 $A_{m\times n}$ 中，任意选取 $k\,(k\leqslant\min\{m,n\})$ 行与 k 列，位于这 k 行与 k 列交叉处的 k^2 个元素按照其原来的相对位置构成一个 k 阶行列式，称它为 A 的一个 k 阶子式。

例如，设 $A=\begin{bmatrix}1&2&3&4\\-1&0&3&5\\2&1&6&8\end{bmatrix}$，若选取矩阵 A 的第一行、第二行、第一列与第四列，则交叉处元素就构成一个二阶行列式 $\begin{vmatrix}1&4\\-1&5\end{vmatrix}$；它称为矩阵 A 的一个二阶子式，由于 $\begin{vmatrix}1&4\\-1&5\end{vmatrix}=5+4=9\neq0$，所以又称 $\begin{vmatrix}1&4\\-1&5\end{vmatrix}$ 为 A 的二阶非零子式。

若选取 A 的第一行、第二行、第三行与第一列、第三列、第四列，则交叉处元素构成一个三阶行列式 $\begin{vmatrix}1&3&4\\-1&3&5\\2&6&8\end{vmatrix}$，它称为矩阵 A 的一个三阶子式，由于 $\begin{vmatrix}1&3&4\\-1&3&5\\2&6&8\end{vmatrix}=0$，所以又称 $\begin{vmatrix}1&3&4\\-1&3&5\\2&6&8\end{vmatrix}$ 为 A 的三阶零子式。

定义 2-16 若矩阵 A 中非零子式的最高阶数为 r，则称 r 为矩阵 A 的秩，记作 $r(A)$，即 $r(A)=r$。

[注] 零矩阵的任何子式都为 0，规定：$r(O)=0$。

例如，设 $A=\begin{bmatrix}1&2&3&0\\0&1&2&1\\2&4&6&0\end{bmatrix}$，则 A 中的二阶子式 $\begin{vmatrix}2&3\\1&2\end{vmatrix}=1\neq0$，但 A 中的任何三阶子式全为 0，所以 $r(A)=2$。

对于一般矩阵，当行数和列数较高时，按定义求秩是很麻烦的。然而对于行阶梯形矩阵，它的秩就等于非零行的行数，一看便知。因此自然想到用初等变换把矩阵化为行阶梯形矩阵，但是两个等价矩阵的秩是否相等呢？下面的定理将做出回答。

定理 2-8 初等变换不改变矩阵的秩，即若 $A\to B$，则 $r(A)=r(B)$。

证明略。

对 A 做一系列初等变换，将 A 化为行阶梯形矩阵，即

$$A \xrightarrow{\text{初等变换}} \begin{bmatrix} b_{11} & b_{12} & \cdots & b_{1r} & \cdots & b_{1n} \\ 0 & b_{22} & \cdots & b_{2r} & \cdots & b_{2n} \\ \vdots & \vdots & & \vdots & & \vdots \\ 0 & 0 & \cdots & b_{rr} & \cdots & b_{rn} \\ 0 & 0 & \cdots & 0 & \cdots & 0 \\ \vdots & \vdots & & \vdots & & \vdots \\ 0 & 0 & \cdots & 0 & \cdots & 0 \end{bmatrix}$$

阶梯形矩阵中非零行的行数 r 即是矩阵 $\boldsymbol{A}$ 的秩 $r(\boldsymbol{A})$。

例 2-18　设 $\boldsymbol{A}=\begin{bmatrix} 1 & 3 & 1 & 4 \\ 2 & 12 & -2 & 12 \\ 2 & -3 & 8 & 2 \end{bmatrix}$，求 $r(\boldsymbol{A})$。

解　因 $\boldsymbol{A}=\begin{bmatrix} 1 & 3 & 1 & 4 \\ 2 & 12 & -2 & 12 \\ 2 & -3 & 8 & 2 \end{bmatrix} \to \begin{bmatrix} 1 & 3 & 1 & 4 \\ 0 & 6 & -4 & 4 \\ 0 & -9 & 6 & -6 \end{bmatrix} \to \begin{bmatrix} 1 & 3 & 1 & 4 \\ 0 & 6 & -4 & 4 \\ 0 & 0 & 0 & 0 \end{bmatrix}$

故 $r(\boldsymbol{A})=2$。

例 2-19　设 $\boldsymbol{A}=\begin{bmatrix} a & 1 & 1 \\ -1 & 1 & 0 \\ 1 & 2 & 1 \end{bmatrix}, \boldsymbol{B}=\begin{bmatrix} 1 & 2 & 0 \\ 2 & 1 & 0 \\ 0 & 0 & 1 \end{bmatrix}$，已知 $r(\boldsymbol{AB})=2$，求 a 的值。

解　因 $\boldsymbol{AB}=\begin{bmatrix} a & 1 & 1 \\ -1 & 1 & 0 \\ 1 & 2 & 1 \end{bmatrix}\begin{bmatrix} 1 & 2 & 0 \\ 2 & 1 & 0 \\ 0 & 0 & 1 \end{bmatrix}=\begin{bmatrix} a+2 & 2a+1 & 1 \\ 1 & -1 & 0 \\ 5 & 4 & 1 \end{bmatrix}$，又 $r(\boldsymbol{AB})=2$，则 $|\boldsymbol{AB}|=0$，

即

$$|\boldsymbol{AB}|=\begin{vmatrix} a+2 & 2a+1 & 1 \\ 1 & -1 & 0 \\ 5 & 4 & 1 \end{vmatrix}=\begin{vmatrix} a+2 & 3a+3 & 1 \\ 1 & 0 & 0 \\ 5 & 9 & 1 \end{vmatrix}=-3a+6=0$$

所以 $a=2$。

矩阵秩的性质：

(1) $0 \leqslant r(\boldsymbol{A}_{m\times n}) \leqslant \min\{m,n\}$

(2) $r(\boldsymbol{A}^{\mathrm{T}})=r(\boldsymbol{A})$

(3) $r(\boldsymbol{AB}) \leqslant \min\{r(\boldsymbol{A}), r(\boldsymbol{B})\}$

(4) 若 $\boldsymbol{P},\boldsymbol{Q}$ 都可逆，则 $r(\boldsymbol{A})=r(\boldsymbol{PA})=r(\boldsymbol{AQ})=r(\boldsymbol{PAQ})$

(5) 对任意秩为 r 的矩阵 $\boldsymbol{A}$，恒存在可逆矩阵 $\boldsymbol{P},\boldsymbol{Q}$，使得 $\boldsymbol{PAQ}=\begin{bmatrix} \boldsymbol{E}_r & \boldsymbol{O} \\ \boldsymbol{O} & \boldsymbol{O} \end{bmatrix}$

小　结

1. 矩阵概念

(1) 矩阵：由$m\times n$个数a_{ij} $(i=1,2,\cdots,m;\ j=1,2,\cdots,n)$构成的如下矩形数表：

$$\begin{bmatrix} a_{11} & a_{12} & \cdots & a_{1n} \\ a_{21} & a_{22} & \cdots & a_{2n} \\ \vdots & \vdots & \ddots & \vdots \\ a_{m1} & a_{m2} & \cdots & a_{mn} \end{bmatrix}$$

称为$m\times n$矩阵，记作$\boldsymbol{A}=(a_{ij})_{m\times n}$。

(2) 当$m=n$时，矩阵$\begin{bmatrix} a_{11} & a_{12} & \cdots & a_{1n} \\ a_{21} & a_{22} & \cdots & a_{2n} \\ \vdots & \vdots & \ddots & \vdots \\ a_{n1} & a_{n2} & \cdots & a_{nn} \end{bmatrix}$称为$n$阶矩阵或方阵。

方阵的特别情形：

① 对角矩阵：$\boldsymbol{\Lambda}=\begin{bmatrix} \lambda_1 & 0 & \cdots & 0 \\ 0 & \lambda_2 & \ddots & \vdots \\ \vdots & \ddots & \ddots & 0 \\ 0 & \cdots & 0 & \lambda_n \end{bmatrix}$

② 单位矩阵：$\boldsymbol{E}=\begin{bmatrix} 1 & 0 & \cdots & 0 \\ 0 & 1 & \ddots & \vdots \\ \vdots & \ddots & \ddots & 0 \\ 0 & \cdots & 0 & 1 \end{bmatrix}$

③ 对称矩阵$\boldsymbol{A}$：$\boldsymbol{A}^{\mathrm{T}}=\boldsymbol{A}$，即$a_{ij}=a_{ji}$ $(i,j=1,2,\cdots,n)$。

(3) 零矩阵：元素都是0的矩阵称为零矩阵，用$\boldsymbol{O}$表示。

(4) 负矩阵：将矩阵$\boldsymbol{A}=(a_{ij})_{m\times n}$中所有元素改变正负号所得的矩阵称为$\boldsymbol{A}$的负矩阵，记作$-\boldsymbol{A}$。

(5) 同型矩阵：$\boldsymbol{A}$与$\boldsymbol{B}$是同型矩阵$\Leftrightarrow$ $\boldsymbol{A}$与$\boldsymbol{B}$有相同的行数和相同的列数。

(6) 矩阵相等：同型矩阵$\boldsymbol{A}=\boldsymbol{B}$ $\Leftrightarrow$ $\boldsymbol{A}$与$\boldsymbol{B}$对应位置上的元素均相等。

2. 矩阵的运算

(1) 矩阵的加法：设$\boldsymbol{A}=(a_{ij})_{m\times n},\boldsymbol{B}=(b_{ij})_{m\times n}$，则$\boldsymbol{A}+\boldsymbol{B}=(a_{ij}+b_{ij})_{m\times n}$

(2) 数乘矩阵：若$\boldsymbol{A}=(a_{ij})_{m\times n}$，则$k\boldsymbol{A}=(k\,a_{ij})_{m\times n}$

(3) 矩阵的减法：$\boldsymbol{A}-\boldsymbol{B}=\boldsymbol{A}+(-\boldsymbol{B})$

(4) 矩阵线性运算的性质：设$\boldsymbol{A},\boldsymbol{B},\boldsymbol{C},\boldsymbol{O}$都是同型矩阵，$k,l$为常数，则有

① $\boldsymbol{A}+\boldsymbol{B}=\boldsymbol{B}+\boldsymbol{A}$

② $(\boldsymbol{A}+\boldsymbol{B})+\boldsymbol{B}=\boldsymbol{A}+(\boldsymbol{B}+\boldsymbol{B})$

③ $\boldsymbol{A}+\boldsymbol{O}=\boldsymbol{A}$

④ $A+(-A)=O$

⑤ $1A=A$

⑥ $(kl)A=k(lA)$

⑦ $(k+l)A=kA+lA$

⑧ $k(A+B)=kA+kB$

(5) 矩阵的乘法：设 $A=(a_{ij})_{m\times s}, B=(b_{ij})_{s\times n}$，则 $AB=(c_{ij})_{m\times n}$，其中

$$c_{ij}=a_{i1}b_{1j}+a_{i2}b_{2j}+\cdots+a_{is}b_{sj}$$

[注] AB 的 (i,j) 位置元素是 A 的第 i 行和 B 的第 j 列对应元素乘积之和。

(6) 矩阵乘法运算的性质：

① $EA=A$，$AE=A$

② $(AB)C=A(BC)$

③ $A(B+C)=AB+AC$

④ $(A+B)C=AC+BC$

⑤ $k(AB)=(kA)B=A(kB)$

[注] 矩阵的运算是一种表格的运算，所以矩阵的运算规律与数的运算规律不尽相同。

① 只有同型矩阵才能进行加减法运算；

② 矩阵乘法运算要求前面矩阵的列数等于后面矩阵的行数；

③ 一般 $AB\neq BA$；

④ $(A+B)^2=A^2+AB+BA+B^2\neq A^2+2AB+B^2$；

⑤ $(A-B)(A+B)=A^2+AB-BA-B^2\neq A^2-B^2$。

(7) 矩阵转置：

若 $A=\begin{bmatrix} a_{11} & a_{12} & \cdots & a_{1n} \\ a_{21} & a_{22} & \cdots & a_{2n} \\ \vdots & \vdots & \ddots & \vdots \\ a_{m1} & a_{m2} & \cdots & a_{mn} \end{bmatrix}$，则 A 的转置矩阵为 $A^{\mathrm{T}}=\begin{bmatrix} a_{11} & a_{21} & \cdots & a_{m1} \\ a_{12} & a_{22} & \cdots & a_{m2} \\ \vdots & \vdots & \ddots & \vdots \\ a_{1n} & a_{2n} & \cdots & a_{mn} \end{bmatrix}$

(8) 矩阵转置运算的性质：

① $(A^{\mathrm{T}})^{\mathrm{T}}=A$

② $(A+B)^{\mathrm{T}}=A^{\mathrm{T}}+B^{\mathrm{T}}$

③ $(kA)^{\mathrm{T}}=kA^{\mathrm{T}}$

④ $(AB)^{\mathrm{T}}=B^{\mathrm{T}}A^{\mathrm{T}}$

⑤ $(E)^{\mathrm{T}}=E$

[注] 一般 $(AB)^{\mathrm{T}}\neq A^{\mathrm{T}}B^{\mathrm{T}}$。

(9) 方阵的幂：设 A 为 n 阶矩阵，k 为自然数，则规定 $A^0=E$，$A^{k+1}=A^kA$。

(10) 方阵幂运算的性质：设 A 为 n 阶矩阵，k,l 为自然数，则

① $A^kA^l=A^{k+l}$

② $(A^k)^l=A^{kl}$

(11) 方阵的行列式：

若 $\boldsymbol{A}=\begin{bmatrix} a_{11} & a_{12} & \cdots & a_{1n} \\ a_{21} & a_{22} & \cdots & a_{2n} \\ \vdots & \vdots & \ddots & \vdots \\ a_{n1} & a_{n2} & \cdots & a_{nn} \end{bmatrix}$，则 $\boldsymbol{A}$ 的行列式为：$|\boldsymbol{A}|=\begin{vmatrix} a_{11} & a_{12} & \cdots & a_{1n} \\ a_{21} & a_{22} & \cdots & a_{2n} \\ \vdots & \vdots & \ddots & \vdots \\ a_{n1} & a_{n2} & \cdots & a_{nn} \end{vmatrix}$

(12) 方阵行列式运算的性质：设 $\boldsymbol{A},\boldsymbol{B}$ 都是 n 阶矩阵，k 为常数则

① $|\boldsymbol{A}^{\mathrm{T}}|=|\boldsymbol{A}|$

② $|k\boldsymbol{A}|=k^n|\boldsymbol{A}|$

③ $|\boldsymbol{AB}|=|\boldsymbol{A}||\boldsymbol{B}|$

④ $|\boldsymbol{E}|=1$

(13) 方阵的伴随矩阵：

若 $\boldsymbol{A}=\begin{bmatrix} a_{11} & a_{12} & \cdots & a_{1n} \\ a_{21} & a_{22} & \cdots & a_{2n} \\ \vdots & \vdots & \ddots & \vdots \\ a_{n1} & a_{n2} & \cdots & a_{nn} \end{bmatrix}$，则 $\boldsymbol{A}$ 的伴随矩阵为：$\boldsymbol{A}^*=\begin{bmatrix} A_{11} & A_{21} & \cdots & A_{n1} \\ A_{12} & A_{22} & \cdots & A_{n2} \\ \vdots & \vdots & \ddots & \vdots \\ A_{1n} & A_{2n} & \cdots & A_{nn} \end{bmatrix}$

(14) 伴随矩阵的性质：设 $\boldsymbol{A}$ 为 n 阶矩阵，k 为常数则

① $\boldsymbol{AA}^*=\boldsymbol{A}^*\boldsymbol{A}=|\boldsymbol{A}|\mathbf{E}$

② $|\boldsymbol{A}^*|=|\boldsymbol{A}|^{n-1} \quad (n\geqslant 2)$

③ 当 $n>2$ 时，$(\boldsymbol{A}^*)^*=|\boldsymbol{A}|^{n-2}\boldsymbol{A}$

④ $(k\boldsymbol{A})^*=k^{n-1}\boldsymbol{A}^*$

⑤ $(\boldsymbol{A}^*)^{\mathrm{T}}=(\boldsymbol{A}^{\mathrm{T}})^*$

⑥ $(\boldsymbol{A}^*)^{-1}=(\boldsymbol{A}^{-1})^*$

⑦ $(\boldsymbol{A}^*)^{-1}=\dfrac{1}{|\boldsymbol{A}|}\boldsymbol{A}$

⑧ $\boldsymbol{A}^*=|\boldsymbol{A}|\boldsymbol{A}^{-1}$

⑨ $r(\boldsymbol{A}^*)=\begin{cases} n, & r(\boldsymbol{A})=n \\ 1, & r(\boldsymbol{A})=n-1 \\ 0, & r(\boldsymbol{A})<n-1 \end{cases}$

3. 可逆矩阵

(1) 可逆矩阵：对于 n 阶矩阵 $\boldsymbol{A}$，若存在矩阵 $\boldsymbol{B}$，满足 $\boldsymbol{AB}=\boldsymbol{BA}=\boldsymbol{E}$，则称 $\boldsymbol{A}$ 为可逆矩阵(非奇异矩阵)，$\boldsymbol{B}$ 为 $\boldsymbol{A}$ 的逆矩阵。

(2) 重要结论：

① 若 $\boldsymbol{A}$ 为可逆矩阵，则 $\boldsymbol{A}$ 的逆矩阵唯一；

② 若 n 阶矩阵 $\boldsymbol{A},\boldsymbol{B}$ 满足 $\boldsymbol{AB}=\boldsymbol{E}$，则 $\boldsymbol{A}^{-1}=\boldsymbol{B}$，$\boldsymbol{B}^{-1}=\boldsymbol{A}$。

(3) 可逆矩阵的性质：设 $\boldsymbol{A},\boldsymbol{B}$ 为 n 阶可逆矩阵，则

① $(\boldsymbol{A}^{-1})^{-1}=\boldsymbol{A}$

② 若$k \neq 0$，则$(k\boldsymbol{A})^{-1} = \frac{1}{k}\boldsymbol{A}^{-1}$

③ $(\boldsymbol{AB})^{-1} = \boldsymbol{B}^{-1}\boldsymbol{A}^{-1}$

④ $(\boldsymbol{A}^{\mathrm{T}})^{-1} = (\boldsymbol{A}^{-1})^{\mathrm{T}}$

⑤ $|\boldsymbol{A}^{-1}| = |\boldsymbol{A}|^{-1}$

⑥ $\boldsymbol{E}^{-1} = \boldsymbol{E}$

4. 分块矩阵

(1) 分块矩阵乘法：设$\boldsymbol{A} = (\boldsymbol{A}_{ij})_{s\times t}, \boldsymbol{B} = (\boldsymbol{B}_{ij})_{t\times r}$，则$\boldsymbol{AB} = (\boldsymbol{C}_{ij})_{s\times r}$，其中

$$\boldsymbol{C}_{ij} = \boldsymbol{A}_{i1}\boldsymbol{B}_{1j} + \boldsymbol{A}_{i2}\boldsymbol{B}_{2j} + \cdots + \boldsymbol{A}_{it}\boldsymbol{B}_{tj}$$

要求：对左边矩阵$\boldsymbol{A}$的列的分块方式要与对右边矩阵$\boldsymbol{B}$的行的分块方式相同。

(2) 关于分块矩阵的几个重要结论

① $\begin{bmatrix} \boldsymbol{A} & \boldsymbol{O} \\ \boldsymbol{O} & \boldsymbol{B} \end{bmatrix}^{-1} = \begin{bmatrix} \boldsymbol{A}^{-1} & \boldsymbol{O} \\ \boldsymbol{O} & \boldsymbol{B}^{-1} \end{bmatrix}$

② $\begin{bmatrix} \boldsymbol{O} & \boldsymbol{A} \\ \boldsymbol{B} & \boldsymbol{O} \end{bmatrix}^{-1} = \begin{bmatrix} \boldsymbol{O} & \boldsymbol{B}^{-1} \\ \boldsymbol{A}^{-1} & \boldsymbol{O} \end{bmatrix}$

③ $\begin{bmatrix} \boldsymbol{A} & \boldsymbol{B} \\ \boldsymbol{C} & \boldsymbol{D} \end{bmatrix}^{\mathrm{T}} = \begin{bmatrix} \boldsymbol{A}^{\mathrm{T}} & \boldsymbol{C}^{\mathrm{T}} \\ \boldsymbol{B}^{\mathrm{T}} & \boldsymbol{D}^{\mathrm{T}} \end{bmatrix}$

④ 拉普拉斯定理：设$\boldsymbol{A},\boldsymbol{B}$分别是$m,n$阶矩阵，则

$$\begin{vmatrix} \boldsymbol{A} & \boldsymbol{O} \\ \boldsymbol{C} & \boldsymbol{B} \end{vmatrix} = \begin{vmatrix} \boldsymbol{A} & \boldsymbol{C} \\ \boldsymbol{O} & \boldsymbol{B} \end{vmatrix} = |\boldsymbol{A}||\boldsymbol{B}|$$

$$\begin{vmatrix} \boldsymbol{C} & \boldsymbol{A} \\ \boldsymbol{B} & \boldsymbol{O} \end{vmatrix}_{n}^{m} = \begin{vmatrix} \boldsymbol{O} & \boldsymbol{A} \\ \boldsymbol{B} & \boldsymbol{C} \end{vmatrix} = (-1)^{mn}|\boldsymbol{A}||\boldsymbol{B}|$$

⑤ $\boldsymbol{A} = \begin{bmatrix} \boldsymbol{A}_{11} & \boldsymbol{O} & \cdots & \boldsymbol{O} \\ \boldsymbol{O} & \boldsymbol{A}_{22} & \cdots & \boldsymbol{O} \\ \vdots & \vdots & \ddots & \vdots \\ \boldsymbol{O} & \boldsymbol{O} & \cdots & \boldsymbol{A}_{kk} \end{bmatrix}$可逆$\Leftrightarrow$每个$\boldsymbol{A}_{ii}\ (i = 1,2,\cdots,k)$都可逆，且

$$\boldsymbol{A}^{-1} = \begin{bmatrix} \boldsymbol{A}_{11}^{-1} & \boldsymbol{O} & \cdots & \boldsymbol{O} \\ \boldsymbol{O} & \boldsymbol{A}_{22}^{-1} & \cdots & \boldsymbol{O} \\ \vdots & \vdots & \ddots & \vdots \\ \boldsymbol{O} & \boldsymbol{O} & \cdots & \boldsymbol{A}_{kk}^{-1} \end{bmatrix}$$

5. 初等矩阵

(1) 初等变换。

① 将矩阵的两行(列)互换位置；

② 用非零数$k(\neq 0)$乘矩阵的某一行(列)；

③ 将矩阵某行(列)的k倍加于另一行(列)。

(2) 初等矩阵。

① $\boldsymbol{E}(i,j)$：交换 $\boldsymbol{E}$ 的第 i,j 两行(列)所得矩阵；

② $\boldsymbol{E}[i(k)]$：用数 $k(\neq 0)$ 乘 $\boldsymbol{E}$ 的第 i 行(列)所得矩阵；

③ $\boldsymbol{E}[i,j(k)]$：将 $\boldsymbol{E}$ 的第 j 行(列)的 k 倍加到第 i 行(列)所得矩阵。

④ 初等矩阵都是可逆矩阵，且它们的逆矩阵仍是初等矩阵：

$$[\boldsymbol{E}(i,j)]^{-1}=\boldsymbol{E}(i,j)$$

$$[\boldsymbol{E}(i(k))]^{-1}=\boldsymbol{E}\left[i\left(\frac{1}{k}\right)\right]$$

$$[\boldsymbol{E}(i,j(k))]^{-1}=\boldsymbol{E}[i,j(-k)]$$

(3) 重要结论。

① 对 $\boldsymbol{A}$ 的行进行某种初等变换所得到的矩阵，等于用同种初等矩阵左乘 $\boldsymbol{A}$。

② 对 $\boldsymbol{A}$ 的列进行某种初等变换所得到的矩阵，等于用同种初等矩阵右乘 $\boldsymbol{A}$。

③ 矩阵 $\boldsymbol{A}$ 可逆的充分必要条件是 $\boldsymbol{A}$ 可以表示为有限个初等矩阵的乘积。

④ 对任意秩为 r 的矩阵 $\boldsymbol{A}$，都可经过有限次初等变换化为标准形：$\begin{bmatrix}\boldsymbol{E}_r & \boldsymbol{O}\\ \boldsymbol{O} & \boldsymbol{O}\end{bmatrix}$。

⑤ 对任意秩为 r 的矩阵 $\boldsymbol{A}$，都存在可逆矩阵 $\boldsymbol{P},\boldsymbol{Q}$，使得 $\boldsymbol{PAQ}=\begin{bmatrix}\boldsymbol{E}_r & \boldsymbol{O}\\ \boldsymbol{O} & \boldsymbol{O}\end{bmatrix}$。

6. 矩阵的秩

(1) 矩阵的子式：在 $\boldsymbol{A}$ 中，任意选取 k 行与 k 列，位于这 k 行与 k 列交叉处的 k^2 个元素按照其原来的相对位置构成一个 k 阶行列式，称为 $\boldsymbol{A}$ 的一个 k 阶子式，记作 D_k。

(2) 矩阵的秩：在 $\boldsymbol{A}$ 中，若

① 有某个 r 阶子式 $D_r\neq 0$；

② 所有的高于 r 阶的子式都等于 0(如果有的话)，即 $D_t=0,(t>r)$，

则称 r 为矩阵 $\boldsymbol{A}$ 的秩，记作 $r(\boldsymbol{A})$。

[注]

① $r(\boldsymbol{A})<r$，则 $\boldsymbol{A}$ 中所有 r 阶及以上子式全部等于 0;

② $r(\boldsymbol{A})\geqslant r$，则 $\boldsymbol{A}$ 中有某个 r 阶子式不为 0。

(3) 求矩阵秩的方法：矩阵的初等变换不改变矩阵的秩，于是用初等变换 $\boldsymbol{A}$ 为“阶梯形矩阵 $\boldsymbol{B}$”，则 $\boldsymbol{B}$ 的非零行数即为 $r(\boldsymbol{A})$。

(4) 矩阵秩的性质：

① $0\leqslant r(\boldsymbol{A}_{m\times n})\leqslant \min\{m,n\}$

② $r(\boldsymbol{A}^{\mathrm{T}})=r(\boldsymbol{A})$

③ $k\neq 0$ 时，$r(k\boldsymbol{A})=r(\boldsymbol{A})$

④ $r(\boldsymbol{AB})\leqslant \min\{r(\boldsymbol{A}),r(\boldsymbol{B})\}$

⑤ 若 $\boldsymbol{P},\boldsymbol{Q}$ 都可逆，则 $r(\boldsymbol{A})=r(\boldsymbol{PA})=r(\boldsymbol{AQ})=r(\boldsymbol{PAQ})$

⑥ $r(\boldsymbol{A}+\boldsymbol{B})\leqslant r(\boldsymbol{A})+r(\boldsymbol{B})$

⑦ 对于 $\boldsymbol{A}_{m\times n},\boldsymbol{B}_{n\times s}$，若 $\boldsymbol{AB}=\boldsymbol{O}$，则 $r(\boldsymbol{A})+r(\boldsymbol{B})\leqslant n$

阶梯化训练题

基础能力题

1. 计算下列矩阵的线性运算：

(1) $\begin{bmatrix}1 & 3 & 2\\0 & -4 & 3\end{bmatrix}+\begin{bmatrix}-2 & 1 & 4\\-3 & 1 & 2\end{bmatrix}$

(2) $\begin{bmatrix}1 & 2\\4 & 0\end{bmatrix}-\begin{bmatrix}3 & -3\\2 & -1\end{bmatrix}$

(3) $2\begin{bmatrix}1 & 0\\0 & 0\end{bmatrix}+4\begin{bmatrix}0 & 1\\0 & 0\end{bmatrix}+6\begin{bmatrix}0 & 0\\1 & 0\end{bmatrix}+8\begin{bmatrix}0 & 0\\0 & 1\end{bmatrix}$

(4) $a\begin{bmatrix}2 & 0\\0 & 1\\3 & -1\end{bmatrix}-b\begin{bmatrix}0 & 4\\2 & -1\\1 & 5\end{bmatrix}+c\begin{bmatrix}3 & 1\\-1 & 0\\8 & 0\end{bmatrix}$

2. 已知两个矩阵

$$\boldsymbol{A}=\begin{bmatrix}3 & -1 & 2\\1 & 5 & 7\\2 & 4 & 5\end{bmatrix}，\boldsymbol{B}=\begin{bmatrix}7 & 5 & -2\\5 & 1 & 9\\4 & 2 & 1\end{bmatrix}$$

满足矩阵方程 $\boldsymbol{A}+2\boldsymbol{X}=\boldsymbol{B}$，求矩阵 $\boldsymbol{X}$。

3. 计算下列矩阵的乘积：

(1) $\begin{bmatrix}4 & 3 & 1\\1 & -2 & 3\\5 & 7 & 0\end{bmatrix}\begin{bmatrix}7\\2\\1\end{bmatrix}$

(2) $(1\ 2\ 3)\begin{bmatrix}3\\2\\1\end{bmatrix}$

(3) $\begin{bmatrix}1\\2\\3\end{bmatrix}(-1\ 2)$

(4) $\begin{bmatrix}2 & 1 & 4 & 0\\1 & -1 & 3 & 4\end{bmatrix}\begin{bmatrix}1 & 3 & 1\\0 & -1 & 2\\1 & -3 & 1\\4 & 0 & -2\end{bmatrix}$

(5) $\begin{bmatrix}3 & 1 & 2 & -1\\0 & 3 & 1 & 0\end{bmatrix}\begin{bmatrix}1 & 0 & 5\\0 & 2 & 0\\1 & 0 & 1\\0 & 3 & 0\end{bmatrix}\begin{bmatrix}-1 & 0\\1 & 5\\0 & 2\end{bmatrix}$

4. 设 $\boldsymbol{A}=\begin{bmatrix}1 & 1 & 1\\1 & 1 & -1\\1 & -1 & 1\end{bmatrix}$，$\boldsymbol{B}=\begin{bmatrix}1 & 2 & 3\\-1 & -2 & 4\\0 & 5 & 1\end{bmatrix}$，求 $3\boldsymbol{AB}-2\boldsymbol{A}$ 及 $\boldsymbol{A}^{\mathrm{T}}\boldsymbol{B}$。

5. 设 $\boldsymbol{A}=\begin{bmatrix}1 & 0\\a & 1\end{bmatrix}$，求 $\boldsymbol{A}^k$。

6. 设$A=\begin{bmatrix} a & 1 & 0 \\ 0 & a & 1 \\ 0 & 0 & a \end{bmatrix}$，求$A^k$。

7. 证明：对任意$m\times n$矩阵A，$A^{\mathrm{T}}A$及AA^{T}都是对称矩阵。

8. 设A,B为n阶矩阵，且A为对称矩阵，证明$B^{\mathrm{T}}AB$也是对称矩阵。

9. 设$A=(1\,2\,3), B=(1\,1\,1)$，求$A^{\mathrm{T}}B$。

10. 设A为三阶矩阵，且$|A|=3$，求$\left|\left(\frac{1}{2}A\right)^2\right|$。

11. 设A为三阶矩阵，且$|A|=k$，求$|-kA|$。

12. 设A为n阶矩阵，且$|A|=k$，求$\left|2|A|A^{\mathrm{T}}\right|$。

13. 用矩阵$A=\begin{bmatrix} 1 & 1 \\ 0 & 3 \end{bmatrix}, B=\begin{bmatrix} 1 & 0 \\ 2 & 1 \end{bmatrix}$，验证$(AB)^{\mathrm{T}}=B^{\mathrm{T}}A^{\mathrm{T}}$。

14. 设$A=\begin{bmatrix} 1 & 1 \\ -1 & 0 \end{bmatrix}, B=\begin{bmatrix} 1 & -1 \\ -1 & 1 \end{bmatrix}$，求$(AB)^2$与$A^2B^2$。

15. 设有n阶矩阵A与B，证明$(A+B)(A-B)=A^2-B^2$的充要条件是$AB=BA$。

16. 按指定分块方法，求下面矩阵的乘积：

$$\left[\begin{array}{cc:cc} a & 0 & 0 & 0 \\ 0 & a & 0 & 0 \\ \hdashline 1 & 0 & b & 0 \\ 0 & 1 & 0 & b \end{array}\right]\left[\begin{array}{cc:cc} 1 & 0 & c & 0 \\ 0 & 1 & 0 & c \\ \hdashline 0 & 0 & d & 0 \\ 0 & 0 & 0 & d \end{array}\right]$$

17. 求下列矩阵的逆矩阵：

(1) $\begin{bmatrix} 2 & 1 \\ 3 & 4 \end{bmatrix}$　　(2) $\begin{bmatrix} 0 & 2 & -1 \\ 1 & 1 & 2 \\ -1 & -1 & -1 \end{bmatrix}$

(3) $\begin{bmatrix} 2 & 2 & 3 \\ 1 & -1 & 0 \\ -1 & 2 & 1 \end{bmatrix}$　　(4) $\begin{bmatrix} 1 & 1 & -1 \\ 2 & 1 & 0 \\ 1 & -1 & 0 \end{bmatrix}$

(5) $\begin{bmatrix} 1 & 2 & 3 & 4 \\ 0 & 1 & 2 & 3 \\ 0 & 0 & 1 & 2 \\ 0 & 0 & 0 & 1 \end{bmatrix}$　　(6) $\begin{bmatrix} a_1 & & & \\ & a_2 & & \\ & & \ddots & \\ & & & a_n \end{bmatrix} (a_i \neq 0, i=1,2\cdots n)$

18. 已知$A=\begin{bmatrix} 1 & 0 & 0 \\ 2 & 2 & 0 \\ 3 & 4 & 5 \end{bmatrix}$，求$(A^*)^{-1}$。

19. 当λ为何值时，矩阵$A=\begin{bmatrix} \lambda & -1 & 1 \\ 0 & 1 & 2 \\ 1 & 0 & 3 \end{bmatrix}$可逆，并在可逆时，求$A^{-1}$。

20. 用分块矩阵方法，求下列矩阵的逆矩阵：

(1) $\begin{bmatrix} 2 & 1 & 0 & 0 \\ 1 & 1 & 0 & 0 \\ 0 & 0 & 2 & 5 \\ 0 & 0 & 1 & 3 \end{bmatrix}$　　(2) $\begin{bmatrix} 1 & 2 & 3 & 4 \\ 0 & 1 & 2 & 3 \\ 0 & 0 & 1 & 2 \\ 0 & 0 & 0 & 1 \end{bmatrix}$

21. 设 $\boldsymbol{AX}+\boldsymbol{E}=\boldsymbol{A}^2+\boldsymbol{X}$，且 $\boldsymbol{A}=\begin{bmatrix} 1 & 0 & 1 \\ 0 & 2 & 0 \\ 1 & 0 & 1 \end{bmatrix}$，求 $\boldsymbol{X}$。

22. 若三阶方阵 $\boldsymbol{A},\boldsymbol{B}$ 满足 $\boldsymbol{A}^{-1}\boldsymbol{BA}=6\boldsymbol{A}+\boldsymbol{BA}$，且 $\boldsymbol{A}=\begin{bmatrix} \frac{1}{2} & 0 & 0 \\ 0 & \frac{1}{4} & 0 \\ 0 & 0 & \frac{1}{7} \end{bmatrix}$，求 $\boldsymbol{B}$。

23. 设 $\boldsymbol{A}$ 为五阶方阵，且 $|\boldsymbol{A}^*|=16$，求 $|\boldsymbol{A}|$。

24. 设 $\boldsymbol{A}$ 为三阶方阵，且 $|\boldsymbol{A}|=4$，求 $|2\boldsymbol{A}^*-6\boldsymbol{A}^{-1}|$。

25. 设 $\boldsymbol{A}$ 为三阶方阵，且 $|\boldsymbol{A}|=\frac{1}{2}$，求 $|(2\boldsymbol{A}^*)^{-1}|$。

26. 设 $\boldsymbol{A},\boldsymbol{B}$ 为三阶方阵，且 $|\boldsymbol{A}|=2$，$|\boldsymbol{B}|=3$，求 $|-2(\boldsymbol{A}^{\mathrm{T}}\boldsymbol{B}^{-1})^{-1}|$。

27. 若 n 阶矩阵 $\boldsymbol{A}$ 满足 $\boldsymbol{A}^2-2\boldsymbol{A}-4\boldsymbol{E}=\boldsymbol{O}$，试证 $\boldsymbol{A}+\boldsymbol{E}$ 可逆，并求 $(\boldsymbol{A}+\boldsymbol{E})^{-1}$。

28. 若 n 阶矩阵 $\boldsymbol{A}$ 满足 $\boldsymbol{A}^3=3\boldsymbol{A}(\boldsymbol{A}-\boldsymbol{E})$，试证 $\boldsymbol{E}-\boldsymbol{A}$ 可逆，并求 $(\boldsymbol{E}-\boldsymbol{A})^{-1}$。

29. 若 n 阶矩阵 $\boldsymbol{A}$ 满足 $\boldsymbol{A}^2-\boldsymbol{A}-2\boldsymbol{E}=\boldsymbol{O}$，试证 $\boldsymbol{A}, \boldsymbol{A}+2\boldsymbol{E}$ 都可逆，并求 $\boldsymbol{A}^{-1}$，$(\boldsymbol{A}+2\boldsymbol{E})^{-1}$。

30. 设 $\boldsymbol{A},\boldsymbol{B}$ 均为阶 n 可逆矩阵，证明 $(\boldsymbol{AB})^*=\boldsymbol{B}^*\boldsymbol{A}^*$。

31. 用初等变换方法将下列矩阵化为其标准形式 $\left(\boldsymbol{D}=\begin{bmatrix} \boldsymbol{E} & \boldsymbol{O} \\ \boldsymbol{O} & \boldsymbol{O} \end{bmatrix}\right)$：

(1) $\begin{bmatrix} 1 & 2 \\ 3 & 4 \end{bmatrix}$　　(2) $\begin{bmatrix} 0 & -1 \\ 3 & 2 \end{bmatrix}$

(3) $\begin{bmatrix} 1 & -1 & 2 \\ 3 & 2 & 1 \\ 1 & -2 & 0 \end{bmatrix}$　　(4) $\begin{bmatrix} 1 & -1 & 2 \\ 3 & -3 & 1 \end{bmatrix}$

(5) $\begin{bmatrix} 1 & 3 \\ -1 & -3 \\ 2 & 1 \end{bmatrix}$

32. 用初等变换方法求下列矩阵的逆矩阵：

(1) $\begin{bmatrix} 3 & 2 & 1 \\ 3 & 1 & 5 \\ 3 & 2 & 3 \end{bmatrix}$ (2) $\begin{bmatrix} 3 & -2 & 0 & -1 \\ 0 & 2 & 2 & 1 \\ 1 & -2 & -3 & -2 \\ 0 & 1 & 2 & 1 \end{bmatrix}$

(3) $\begin{bmatrix} 1 & 1 & 1 & 1 \\ -1 & 1 & 1 & 1 \\ -1 & -1 & 1 & 1 \\ -1 & -1 & -1 & 1 \end{bmatrix}$ (4) $\begin{bmatrix} 1 & 3 & -5 & 7 \\ 0 & 1 & 2 & 3 \\ 0 & 0 & 1 & 2 \\ 0 & 0 & 0 & 1 \end{bmatrix}$

33. 设$\boldsymbol{A}=\begin{bmatrix} 4 & 1 & -2 \\ 2 & 2 & 1 \\ 3 & 1 & -1 \end{bmatrix}$，$\boldsymbol{B}=\begin{bmatrix} 1 & -3 \\ 2 & 2 \\ 3 & -1 \end{bmatrix}$，求$\boldsymbol{X}$，使得$\boldsymbol{AX}=\boldsymbol{B}$。

34. 设$\boldsymbol{A}=\begin{bmatrix} 1 & -1 & 0 \\ 0 & 1 & -1 \\ -1 & 0 & 1 \end{bmatrix}$，$\boldsymbol{AX}=2\boldsymbol{X}+\boldsymbol{A}$，求$\boldsymbol{X}$。

35. 求下列矩阵的秩：

(1) $\begin{bmatrix} 1 & 1 & 2 & -1 \\ 2 & 1 & 1 & -1 \\ 2 & 2 & 1 & 2 \end{bmatrix}$ (2) $\begin{bmatrix} 1 & 2 & 1 & -1 \\ 3 & 6 & -1 & -3 \\ 5 & 10 & 1 & -5 \end{bmatrix}$

(3) $\begin{bmatrix} 2 & 3 & -1 & 5 \\ 3 & 1 & 2 & -7 \\ 4 & 1 & -3 & 6 \\ 1 & -2 & 4 & -7 \end{bmatrix}$ (4) $\begin{bmatrix} 3 & 4 & -5 & 7 \\ 2 & -3 & 3 & -2 \\ 4 & 11 & -13 & 16 \\ 7 & -2 & 1 & 3 \end{bmatrix}$

(5) $\begin{bmatrix} 1 & 0 & 0 & 1 & 4 \\ 0 & 1 & 0 & 2 & 5 \\ 0 & 0 & 1 & 3 & 6 \\ 1 & 2 & 3 & 14 & 32 \\ 4 & 5 & 6 & 32 & 77 \end{bmatrix}$

36. 已知矩阵$\boldsymbol{A}=\begin{bmatrix} 1 & 1 & 1 \\ 1 & 2 & 1 \\ 2 & 3 & \lambda+1 \end{bmatrix}$的秩为 2，求$\lambda$。

37. 已知矩阵$\boldsymbol{A}=\begin{bmatrix} 1 & 1 & 1 \\ 1 & 1 & 2 \\ \lambda+1 & 2 & 3 \end{bmatrix}$，$\lambda$为何值时，$\boldsymbol{A}$的秩为 2？$\lambda$为何值时，$\boldsymbol{A}$的秩为 3？

38. 设$\boldsymbol{A}=\begin{bmatrix} 1 & -1 & 2 & 1 \\ -1 & a & 2 & 1 \\ 3 & 1 & b & -1 \end{bmatrix}$的秩为 2，求$a,b$的值。

39. 确定λ的值，使矩阵$\begin{bmatrix}1 & \lambda & -1 & 2\\2 & -1 & \lambda & 5\\1 & 10 & -6 & 1\end{bmatrix}$的秩最小。

40. 设$\boldsymbol{A}=\begin{bmatrix}1 & -2 & 3a\\-1 & 2a & -3\\a & -2 & 3\end{bmatrix}$，问$a$为何值时，可使：① $\boldsymbol{A}$的秩为 1；② $\boldsymbol{A}$的秩为 2；③ $\boldsymbol{A}$的秩为 3。

综合提高题

1. 计算行列式$|\boldsymbol{A}|=\begin{vmatrix}a & b & c & d\\-b & a & -d & c\\-c & d & a & -b\\-d & -c & b & a\end{vmatrix}$

2. 计算$\begin{bmatrix}0 & 1 & 0\\1 & 0 & 0\\0 & 0 & 1\end{bmatrix}^{2009}\begin{bmatrix}1 & 2 & 3\\4 & 5 & 6\\7 & 8 & 9\end{bmatrix}\begin{bmatrix}0 & 0 & 1\\0 & 1 & 0\\1 & 0 & 0\end{bmatrix}^{2010}$

3. 设$\boldsymbol{A}=\begin{bmatrix}1 & 0 & 1\\0 & 2 & 0\\1 & 0 & 1\end{bmatrix}$，而$n\geqslant 2$为正整数，求$\boldsymbol{A}^n-2\boldsymbol{A}^{n-1}$。

4. 设矩阵$\boldsymbol{A}=\begin{bmatrix}2 & 1\\-1 & 2\end{bmatrix}$，矩阵$\boldsymbol{B}$满足$\boldsymbol{BA}=\boldsymbol{B}+2\boldsymbol{E}$，求$|\boldsymbol{B}|$。

5. 已知$\boldsymbol{AB}-\boldsymbol{B}=\boldsymbol{A}$，其中$\boldsymbol{B}=\begin{bmatrix}1 & -2 & 0\\2 & 1 & 0\\0 & 0 & 2\end{bmatrix}$，求$\boldsymbol{A}$。

6. 设$\boldsymbol{A}=\begin{bmatrix}1 & 0 & 0 & 0\\-2 & 3 & 0 & 0\\0 & -4 & 5 & 0\\0 & 0 & -6 & 7\end{bmatrix}$，且$\boldsymbol{B}=(\boldsymbol{E}+\boldsymbol{A})^{-1}(\boldsymbol{E}-\boldsymbol{A})$，求$(\boldsymbol{E}+\boldsymbol{B})^{-1}$。

7. 设$\boldsymbol{A},\boldsymbol{B},\boldsymbol{A}+\boldsymbol{B},\boldsymbol{A}^{-1}+\boldsymbol{B}^{-1}$均为$n$阶可逆矩阵，则$(\boldsymbol{A}^{-1}+\boldsymbol{B}^{-1})^{-1}$等于________。

(A) $\boldsymbol{A}^{-1}+\boldsymbol{B}^{-1}$　　(B) $\boldsymbol{A}+\boldsymbol{B}$

(C) $\boldsymbol{A}(\boldsymbol{A}+\boldsymbol{B})^{-1}\boldsymbol{B}$　　(D) $(\boldsymbol{A}+\boldsymbol{B})^{-1}$

8. 设$\boldsymbol{A},\boldsymbol{B},\boldsymbol{C}$均为$n$阶矩阵，若$\boldsymbol{B}=\boldsymbol{E}+\boldsymbol{AB}$，$\boldsymbol{C}=\boldsymbol{A}+\boldsymbol{CA}$，则$\boldsymbol{B}-\boldsymbol{C}$为________。

(A) $\boldsymbol{E}$　　(B) $-\boldsymbol{E}$

(C) $\boldsymbol{A}$　　(D) $-\boldsymbol{A}$

9. 设矩阵$\boldsymbol{A}$满足$\boldsymbol{A}^2+\boldsymbol{A}-4\boldsymbol{E}=\boldsymbol{O}$，求$(\boldsymbol{A}-\boldsymbol{E})^{-1}$。

10. 设$\boldsymbol{A}$是n阶非零矩阵，若$\boldsymbol{A}^3=\boldsymbol{O}$，则________。

(A) $\boldsymbol{E}-\boldsymbol{A}$不可逆，$\boldsymbol{E}+\boldsymbol{A}$不可逆　　(B) $\boldsymbol{E}-\boldsymbol{A}$不可逆，$\boldsymbol{E}+\boldsymbol{A}$可逆

(C) $\boldsymbol{E}-\boldsymbol{A}$可逆，$\boldsymbol{E}+\boldsymbol{A}$可逆　　(D) $\boldsymbol{E}-\boldsymbol{A}$可逆，$\boldsymbol{E}+\boldsymbol{A}$不可逆

11. 设n阶矩阵$\boldsymbol{A}$与$\boldsymbol{B}$等价，则必有________。

(A) 当$|\boldsymbol{A}|=a(a\neq 0)$时，$|\boldsymbol{B}|=a$　　(B) 当$|\boldsymbol{A}|=a(a\neq 0)$时，$|\boldsymbol{B}|=-a$

(C) 当$|\boldsymbol{A}|\neq 0$时，$|\boldsymbol{B}|=0$　　(D) 当$|\boldsymbol{A}|=0$时，$|\boldsymbol{B}|=0$

12. 设$\boldsymbol{A}$是n阶可逆矩阵，将$\boldsymbol{A}$的第i行和第j行对换后得到的矩阵记作$\boldsymbol{B}$。

(1) 证明$\boldsymbol{B}$可逆；

(2) 求$\boldsymbol{AB}^{-1}$。

13. 设$\boldsymbol{A}$是三阶矩阵，将$\boldsymbol{A}$的第一列与第二列对换后得矩阵$\boldsymbol{B}$，再把$\boldsymbol{B}$的第二列加到第三列得矩阵$\boldsymbol{C}$，若矩阵$\boldsymbol{Q}$满足$\boldsymbol{AQ}=\boldsymbol{C}$，则$\boldsymbol{Q}$为________。

(A) $\begin{bmatrix}0&1&0\\1&0&0\\1&0&1\end{bmatrix}$　　(B) $\begin{bmatrix}0&1&0\\1&0&1\\0&0&1\end{bmatrix}$

(C) $\begin{bmatrix}0&1&0\\1&0&0\\0&1&1\end{bmatrix}$　　(D) $\begin{bmatrix}0&1&1\\1&0&0\\0&0&1\end{bmatrix}$

14. 设$\boldsymbol{A}$是三阶矩阵，将$\boldsymbol{A}$的第二行加到第一行得矩阵$\boldsymbol{B}$，再把$\boldsymbol{B}$的第一列的-1倍加到第二列得矩阵$\boldsymbol{C}$，记$\boldsymbol{P}=\begin{bmatrix}1&1&0\\0&1&0\\0&0&1\end{bmatrix}$，则________。

(A) $\boldsymbol{C}=\boldsymbol{P}^{-1}\boldsymbol{AP}$　　(B) $\boldsymbol{C}=\boldsymbol{PAP}^{-1}$

(C) $\boldsymbol{C}=\boldsymbol{P}^{\mathrm{T}}\boldsymbol{AP}$　　(D) $\boldsymbol{C}=\boldsymbol{PAP}^{\mathrm{T}}$

15. 设$\boldsymbol{A},\boldsymbol{P}$均为三阶矩阵，且$\boldsymbol{P}^{\mathrm{T}}\boldsymbol{AP}=\begin{bmatrix}1&0&0\\0&1&0\\0&0&2\end{bmatrix}$，若$\boldsymbol{P}=(\alpha_1,\alpha_2,\alpha_3)$，$\boldsymbol{Q}=(\alpha_1+\alpha_2,\alpha_2,\alpha_3)$，则$\boldsymbol{Q}^{\mathrm{T}}\boldsymbol{AQ}=$________。

(A) $\begin{bmatrix}2&1&0\\1&1&0\\0&0&2\end{bmatrix}$　　(B) $\begin{bmatrix}1&1&0\\1&2&0\\0&0&2\end{bmatrix}$

(C) $\begin{bmatrix}2&0&0\\0&1&0\\0&0&2\end{bmatrix}$　　(D) $\begin{bmatrix}1&0&0\\0&2&0\\0&0&2\end{bmatrix}$

16. 设$\boldsymbol{A}=\begin{bmatrix}1&1&1\\0&2&2\\0&0&3\end{bmatrix}$，求$(\boldsymbol{A}^{-1})^*$。

17. 设矩阵$\boldsymbol{A}=\begin{bmatrix}2&1&0\\1&2&0\\0&0&1\end{bmatrix}$，矩阵$\boldsymbol{B}$满足$\boldsymbol{ABA}^*=2\boldsymbol{BA}^*+\boldsymbol{E}$，求$|\boldsymbol{B}|$。

18. 设$\boldsymbol{A}$是$n(n>2)$阶矩阵，证明：

(1) $(\boldsymbol{A}^*)^{-1}=(\boldsymbol{A}^{-1})^*$；

(2) $(A^*)^*=|A|^{n-2}A$。

19. 设矩阵 A 的伴随矩阵 $A^*=\begin{bmatrix}1&0&0&0\\0&1&0&0\\1&0&1&0\\0&-3&0&8\end{bmatrix}$，且 $ABA^{-1}=BA^{-1}+3E$，求矩阵 B。

20. 设 A 是 n 阶可逆矩阵，交换 A 的第一行与第二行得矩阵 B，则________。

(A) 交换 A^* 的第一列与第二列得矩阵 B^*

(B) 交换 A^* 的第一行与第二行得矩阵 B^*

(C) 交换 A^* 的第一列与第二列得矩阵 $-B^*$

(D) 交换 A^* 的第一行与第二行得矩阵 $-B^*$

21. 设 A 是三阶非零矩阵，且 $a_{ij}=A_{ij}\ (i,j=1,2,3)$，证明 A 可逆，并求 $|A|$。

22. 设矩阵 $A=(a_{ij})_{3\times3}$ 满足 $A^*=A^{\mathrm{T}}$，若 a_{11},a_{12},a_{13} 为三个相等的正数，则 a_{11} 为________。

(A) $\dfrac{\sqrt{3}}{3}$　　(B) 3

(C) $\dfrac{1}{3}$　　(D) $\sqrt{3}$

23. 设 A 为 n 阶非零矩阵，当 $A^*=A^{\mathrm{T}}$ 时，证明 $|A|\neq0$。

24. 设 $A=\begin{bmatrix}0&a_1&0&\cdots&0\\0&0&a_2&\cdots&0\\\vdots&\vdots&\vdots&&\vdots\\0&0&0&&a_{n-1}\\a_n&0&0&0&0\end{bmatrix}$，其中 $a_i\neq0$；$i=1,2,\cdots,n$，求 A^{-1}。

25. 设 A,B 均为二阶矩阵。若 $|A|=2,\ |B|=3$，则分块矩阵 $\begin{bmatrix}O&A\\B&O\end{bmatrix}$ 的伴随矩阵为________。

(A) $\begin{bmatrix}O&3B^*\\2A^*&O\end{bmatrix}$　　(B) $\begin{bmatrix}O&2B^*\\3A^*&O\end{bmatrix}$

(C) $\begin{bmatrix}O&3A^*\\2B^*&O\end{bmatrix}$　　(D) $\begin{bmatrix}O&2A^*\\3B^*&O\end{bmatrix}$

26. 设 A,B 均为 n 阶矩阵。则分块矩阵 $\begin{bmatrix}A&O\\O&B\end{bmatrix}$ 的伴随矩阵为________。

(A) $\begin{bmatrix}|A|A^*&O\\O&|B|B^*\end{bmatrix}$　　(B) $\begin{bmatrix}|B|B^*&O\\O&|A|A^*\end{bmatrix}$

(C) $\begin{bmatrix}|A|B^*&O\\O&|B|A^*\end{bmatrix}$　　(D) $\begin{bmatrix}|B|A^*&O\\O&|A|B^*\end{bmatrix}$

27. 设 A 是 $m\times n$ 矩阵，B 是 $n\times m$ 矩阵，若 $AB=E$，则________。

(A) $r(A)=m,r(B)=m$　　(B) $r(A)=m,r(B)=n$

(C) $r(\boldsymbol{A})=n, r(\boldsymbol{B})=m$ (D) $r(\boldsymbol{A})=n, r(\boldsymbol{B})=n$

28. 设 $\boldsymbol{A}$ 是 $m\times n$ 矩阵，$\boldsymbol{B}$ 是 $n\times m$ 矩阵，则________。

(A) 当 $m>n$ 时，必有行列式 $|\boldsymbol{AB}|\neq 0$

(B) 当 $m>n$ 时，必有行列式 $|\boldsymbol{AB}|=0$

(C) 当 $n>m$ 时，必有行列式 $|\boldsymbol{AB}|\neq 0$

(D) 当 $n>m$ 时，必有行列式 $|\boldsymbol{AB}|=0$

29. 设矩阵 $\boldsymbol{A},\boldsymbol{B}$ 满足 $\boldsymbol{A}^*\boldsymbol{BA}=2\boldsymbol{BA}-8\boldsymbol{E}$，其中 $\boldsymbol{A}=\begin{bmatrix}1&0&0\\0&-2&0\\0&0&1\end{bmatrix}$，求矩阵 $\boldsymbol{B}$。

30. 设 $\boldsymbol{A}=\begin{bmatrix}0&1&0&0\\0&0&\frac{1}{2}&0\\0&0&0&\frac{1}{3}\\\frac{1}{4}&0&0&0\end{bmatrix}$，求 $|\boldsymbol{A}|$ 中所有元素的代数余子式之和 $\sum\limits_{i=1}^{4}\sum\limits_{j=1}^{4}A_{ij}$。

31. 设 $\boldsymbol{A}=\begin{bmatrix}1&1&1&\cdots&1\\a_1&a_2&a_3&\cdots&a_n\\a_1^2&a_2^2&a_3^2&\cdots&a_n^2\\\vdots&\vdots&\vdots&\ddots&\vdots\\a_1^{n-1}&a_2^{n-1}&a_3^{n-1}&\cdots&a_n^{n-1}\end{bmatrix}$，$\boldsymbol{X}=\begin{bmatrix}x_1\\x_2\\\vdots\\x_n\end{bmatrix}$，$\boldsymbol{B}=\begin{bmatrix}1\\1\\\vdots\\1\end{bmatrix}$

其中 $a_i\neq a_j(i\neq j, i,j=1,2,\cdots,n)$，求线性方程组 $\boldsymbol{A}^{\mathrm{T}}\boldsymbol{X}=\boldsymbol{B}$ 的解。

32. 设线性方程组

$$\left.\begin{array}{l}a_{11}x_1+a_{12}x_2+\cdots a_{1n}x_n=b_1\\a_{21}x_1+a_{22}x_2+\cdots a_{2n}x_n=b_2\\\cdots\cdots\cdots\cdots\cdots\cdots\\a_{n1}x_1+a_{n2}x_2+\cdots a_{nn}x_n=b_n\end{array}\right\}\quad(\text{I})$$

$$\left.\begin{array}{l}A_{11}x_1+A_{12}x_2+\cdots A_{1n}x_n=C_1\\A_{21}x_1+A_{22}x_2+\cdots A_{2n}x_n=C_2\\\cdots\cdots\cdots\cdots\cdots\cdots\\A_{n1}x_1+A_{n2}x_2+\cdots A_{nn}x_n=C_n\end{array}\right\}\quad(\text{II})$$

其中 A_{ij} 为行列式 $|\boldsymbol{A}|=|a_{ij}|$ 中元素 a_{ij} 的代数余子式，$b_i,C_i\ (i=1,2,\cdots,n)$ 不全为 0。证明方程组(Ⅰ)有唯一解的充要条件是方程组(Ⅱ)有唯一解。

第 3 章　线性方程组

线性方程组理论是线性代数的核心，大量的实际问题最后都归结为解线性方程组。尽管在第 1 章介绍了解线性方程组的克莱姆法则，但是引用克莱姆法则是有条件的。它要求未知量的个数与方程的个数相等，而且方程组的系数行列式不能等于零；而我们遇到的方程组大多不满足这样严格的条件。所以我们有必要研究解一般线性方程组的理论与方法，第 2 章介绍的矩阵理论与方法是解线性方程组的有力数学工具。

3.1　线性方程组的消元解法

一般的线性方程组

$$\left.\begin{array}{l} a_{11}x_1+a_{12}x_2+\cdots+a_{1n}x_n=b_1 \\ a_{21}x_1+a_{22}x_2+\cdots+a_{2n}x_n=b_2 \\ \cdots\cdots\cdots\cdots\cdots\cdots\cdots\cdots\cdots\cdots \\ a_{m1}x_1+a_{m2}x_2+\cdots+a_{mn}x_n=b_m \end{array}\right\} \tag{3-1}$$

若令 $\boldsymbol{A}=\begin{bmatrix} a_{11} & a_{12} & \cdots & a_{1n} \\ a_{21} & a_{22} & \cdots & a_{2n} \\ \vdots & \vdots & \ddots & \vdots \\ a_{m1} & a_{m2} & \cdots & a_{mn} \end{bmatrix}$，$\boldsymbol{X}=\begin{bmatrix} x_1 \\ x_2 \\ \vdots \\ x_n \end{bmatrix}$，$\boldsymbol{B}=\begin{bmatrix} b_1 \\ b_2 \\ \vdots \\ b_m \end{bmatrix}$ $\left(\text{特殊情形为 } \boldsymbol{0}=\begin{bmatrix} 0 \\ 0 \\ \vdots \\ 0 \end{bmatrix}\right)$，则方程组(3-1)可以写成矩阵形式：

$$\boldsymbol{AX}=\boldsymbol{B}$$

当 $\boldsymbol{B}\neq\boldsymbol{0}$ 时，称方程组(3-1)为非齐次线性方程组；当 $\boldsymbol{B}=\boldsymbol{0}$ 时，方程组(3-1)为

$$\left.\begin{array}{l} a_{11}x_1+a_{12}x_2+\cdots+a_{1n}x_n=0 \\ a_{21}x_1+a_{22}x_2+\cdots+a_{2n}x_n=0 \\ \cdots\cdots\cdots\cdots\cdots\cdots\cdots\cdots\cdots\cdots \\ a_{m1}x_1+a_{m2}x_2+\cdots+a_{mn}x_n=0 \end{array}\right\} \tag{3-2}$$

称它为齐次线性方程组，其矩阵形式为

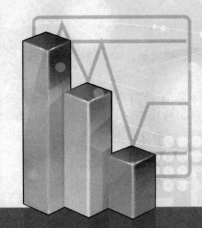

$$AX = O$$

[注] 方程组与其矩阵形式只是表达方式不同，本质是完全相同的，今后不区分方程组与其矩阵形式。

线性方程组(3-1)是否有解以及解是什么完全由其系数矩阵 $\boldsymbol{A}$ 及常数项矩阵 $\boldsymbol{B}$ 所确定，与未知量矩阵 $\boldsymbol{X}$ 无关；即 $\boldsymbol{A},\boldsymbol{B}$ 确定方程组(3-1)的解，亦即分块矩阵 $(\boldsymbol{A}\ \boldsymbol{B})$ 确定方程组(3-1)的解。今后称分块矩阵 $(\boldsymbol{A}\ \boldsymbol{B})$ 为方程组(3-1)的增广矩阵，记作 $\overline{\boldsymbol{A}}$，即 $\overline{\boldsymbol{A}}=(\boldsymbol{A}\ \boldsymbol{B})$。

[注] 要掌握由方程组写出其增广矩阵，由增广矩阵写出其对应的线性方程组。

下面我们通过一个实例，回顾中学时解线性方程组的过程，从中发现解线性方程组的一般方法。

例 3-1 解线性方程组 $\begin{cases} 2x_1 - x_2 + 3x_3 = 1 & (1) \\ 4x_1 + 2x_2 + 5x_3 = 4 & (2) \\ 2x_1 + 2x_3 = 6 & (3) \end{cases}$

解 $\begin{matrix} -2\times(1)+(2) \\ -1\times(1)+(3) \end{matrix} \begin{cases} 2x_1 - x_2 + 3x_3 = 1 & (4) \\ 4x_2 - x_3 = 2 & (5) \\ x_2 - x_3 = 5 & (6) \end{cases}$

$\begin{matrix} (5)\leftrightarrow(6) \\ -4\times(6)+(5) \end{matrix} \begin{cases} 2x_1 - x_2 + 3x_3 = 1 & (7) \\ x_2 - x_3 = 5 & (8) \\ 3x_3 = -18 & (9) \end{cases}$

$\begin{matrix} \frac{1}{3}\times(9) \\ (12)+(8) \\ -3\times(12)+(7) \end{matrix} \begin{cases} 2x_1 - x_2 = 19 & (10) \\ x_2 = -1 & (11) \\ x_3 = -6 & (12) \end{cases}$

$(11)+(10) \begin{cases} 2x_1 = 18 & (13) \\ x_2 = -1 & (14) \\ x_3 = -6 & (15) \end{cases}$

$\frac{1}{2}(13) \begin{cases} x_1 = 9 \\ x_2 = -1 \\ x_3 = -6 \end{cases}$

总结上面解方程组所用的方法：

(1) 互换两个方程的位置；

(2) 用非零数乘以某个方程；

(3) 将某个方程的若干倍加到另一个方程。

于是我们得到上面三种对方程组的变换不改变方程组的解。由于方程组的增广矩阵完全确定方程组的解，而上面对方程组的三种变换等价于对其增广矩阵的行做相应的初等变换。于是有：

$$\overline{\boldsymbol{A}}=(\boldsymbol{A}\ \boldsymbol{B})=\begin{bmatrix} 2 & -1 & 3 & 1 \\ 4 & 2 & 5 & 4 \\ 2 & 0 & 2 & 6 \end{bmatrix} \to \begin{bmatrix} 2 & -1 & 3 & 1 \\ 0 & 4 & -1 & 2 \\ 0 & 1 & -1 & 5 \end{bmatrix} \to \begin{bmatrix} 2 & -1 & 3 & 1 \\ 0 & 1 & -1 & 5 \\ 0 & 0 & 3 & -18 \end{bmatrix}$$

$$\rightarrow\begin{bmatrix}2 & -1 & 0 & 19\\0 & 1 & 0 & -1\\0 & 0 & 1 & -6\end{bmatrix}\rightarrow\begin{bmatrix}2 & 0 & 0 & 18\\0 & 1 & 0 & -1\\0 & 0 & 1 & -6\end{bmatrix}\rightarrow\begin{bmatrix}1 & 0 & 0 & 9\\0 & 1 & 0 & -1\\0 & 0 & 1 & -6\end{bmatrix}$$

据此得其对应的同解方程组$\begin{cases}x_1 = 9\\x_2 = -1\\x_3 = -6\end{cases}$

定理 3-1　对于线性方程组(3-1)，即 $\boldsymbol{A}_{m\times n}\boldsymbol{X} = \boldsymbol{B}$。

(1) $\boldsymbol{AX} = \boldsymbol{B}$ 有解的充分必要条件是 $r(\overline{\boldsymbol{A}}) = r(\boldsymbol{A})$。

(2) 当 $\boldsymbol{AX} = \boldsymbol{B}$ 有解($r(\overline{\boldsymbol{A}}) = r(\boldsymbol{A})$)时：

若 $r(\boldsymbol{A}) = n$，则方程组有唯一解；

若 $r(\boldsymbol{A}) < n$，则方程组有无穷多个解。

证明　设 $r(\boldsymbol{A}) = r$，由于方程组中的方程和未知量都是可以交换顺序的，所以不妨设 $\boldsymbol{A}$ 的左上角 r 阶子式 $\boldsymbol{D}_r \neq 0$，则矩阵 $\overline{\boldsymbol{A}}$ 经过若干次初等行变换一定可以变成如下形式：

$$\overline{\boldsymbol{A}}\rightarrow\left[\begin{array}{cccc|ccc|c}1 & 0 & \cdots & 0 & b_{1,r+1} & \cdots & b_{1n} & d_1\\0 & 1 & \cdots & 0 & b_{2,r+1} & \cdots & b_{2n} & d_2\\\vdots & \vdots & & \vdots & \vdots & & \vdots & \vdots\\0 & 0 & \cdots & 1 & b_{r,r+1} & \cdots & b_{rn} & d_r\\\hline 0 & 0 & \cdots & 0 & 0 & \cdots & 0 & d_{r+1}\\\vdots & \vdots & & \vdots & \vdots & & \vdots & \vdots\\0 & 0 & \cdots & 0 & 0 & \cdots & 0 & 0\end{array}\right]$$

则 $\boldsymbol{AX} = \boldsymbol{B}$ 的同解方程组为

$$\begin{cases}x_1 + b_{1,r+1}x_{r+1} + \cdots + b_{1n}x_n = d_1\\x_2 + b_{2,r+1}x_{r+1} + \cdots + b_{2n}x_n = d_2\\\cdots\cdots\cdots\cdots\cdots\cdots\cdots\cdots\\x_r + b_{r,r+1}x_{r+1} + \cdots + b_{rn}x_n = d_r\\0 = d_{r+1}\end{cases}$$

若 $d_{r+1} \neq 0$，即 $r(\overline{\boldsymbol{A}}) = r+1 > r = r(\boldsymbol{A})$，则方程组无解。

若 $d_{r+1} = 0$，即 $r(\overline{\boldsymbol{A}}) = r(\boldsymbol{A}) = r$，则方程组有解。

(1) 当 $r = n$ 时，$\boldsymbol{AX} = \boldsymbol{B}$ 的同解方程组为 $x_1 = d_1, x_2 = d_2, \ldots, x_n = d_n$。

(2) 当 $r < n$ 时，$\boldsymbol{AX} = \boldsymbol{B}$ 的同解方程组为

$$\begin{cases}x_1 = d_1 - b_{1,r+1}x_{r+1} - \cdots - b_{1n}x_n\\x_2 = d_2 - b_{2,r+1}x_{r+1} - \cdots - b_{2n}x_n\\\cdots\cdots\cdots\cdots\cdots\cdots\cdots\cdots\\x_r = d_r - b_{r,r+1}x_{r+1} - \cdots - b_{rn}x_n\end{cases}$$

它又可写成

$$\left.\begin{array}{l}x_1=d_1-b_{1,r+1}x_{r+1}-\cdots-b_{1n}x_n\\x_2=d_2-b_{2,r+1}x_{r+1}-\cdots-b_{2n}x_n\\\cdots\cdots\cdots\cdots\cdots\cdots\cdots\cdots\\x_r=d_r-b_{r,r+1}x_{r+1}-\cdots-b_{rn}x_n\\x_{r+1}=\qquad x_{r+1}\\\cdots\cdots\cdots\cdots\cdots\cdots\cdots\cdots\\x_n=\qquad\qquad x_n\end{array}\right\}\tag{3-3}$$

这时变量 $x_{r+1},x_{r+2},\cdots,x_n$ 每取一组值，就得到方程组的一个解；由于 $x_{r+1},x_{r+2},\cdots,x_n$ 可以任意取无穷多组值，于是方程组有无穷多个解。因此该方程组的一般解为

$$\left.\begin{array}{l}x_1=d_1-b_{1,r+1}k_1-\cdots-b_{1n}k_{n-r}\\x_2=d_2-b_{2,r+1}k_1-\cdots-b_{2n}k_{n-r}\\\cdots\cdots\cdots\cdots\cdots\cdots\cdots\cdots\\x_r=d_r-b_{r,r+1}k_1-\cdots-b_{rn}k_{n-r}\\x_{r+1}=\qquad k_1\\\cdots\cdots\cdots\cdots\cdots\cdots\cdots\cdots\\x_n=\qquad\qquad k_{n-r}\end{array}\right\}\tag{3-4}$$

式中，$k_1,k_2,\cdots,k_{n-r}$ 为任意常数。

定理 3-1 的特别情形：

定理 3-2

(1) $\boldsymbol{A}_{m\times n}\boldsymbol{X}=\boldsymbol{0}$ 只有零解 $\Leftrightarrow r(\boldsymbol{A})=n$

(2) $\boldsymbol{A}_{m\times n}\boldsymbol{X}=\boldsymbol{0}$ 有非零解 $\Leftrightarrow r(\boldsymbol{A})<n$

(3) $\boldsymbol{A}_{n\times n}\boldsymbol{X}=\boldsymbol{0}$ 只有零解 $\Leftrightarrow |\boldsymbol{A}|\neq 0$

(4) $\boldsymbol{A}_{n\times n}\boldsymbol{X}=\boldsymbol{0}$ 有非零解 $\Leftrightarrow |\boldsymbol{A}|=0$

例 3-2 解线性方程组 $\begin{cases}x_1+5x_2-x_3-x_4=-1\\x_1-2x_2+x_3+3x_4=3\\3x_1+8x_2-x_3+x_4=1\\x_1-9x_2+3x_3+7x_4=7\end{cases}$

解 对增广矩阵 $\overline{\boldsymbol{A}}$ 做初等行变换：

$$\overline{\boldsymbol{A}}=\begin{bmatrix}1&5&-1&-1&-1\\1&-2&1&3&3\\3&8&-1&1&1\\1&-9&3&7&7\end{bmatrix}\to\begin{bmatrix}1&5&-1&-1&-1\\0&-7&2&4&4\\0&-7&2&4&4\\0&-14&4&8&8\end{bmatrix}\to\begin{bmatrix}1&5&-1&-1&-1\\0&-7&2&4&4\\0&0&0&0&0\\0&0&0&0&0\end{bmatrix}$$

$$\to\begin{bmatrix}1&5&-1&-1&-1\\0&1&-\frac{2}{7}&-\frac{4}{7}&-\frac{4}{7}\\0&0&0&0&0\\0&0&0&0&0\end{bmatrix}\to\begin{bmatrix}1&0&\frac{3}{7}&\frac{13}{7}&\frac{13}{7}\\0&1&-\frac{2}{7}&-\frac{4}{7}&-\frac{4}{7}\\0&0&0&0&0\\0&0&0&0&0\end{bmatrix}$$

(由 $r(\overline{\boldsymbol{A}})=r(\boldsymbol{A})=2<4=n$，知该方程组有无穷多个解)

得同解方程组 $\begin{cases} x_1=\dfrac{13}{7}-\dfrac{3}{7}x_3-\dfrac{13}{7}x_4 \\ x_2=-\dfrac{4}{7}+\dfrac{2}{7}x_3+\dfrac{4}{7}x_4 \end{cases}$，于是该方程组的通解是

$$\begin{cases} x_1=\dfrac{13}{7}-\dfrac{3}{7}k_1-\dfrac{13}{7}k_2 \\ x_2=-\dfrac{4}{7}+\dfrac{2}{7}k_1+\dfrac{4}{7}k_2 \\ x_3=\qquad k_1 \\ x_4=\qquad\qquad k_2 \end{cases} \quad (k_1,k_2\text{为任意常数})$$

例 3-3　解线性方程组 $\begin{cases} x_1+2x_2+3x_3+4x_4=5 \\ 2x_1+4x_2+4x_3+6x_4=8 \\ x_1+2x_2+x_3+2x_4=3 \end{cases}$

解　由 $\overline{\boldsymbol{A}}=\begin{bmatrix} 1 & 2 & 3 & 4 & 5 \\ 2 & 4 & 4 & 6 & 8 \\ 1 & 2 & 1 & 2 & 3 \end{bmatrix} \to \begin{bmatrix} 1 & 2 & 3 & 4 & 5 \\ 0 & 0 & -2 & -2 & -2 \\ 0 & 0 & -2 & -2 & -2 \end{bmatrix}$

$$\to \begin{bmatrix} 1 & 2 & 3 & 4 & 5 \\ 0 & 0 & 1 & 1 & 1 \\ 0 & 0 & 0 & 0 & 0 \end{bmatrix} \to \begin{bmatrix} 1 & 2 & 0 & 1 & 2 \\ 0 & 0 & 1 & 1 & 1 \\ 0 & 0 & 0 & 0 & 0 \end{bmatrix}$$

(由 $r(\overline{\boldsymbol{A}})=r(\boldsymbol{A})=2<4=n$，得该方程组有无穷多个解)

得同解方程组 $\begin{cases} x_1=2-2x_2-x_4 \\ x_3=1\qquad -x_4 \end{cases}$，于是该方程组的通解是

$$\begin{cases} x_1=2-2k_1-k_2 \\ x_2=\qquad k_1 \\ x_3=1\qquad -k_2 \\ x_4=\qquad\quad k_2 \end{cases} \quad (k_1,k_2\text{为任意常数})$$

例 3-4　解线性方程组 $\begin{cases} x_1+3x_2-3x_3=-8 \\ 3x_1-x_2+2x_3=10 \\ 11x_1+3x_2\qquad =8 \end{cases}$

解　由 $\overline{\boldsymbol{A}}=\begin{bmatrix} 1 & 3 & -3 & -8 \\ 3 & -1 & 2 & 10 \\ 11 & 3 & 0 & 8 \end{bmatrix} \to \begin{bmatrix} 1 & 3 & -3 & -8 \\ 0 & -10 & 11 & 34 \\ 0 & -30 & 33 & 96 \end{bmatrix} \to \begin{bmatrix} 1 & 3 & -3 & -8 \\ 0 & -10 & 11 & 34 \\ 0 & 0 & 0 & -6 \end{bmatrix}$

则 $r(\overline{\boldsymbol{A}})=3\neq r(\boldsymbol{A})=2$，于是该方程组无解。

3.2　向量及其运算

用数学工具——矩阵研究线性方程组显得有些粗糙，它不能使人看到方程组解的内部结构。下面引进一个更为细腻的数学工具——向量，用它的理论与方法研究线性方程组，

可以清楚看到线性方程组解的结构；不仅如此，向量理论与方法在众多领域都有广泛应用。

定义 3-1 n 个数 $a_1,a_2,\cdots,a_n$ 构成的有序数组称为 n 维向量，用希腊字母 $\boldsymbol{\alpha},\boldsymbol{\beta},\boldsymbol{\gamma},\cdots$ 表示。

$\boldsymbol{\alpha}=(a_1,a_2,\cdots,a_n)$ ——称为 n 维行向量

$\boldsymbol{\alpha}=\begin{bmatrix}a_1\\a_2\\\vdots\\a_n\end{bmatrix}$ ——称为 n 维列向量

式中，a_i 称为向量 $\boldsymbol{\alpha}$ 的第 i 个分量；当 $a_i\in\boldsymbol{R}$，称 $\boldsymbol{\alpha}$ 为实向量(本书只讨论实向量)；当 $a_i\in\boldsymbol{C}$，称 $\boldsymbol{\alpha}$ 为复向量。

[注] 行向量与列向量除书写形式不同外，本质是完全相同的。

行向量就是行矩阵，列向量就是列矩阵；向量就是特殊的矩阵，因此可将矩阵的一些概念与运算移植到向量中来。于是仿矩阵的相关概念及性质给出向量对应的概念及性质。

零向量：$\boldsymbol{0}=(0,0,\cdots,0)$

[注] 任意数 k 与零向量 $\boldsymbol{0}$ 乘积都是零向量，即 $k\boldsymbol{0}=\boldsymbol{0}$；任意向量 $\boldsymbol{\alpha}$ 与数 0 乘积都是零向量，即 $0\boldsymbol{\alpha}=\boldsymbol{0}$。

负向量：$-\boldsymbol{\alpha}=(-a_1,-a_2,\cdots,-a_n)$ 称为 $\boldsymbol{\alpha}=(a_1,a_2,\cdots,a_n)$ 的负向量。

线性运算：设 $\boldsymbol{\alpha}=(a_1,a_2,\cdots,a_n)$，$\boldsymbol{\beta}=(b_1,b_2,\cdots,b_n)$

加法：$\boldsymbol{\alpha}+\boldsymbol{\beta}=(a_1+b_1,a_2+b_2,\cdots,a_n+b_n)$

数乘：$k\boldsymbol{\alpha}=(ka_1,ka_2,\cdots,ka_n)$

规定向量减法：$\boldsymbol{\alpha}-\boldsymbol{\beta}=\boldsymbol{\alpha}+(-\boldsymbol{\beta})=(a_1-b_1,a_2-b_2,\cdots,a_n-b_n)$

向量线性运算性质： 设 $\boldsymbol{\alpha}=(a_1,a_2,\cdots,a_n)$，$\boldsymbol{\beta}=(b_1,b_2,\cdots,b_n)$，$\boldsymbol{\gamma}=(c_1,c_2,\cdots,c_n)$，$k,l$ 为常数，则

(1) $\boldsymbol{\alpha}+\boldsymbol{\beta}=\boldsymbol{\beta}+\boldsymbol{\alpha}$

(2) $(\boldsymbol{\alpha}+\boldsymbol{\beta})+\boldsymbol{\gamma}=\boldsymbol{\alpha}+(\boldsymbol{\beta}+\boldsymbol{\gamma})$

(3) $\boldsymbol{\alpha}+\boldsymbol{0}=\boldsymbol{\alpha}$

(4) $\boldsymbol{\alpha}+(-\boldsymbol{\alpha})=\boldsymbol{0}$

(5) $1\boldsymbol{\alpha}=\boldsymbol{\alpha}$

(6) $k(l\boldsymbol{\alpha})=(kl)\boldsymbol{\alpha}$

(7) $k(\boldsymbol{\alpha}+\boldsymbol{\beta})=k\boldsymbol{\alpha}+k\boldsymbol{\beta}$

(8) $(k+l)\boldsymbol{\alpha}=k\boldsymbol{\alpha}+l\boldsymbol{\alpha}$

例 3-5 已知 $\boldsymbol{\alpha}_1=(1,0,2)$，$\boldsymbol{\alpha}_2=(2,-1,1)$，$\boldsymbol{\alpha}_3=(0,1,-1)$。求满足等式

$$3(\boldsymbol{\beta}-\boldsymbol{\alpha}_1)+2(\boldsymbol{\beta}+\boldsymbol{\alpha}_2)=2(\boldsymbol{\beta}-\boldsymbol{\alpha}_3)$$

的向量 $\boldsymbol{\beta}$。

解 由所给的等式得

$$3\boldsymbol{\beta}-3\boldsymbol{\alpha}_1+2\boldsymbol{\beta}+2\boldsymbol{\alpha}_2=2\boldsymbol{\beta}-2\boldsymbol{\alpha}_3$$

$$\begin{aligned}3\boldsymbol{\beta}&=3\boldsymbol{\alpha}_1-2\boldsymbol{\alpha}_2-2\boldsymbol{\alpha}_3=3(1,0,2)-2(2,-1,1)-2(0,1,-1)\\&=(3,0,6)-(4,-2,2)-(0,2,-2)=(-1,0,6)\end{aligned}$$

于是 $\boldsymbol{\beta}=\frac{1}{3}(-1,0,6)=\left(-\frac{1}{3},0,2\right)$

3.3　向量组的线性相关性

1. 线性组合

对于线性方程组
$$\left.\begin{aligned}a_{11}x_1+a_{12}x_2+\cdots+a_{1s}x_s=b_1\\a_{21}x_1+a_{22}x_2+\cdots+a_{2s}x_s=b_2\\\cdots\cdots\cdots\cdots\cdots\cdots\cdots\cdots\\a_{n1}x_1+a_{n2}x_2+\cdots+a_{ns}x_s=b_n\end{aligned}\right\}\tag{3-5}$$

若令 $\boldsymbol{\alpha}_1=\begin{bmatrix}a_{11}\\a_{21}\\\vdots\\a_{n1}\end{bmatrix},\boldsymbol{\alpha}_2=\begin{bmatrix}a_{12}\\a_{22}\\\vdots\\a_{n2}\end{bmatrix},\cdots,\boldsymbol{\alpha}_s=\begin{bmatrix}a_{1s}\\a_{2s}\\\vdots\\a_{ns}\end{bmatrix},\boldsymbol{\beta}=\begin{bmatrix}b_1\\b_2\\\vdots\\b_n\end{bmatrix}$，则线性方程组(3-5)可以表示成向量形式：

$$x_1\boldsymbol{\alpha}_1+x_2\boldsymbol{\alpha}_2+\cdots+x_s\boldsymbol{\alpha}_s=\boldsymbol{\beta}$$

于是线性方程组(3-5)有解的充分必要条件是存在一组常数 $k_1,k_2,\cdots,k_s$，使得

$$k_1\boldsymbol{\alpha}_1+k_2\boldsymbol{\alpha}_2+\cdots+k_s\boldsymbol{\alpha}_s=\boldsymbol{\beta}$$

成立。

定义 3-2　对于 n 维向量 $\boldsymbol{\alpha}_1,\boldsymbol{\alpha}_2,\cdots,\boldsymbol{\alpha}_s,\boldsymbol{\beta}$，若存在常数 $k_1,k_2,\cdots,k_s$，使得

$$\boldsymbol{\beta}=k_1\boldsymbol{\alpha}_1+k_2\boldsymbol{\alpha}_2+\cdots+k_s\boldsymbol{\alpha}_s\tag{3-6}$$

则称 $\boldsymbol{\beta}$ 为 $\boldsymbol{\alpha}_1,\boldsymbol{\alpha}_2,\cdots,\boldsymbol{\alpha}_s$ 的线性组合，或称 $\boldsymbol{\beta}$ 可由 $\boldsymbol{\alpha}_1,\boldsymbol{\alpha}_2,\cdots,\boldsymbol{\alpha}_s$ 线性表示。

[注]

(1) 今后不区分线性方程组与其向量形式。

(2) 向量 $\boldsymbol{\beta}$ 可由 $\boldsymbol{\alpha}_1,\boldsymbol{\alpha}_2,\cdots,\boldsymbol{\alpha}_s$ 线性表示 $\Leftrightarrow$ 线性方程组(3-5)有解。

(3) 只有在同一维数下的向量才能进行运算，为了叙述方便，今后并不一一说明。

例 3-6　零向量 $\mathbf{0}=(0,0,\cdots,0)$ 可由任意向量组 $\boldsymbol{\alpha}_1,\boldsymbol{\alpha}_2,\cdots,\boldsymbol{\alpha}_s$ 线性表示。

证明　$\mathbf{0}=0\,\boldsymbol{\alpha}_1+0\,\boldsymbol{\alpha}_2+\cdots+0\,\boldsymbol{\alpha}_s$

例 3-7　向量组 $\boldsymbol{\alpha}_1,\boldsymbol{\alpha}_2,\cdots,\boldsymbol{\alpha}_s$ 中任意向量 $\boldsymbol{\alpha}_i$ 都可由该向量组 $\boldsymbol{\alpha}_1,\boldsymbol{\alpha}_2,\cdots,\boldsymbol{\alpha}_s$ 线性表示。

证明　$\boldsymbol{\alpha}_i=0\,\boldsymbol{\alpha}_1+\cdots+0\,\boldsymbol{\alpha}_{i-1}+\boldsymbol{\alpha}_i+0\,\boldsymbol{\alpha}_{i+1}+\cdots+0\,\boldsymbol{\alpha}_s$

例 3-8　任意向量 $\boldsymbol{\alpha}=(a_1,a_2,\cdots,a_n)^{\mathrm{T}}$ 都可由单位向量组：

$$\boldsymbol{\varepsilon}_1=\begin{bmatrix}1\\0\\\vdots\\0\end{bmatrix},\quad\boldsymbol{\varepsilon}_2=\begin{bmatrix}0\\1\\\vdots\\0\end{bmatrix},\quad\cdots,\quad\boldsymbol{\varepsilon}_n=\begin{bmatrix}0\\0\\\vdots\\1\end{bmatrix}$$

线性表示。

证明 $\boldsymbol{\alpha}=\begin{bmatrix}a_1\\a_2\\\vdots\\a_n\end{bmatrix}=a_1\begin{bmatrix}1\\0\\\vdots\\0\end{bmatrix}+a_2\begin{bmatrix}0\\1\\\vdots\\0\end{bmatrix}+\cdots+a_n\begin{bmatrix}0\\0\\\vdots\\1\end{bmatrix}=a_1\boldsymbol{\varepsilon}_1+a_2\boldsymbol{\varepsilon}_2+\cdots+a_n\boldsymbol{\varepsilon}_n$

定理 3-3 设 $\boldsymbol{\alpha}_1=\begin{bmatrix}a_{11}\\a_{21}\\\vdots\\a_{n1}\end{bmatrix},\boldsymbol{\alpha}_2=\begin{bmatrix}a_{12}\\a_{22}\\\vdots\\a_{n2}\end{bmatrix},\cdots,\boldsymbol{\alpha}_s=\begin{bmatrix}a_{1s}\\a_{2s}\\\vdots\\a_{ns}\end{bmatrix},\boldsymbol{\beta}=\begin{bmatrix}b_1\\b_2\\\vdots\\b_n\end{bmatrix}$，则向量 $\boldsymbol{\beta}$ 可由 $\boldsymbol{\alpha}_1,\boldsymbol{\alpha}_2,\cdots,\boldsymbol{\alpha}_s$ 线性表示的充分必要条件是 $r(\boldsymbol{\alpha}_1\ \boldsymbol{\alpha}_2\ \cdots\boldsymbol{\alpha}_s\ \boldsymbol{\beta})=r(\boldsymbol{\alpha}_1\ \boldsymbol{\alpha}_2\ \cdots\ \boldsymbol{\alpha}_s)$。

证明 向量 $\boldsymbol{\beta}$ 可由 $\boldsymbol{\alpha}_1,\boldsymbol{\alpha}_2,\cdots,\boldsymbol{\alpha}_s$ 线性表示的充分必要条件是方程组(3-5)，即

$$x_1\boldsymbol{\alpha}_1+x_2\boldsymbol{\alpha}_2+\cdots+x_s\boldsymbol{\alpha}_s=\boldsymbol{\beta}$$

有解，据定理 3-1 知，该方程组有解的充分必要条件是其增广矩阵的秩等于系数矩阵的秩，即 $r(\boldsymbol{\alpha}_1\ \boldsymbol{\alpha}_2\ \cdots,\boldsymbol{\alpha}_s\ \boldsymbol{\beta})=r(\boldsymbol{\alpha}_1\ \boldsymbol{\alpha}_2\ \cdots\ \boldsymbol{\alpha}_s)$。

例 3-9 设 $\boldsymbol{\alpha}_1=\begin{bmatrix}1\\2\\-1\\5\end{bmatrix},\boldsymbol{\alpha}_2=\begin{bmatrix}2\\-1\\1\\1\end{bmatrix},\boldsymbol{\beta}_1=\begin{bmatrix}4\\3\\-1\\11\end{bmatrix},\boldsymbol{\beta}_2=\begin{bmatrix}4\\3\\0\\11\end{bmatrix}$

(1) 判断向量 $\boldsymbol{\beta}_1$ 是否可由 $\boldsymbol{\alpha}_1,\boldsymbol{\alpha}_2$ 线性表示，若是，写出表达式；

(2) 判断向量 $\boldsymbol{\beta}_2$ 是否可由 $\boldsymbol{\alpha}_1,\boldsymbol{\alpha}_2$ 线性表示，若是，写出表达式。

解

(1) 因 $(\boldsymbol{\alpha}_1,\boldsymbol{\alpha}_2,\boldsymbol{\beta}_1)=\begin{bmatrix}1&2&4\\2&-1&3\\-1&1&-1\\5&1&11\end{bmatrix}\to\begin{bmatrix}1&2&4\\0&-5&-5\\0&3&3\\0&-9&-9\end{bmatrix}\to\begin{bmatrix}1&2&4\\0&1&1\\0&0&0\\0&0&0\end{bmatrix}\to\begin{bmatrix}1&0&2\\0&1&1\\0&0&0\\0&0&0\end{bmatrix}$

得 $r(\boldsymbol{\alpha}_1,\boldsymbol{\alpha}_2,\boldsymbol{\beta}_1)=r(\boldsymbol{\alpha}_1,\boldsymbol{\alpha}_2)=2$，于是 $\boldsymbol{\beta}_1$ 可由 $\boldsymbol{\alpha}_1,\boldsymbol{\alpha}_2$ 线性表示。若 $\boldsymbol{\beta}_1$ 由 $\boldsymbol{\alpha}_1,\boldsymbol{\alpha}_2$ 线性表示的表达式是 $x_1\boldsymbol{\alpha}_1+x_2\boldsymbol{\alpha}_2=\boldsymbol{\beta}_1$，这里的 x_1,x_2 正好是该方程组的解。于是根据方程组的消元解法，由上面矩阵变换的最后一个矩阵得 $\begin{cases}x_1=2\\x_2=1\end{cases}$，从而 $\boldsymbol{\beta}_1=2\boldsymbol{\alpha}_1+\boldsymbol{\alpha}_2$。

(2) 因 $(\boldsymbol{\alpha}_1,\boldsymbol{\alpha}_2,\boldsymbol{\beta}_2)=\begin{bmatrix}1&2&4\\2&-1&3\\-1&1&0\\5&1&11\end{bmatrix}\to\begin{bmatrix}1&2&4\\0&-5&-5\\0&3&4\\0&-9&-9\end{bmatrix}\to\begin{bmatrix}1&2&4\\0&1&1\\0&0&1\\0&0&0\end{bmatrix}$

得 $r(\boldsymbol{\alpha}_1,\boldsymbol{\alpha}_2,\boldsymbol{\beta}_2)=3\neq r(\boldsymbol{\alpha}_1,\boldsymbol{\alpha}_2)=2$，于是 $\boldsymbol{\beta}_2$ 不能由 $\boldsymbol{\alpha}_1,\boldsymbol{\alpha}_2$ 线性表示。

定义 3-3 设向量组 $\boldsymbol{T}_1=\{\boldsymbol{\alpha}_1,\boldsymbol{\alpha}_2,\cdots,\boldsymbol{\alpha}_s\}$，$\boldsymbol{T}_2=\{\boldsymbol{\beta}_1,\boldsymbol{\beta}_2,\cdots,\boldsymbol{\beta}_t\}$；

(1) 若 $\boldsymbol{T}_1$ 中的每一个向量 $\boldsymbol{\alpha}_i$ 都可由 $\boldsymbol{T}_2$ 中的向量 $\boldsymbol{\beta}_1,\boldsymbol{\beta}_2,\cdots,\boldsymbol{\beta}_t$ 线性表示，则称向量组 $\boldsymbol{T}_1$ 可由向量组 $\boldsymbol{T}_2$ 线性表示；

(2) 若 $\boldsymbol{T}_1$ 与 $\boldsymbol{T}_2$ 可以相互线性表示，则称 $\boldsymbol{T}_1$ 与 $\boldsymbol{T}_2$ 等价。

定理 3-4 设 $\boldsymbol{T}_1,\boldsymbol{T}_2,\boldsymbol{T}_3$ 是三个向量组，则

(1) 自反性：$\boldsymbol{T}_1$ 与 $\boldsymbol{T}_1$ 等价；

(2) 对称性：若 $\boldsymbol{T}_1$ 与 $\boldsymbol{T}_2$ 等价，则 $\boldsymbol{T}_2$ 与 $\boldsymbol{T}_1$ 等价；

(3) 传递性：若 $\boldsymbol{T}_1$ 与 $\boldsymbol{T}_2$ 等价，$\boldsymbol{T}_2$ 与 $\boldsymbol{T}_3$ 等价，则 $\boldsymbol{T}_1$ 与 $\boldsymbol{T}_3$ 等价。

2. 线性相关与线性无关

对于齐次线性方程组

$$\left.\begin{array}{l} a_{11}x_1 + a_{12}x_2 + \cdots + a_{1s}x_s = 0 \\ a_{21}x_1 + a_{22}x_2 + \cdots + a_{2s}x_s = 0 \\ \cdots\cdots\cdots\cdots\cdots\cdots\cdots\cdots \\ a_{n1}x_1 + a_{n2}x_2 + \cdots + a_{ns}x_s = 0 \end{array}\right\} \tag{3-7}$$

可将其写成向量形式：

$$x_1\boldsymbol{\alpha}_1 + x_2\boldsymbol{\alpha}_2 + \cdots + x_s\boldsymbol{\alpha}_s = \boldsymbol{0}$$

于是齐次线性方程组(3-7)有非零解的充分必要条件是存在一组不全为 0 的数 $k_1, k_2, \cdots, k_s$，使得

$$k_1\boldsymbol{\alpha}_1 + k_2\boldsymbol{\alpha}_2 + \cdots + k_s\boldsymbol{\alpha}_s = \boldsymbol{0}$$

成立。

定义 3-4　对于 n 维向量 $\boldsymbol{\alpha}_1, \boldsymbol{\alpha}_2, \cdots, \boldsymbol{\alpha}_s$，若存在一组不全为 0 的数 $k_1, k_2, \cdots, k_s$，使得

$$k_1\boldsymbol{\alpha}_1 + k_2\boldsymbol{\alpha}_2 + \cdots + k_s\boldsymbol{\alpha}_s = \boldsymbol{0} \tag{3-8}$$

则称向量组 $\boldsymbol{\alpha}_1, \boldsymbol{\alpha}_2, \cdots, \boldsymbol{\alpha}_s$ 线性相关，否则称 $\boldsymbol{\alpha}_1, \boldsymbol{\alpha}_2, \cdots, \boldsymbol{\alpha}_s$ 线性无关。

[注]

(1) 向量组 $\boldsymbol{\alpha}_1, \boldsymbol{\alpha}_2, \cdots, \boldsymbol{\alpha}_s$ 线性相关 $\Leftrightarrow$ 齐次线性方程组(3-7)有非零解；向量组 $\boldsymbol{\alpha}_1, \boldsymbol{\alpha}_2, \cdots, \boldsymbol{\alpha}_s$ 线性无关 $\Leftrightarrow$ 齐次线性方程组(3-7)只有零解。

(2) 向量组 $\boldsymbol{\alpha}_1, \boldsymbol{\alpha}_2, \cdots, \boldsymbol{\alpha}_s$ 线性无关的充分必要条件是：若 $k_1\boldsymbol{\alpha}_1 + k_2\boldsymbol{\alpha}_2 + \cdots + k_s\boldsymbol{\alpha}_s = \boldsymbol{0}$ 则必有 $k_1 = k_2 = \cdots = k_s = 0$。

例 3-10　对于单个向量 $\boldsymbol{\alpha}$，①若 $\boldsymbol{\alpha} = \boldsymbol{0}$，则 $\boldsymbol{\alpha}$ 线性相关；②若 $\boldsymbol{\alpha} \neq \boldsymbol{0}$，则 $\boldsymbol{\alpha}$ 线性无关。

证明　(1) 若 $\boldsymbol{\alpha} = \boldsymbol{0}$，则 $5\boldsymbol{\alpha} = 5\boldsymbol{0} = \boldsymbol{0}$，故 $\boldsymbol{\alpha}$ 线性相关。

(2) 若 $\boldsymbol{\alpha} \neq \boldsymbol{0}$，设 $k\boldsymbol{\alpha} = \boldsymbol{0}$，而 $\boldsymbol{\alpha} \neq \boldsymbol{0}$，则必有 $k = 0$，因此 $\boldsymbol{\alpha}$ 线性无关。

例 3-11　证明：单位向量组

$$\boldsymbol{\varepsilon}_1 = \begin{bmatrix} 1 \\ 0 \\ \vdots \\ 0 \end{bmatrix},\quad \boldsymbol{\varepsilon}_2 = \begin{bmatrix} 0 \\ 1 \\ \vdots \\ 0 \end{bmatrix},\quad \cdots,\quad \boldsymbol{\varepsilon}_n = \begin{bmatrix} 0 \\ 0 \\ \vdots \\ 1 \end{bmatrix}$$

线性无关。

证明　若 $k_1\boldsymbol{\varepsilon}_1 + k_2\boldsymbol{\varepsilon}_2 + \cdots + k_n\boldsymbol{\varepsilon}_n = \boldsymbol{0}$，即

$$k_1\begin{bmatrix} 1 \\ 0 \\ \vdots \\ 0 \end{bmatrix} + k_2\begin{bmatrix} 0 \\ 1 \\ \vdots \\ 0 \end{bmatrix} + \cdots + k_n\begin{bmatrix} 0 \\ 0 \\ \vdots \\ 1 \end{bmatrix} = \begin{bmatrix} k_1 \\ k_2 \\ \vdots \\ k_n \end{bmatrix} = \begin{bmatrix} 0 \\ 0 \\ \vdots \\ 0 \end{bmatrix}$$

则 $k_1 = k_2 = \cdots = k_n = 0$，因此 $\boldsymbol{\varepsilon}_1, \boldsymbol{\varepsilon}_2, \cdots, \boldsymbol{\varepsilon}_n$ 线性无关。

例 3-12 证明：若向量$\boldsymbol{\alpha},\boldsymbol{\beta},\boldsymbol{\gamma}$线性无关，则向量$\boldsymbol{\alpha}+\boldsymbol{\beta},\boldsymbol{\beta}+\boldsymbol{\gamma},\boldsymbol{\gamma}+\boldsymbol{\alpha}$也线性无关。

证明 若$k_1(\boldsymbol{\alpha}+\boldsymbol{\beta})+k_2(\boldsymbol{\beta}+\boldsymbol{\gamma})+k_3(\boldsymbol{\gamma}+\boldsymbol{\alpha})=\mathbf{0}$，则

$$(k_1+k_3)\boldsymbol{\alpha}+(k_1+k_2)\boldsymbol{\beta}+(k_2+k_3)\boldsymbol{\gamma}=\mathbf{0}$$

由于$\boldsymbol{\alpha},\boldsymbol{\beta},\boldsymbol{\gamma}$线性无关，所以

$$\begin{cases}k_1+k_3=0\\k_1+k_2=0\\k_2+k_3=0\end{cases}$$

又因该方程组系数行列式$\begin{vmatrix}1&0&1\\1&1&0\\0&1&1\end{vmatrix}=\begin{vmatrix}1&0&1\\0&1&-1\\0&1&1\end{vmatrix}=\begin{vmatrix}1&0&1\\0&1&-1\\0&0&2\end{vmatrix}=2\neq0$，所以该方程组只有零解，即$k_1=k_2=k_3=0$，因此向量组$\boldsymbol{\alpha}+\boldsymbol{\beta},\boldsymbol{\beta}+\boldsymbol{\gamma},\boldsymbol{\gamma}+\boldsymbol{\alpha}$线性无关。

定理 3-5 设$\boldsymbol{\alpha}_1=\begin{bmatrix}a_{11}\\a_{21}\\\vdots\\a_{n1}\end{bmatrix},\boldsymbol{\alpha}_2=\begin{bmatrix}a_{12}\\a_{22}\\\vdots\\a_{n2}\end{bmatrix},\cdots,\boldsymbol{\alpha}_s=\begin{bmatrix}a_{1s}\\a_{2s}\\\vdots\\a_{ns}\end{bmatrix}$，则

(1) $\boldsymbol{\alpha}_1,\boldsymbol{\alpha}_2,\cdots,\boldsymbol{\alpha}_s$线性相关的充分必要条件是$r(\boldsymbol{\alpha}_1\ \boldsymbol{\alpha}_2\cdots\boldsymbol{\alpha}_s)<s$；

(2) $\boldsymbol{\alpha}_1,\boldsymbol{\alpha}_2,\cdots,\boldsymbol{\alpha}_s$线性无关的充分必要条件是$r(\boldsymbol{\alpha}_1\ \boldsymbol{\alpha}_2\cdots\boldsymbol{\alpha}_s)=s$。

证明 (1) 向量组$\boldsymbol{\alpha}_1,\boldsymbol{\alpha}_2,\cdots,\boldsymbol{\alpha}_s$线性相关的充分必要条件是齐次线性方程组(3-7)有非零解，据定理 3-2 知，方程组(3-7)有非零解的充分必要条件是其系数矩阵的秩小于其列数，即

$$r(\boldsymbol{\alpha}_1\ \boldsymbol{\alpha}_2\cdots\boldsymbol{\alpha}_s)<s$$

(2) 向量组$\boldsymbol{\alpha}_1,\boldsymbol{\alpha}_2,\cdots,\boldsymbol{\alpha}_s$线性无关的充分必要条件是齐次线性方程组(3-7)只有零解，据定理 3-2 知，方程组(3-7)只有零解的充分必要条件是其系数矩阵的秩等于其列数，即$r(\boldsymbol{\alpha}_1\ \boldsymbol{\alpha}_2\cdots\boldsymbol{\alpha}_s)=s$。

推论 1 当$s=n$时，有

(1) $\boldsymbol{\alpha}_1,\boldsymbol{\alpha}_2,\cdots,\boldsymbol{\alpha}_n$线性相关$\Leftrightarrow$行列式$|\boldsymbol{\alpha}_1\ \boldsymbol{\alpha}_2\ \cdots\ \boldsymbol{\alpha}_n|=0$；

(2) $\boldsymbol{\alpha}_1,\boldsymbol{\alpha}_2,\cdots,\boldsymbol{\alpha}_n$线性无关$\Leftrightarrow$行列式$|\boldsymbol{\alpha}_1\ \boldsymbol{\alpha}_2\ \cdots\ \boldsymbol{\alpha}_n|\neq0$。

推论 2 当$s>n$时，即向量组中向量个数大于向量维数时，则这个向量组$\boldsymbol{\alpha}_1,\boldsymbol{\alpha}_2,\cdots,\boldsymbol{\alpha}_s$线性相关。

[注] 由于行向量与列向量只是写法上不同，本质是完全相同的。因此向量组$\boldsymbol{\alpha}_1,\boldsymbol{\alpha}_2,\cdots,\boldsymbol{\alpha}_s$与向量组$\boldsymbol{\alpha}_1^{\mathrm{T}},\boldsymbol{\alpha}_2^{\mathrm{T}},\cdots,\boldsymbol{\alpha}_s^{\mathrm{T}}$的线性关系完全相同。即若$\boldsymbol{\alpha}_1,\boldsymbol{\alpha}_2,\cdots,\boldsymbol{\alpha}_s$线性相关，则$\boldsymbol{\alpha}_1^{\mathrm{T}},\boldsymbol{\alpha}_2^{\mathrm{T}},\cdots,\boldsymbol{\alpha}_s^{\mathrm{T}}$也线性相关；若$\boldsymbol{\alpha}_1,\boldsymbol{\alpha}_2,\cdots,\boldsymbol{\alpha}_s$线性无关，则$\boldsymbol{\alpha}_1^{\mathrm{T}},\boldsymbol{\alpha}_2^{\mathrm{T}},\cdots,\boldsymbol{\alpha}_s^{\mathrm{T}}$也线性无关；并且它们之间的线性组合关系也相同。

例 3-13 判断下列向量组的线性相关性：

(1) $\boldsymbol{\alpha}_1=(1,0,1)$，$\boldsymbol{\alpha}_2=(1,2,2)$，$\boldsymbol{\alpha}_3=(1,2,4)$

(2) $\boldsymbol{\alpha}_1=(3,5,1)$，$\boldsymbol{\alpha}_2=(1,0,4)$，$\boldsymbol{\alpha}_3=(5,-7,-6)$，$\boldsymbol{\alpha}_4=(1,2,0)$

(3) $\boldsymbol{\alpha}_1=(1,4,1,-1)$，$\boldsymbol{\alpha}_2=(1,0,2,3)$，$\boldsymbol{\alpha}_3=(2,8,2,-2)$

解

(1) 方法一：因 $(\boldsymbol{\alpha}_1^{\mathrm T}\ \boldsymbol{\alpha}_2^{\mathrm T}\ \boldsymbol{\alpha}_3^{\mathrm T})=\begin{bmatrix}1&1&1\\0&2&2\\1&2&4\end{bmatrix}\to\begin{bmatrix}1&1&1\\0&1&1\\0&1&3\end{bmatrix}\to\begin{bmatrix}1&1&1\\0&1&1\\0&0&2\end{bmatrix}$，

则 $r(\boldsymbol{\alpha}_1^{\mathrm T}\ \boldsymbol{\alpha}_2^{\mathrm T}\ \boldsymbol{\alpha}_3^{\mathrm T})=3$，因此向量组 $\boldsymbol{\alpha}_1,\boldsymbol{\alpha}_2,\boldsymbol{\alpha}_3$ 线性无关。

方法二：由于 $\left|\boldsymbol{\alpha}_1^{\mathrm T}\ \boldsymbol{\alpha}_2^{\mathrm T}\ \boldsymbol{\alpha}_3^{\mathrm T}\right|=\begin{vmatrix}1&1&1\\0&2&2\\1&2&4\end{vmatrix}=\begin{vmatrix}1&1&1\\0&1&1\\0&1&3\end{vmatrix}=\begin{vmatrix}1&1&1\\0&1&1\\0&0&2\end{vmatrix}=2\neq0$ ，故向量组 $\boldsymbol{\alpha}_1,\boldsymbol{\alpha}_2,\boldsymbol{\alpha}_3$ 线性无关。

(2) 由于向量组中的向量个数大于向量维数，所以 $\boldsymbol{\alpha}_1,\boldsymbol{\alpha}_2,\boldsymbol{\alpha}_3,\boldsymbol{\alpha}_4$ 线性相关。

(3) 因 $(\boldsymbol{\alpha}_1^{\mathrm T}\ \boldsymbol{\alpha}_2^{\mathrm T}\ \boldsymbol{\alpha}_3^{\mathrm T})=\begin{bmatrix}1&1&2\\4&0&8\\1&2&2\\-1&3&-2\end{bmatrix}\to\begin{bmatrix}1&1&2\\0&-4&0\\0&1&0\\0&4&0\end{bmatrix}\to\begin{bmatrix}1&1&2\\0&1&0\\0&0&0\\0&0&0\end{bmatrix}$，

则 $r(\boldsymbol{\alpha}_1^{\mathrm T}\ \boldsymbol{\alpha}_2^{\mathrm T}\ \boldsymbol{\alpha}_3^{\mathrm T})=2<3=s$，所以 $\boldsymbol{\alpha}_1,\boldsymbol{\alpha}_2,\boldsymbol{\alpha}_3$ 线性相关。

3. 线性相关性的基本理论

定理 3-6　向量组 $\boldsymbol{\alpha}_1,\boldsymbol{\alpha}_2,\cdots,\boldsymbol{\alpha}_s\ (s\geqslant2)$ 线性相关的充分必要条件是其中至少有一个向量可由其余 $s-1$ 个向量线性表示。

证明　必要性：若 $\boldsymbol{\alpha}_1,\boldsymbol{\alpha}_2,\cdots,\boldsymbol{\alpha}_s$ 线性相关，则存在不全为 0 的 $k_1,k_2,\cdots,k_s$，使得

$$k_1\boldsymbol{\alpha}_1+k_2\boldsymbol{\alpha}_2+\cdots+k_s\boldsymbol{\alpha}_s=\mathbf{0}$$

不妨设 $k_1\neq0$，则有

$$\boldsymbol{\alpha}_1=\left(-\frac{k_2}{k_1}\right)\boldsymbol{\alpha}_2+\cdots+\left(-\frac{k_s}{k_1}\right)\boldsymbol{\alpha}_s$$

充分性：不妨设 $\boldsymbol{\alpha}_1=k_2\boldsymbol{\alpha}_2+\cdots+k_s\boldsymbol{\alpha}_s$，则有

$$(-1)\boldsymbol{\alpha}_1+k_2\boldsymbol{\alpha}_2+\cdots+k_s\boldsymbol{\alpha}_s=\mathbf{0}$$

因为 $-1,k_2,\cdots,k_s$ 不全为 0，所以 $\boldsymbol{\alpha}_1,\boldsymbol{\alpha}_2,\cdots,\boldsymbol{\alpha}_s$ 线性相关。

定理 3-7　若向量组 $\boldsymbol{\alpha}_1,\boldsymbol{\alpha}_2,\cdots,\boldsymbol{\alpha}_s$ 线性无关，$\boldsymbol{\alpha}_1,\boldsymbol{\alpha}_2,\cdots,\boldsymbol{\alpha}_s,\boldsymbol{\beta}$ 线性相关，则 $\boldsymbol{\beta}$ 可由 $\boldsymbol{\alpha}_1,\boldsymbol{\alpha}_2,\cdots,\boldsymbol{\alpha}_s$ 线性表示，且表示式唯一。

证明　因为 $\boldsymbol{\alpha}_1,\boldsymbol{\alpha}_2,\cdots,\boldsymbol{\alpha}_s,\boldsymbol{\beta}$ 线性相关，所以存在不全为 0 的 $k_1,k_2,\cdots,k_s,k_{s+1}$，使得 $k_1\boldsymbol{\alpha}_1+k_2\boldsymbol{\alpha}_2+\cdots+k_s\boldsymbol{\alpha}_s+k_{s+1}\boldsymbol{\beta}=\mathbf{0}$。

若 $k_{s+1}=0$，则有

$$k_1\boldsymbol{\alpha}_1+k_2\boldsymbol{\alpha}_2+\cdots+k_s\boldsymbol{\alpha}_s=\mathbf{0}$$

由于 $\boldsymbol{\alpha}_1,\boldsymbol{\alpha}_2,\cdots,\boldsymbol{\alpha}_s$ 线性无关，故 $k_1=k_2=\cdots=k_s=0$；此与 $k_1,k_2,\cdots,k_s,k_{s+1}$ 不全为 0 矛盾，故 $k_{s+1}\neq0$，从而有

$$\boldsymbol{\beta}=\left(-\frac{k_1}{k_{s+1}}\right)\boldsymbol{\alpha}_1+\left(-\frac{k_2}{k_{s+1}}\right)\boldsymbol{\alpha}_2+\cdots+\left(-\frac{k_s}{k_{s+1}}\right)\boldsymbol{\alpha}_s$$

下面证明表示式唯一：

若 $\boldsymbol{\beta}=k_1\boldsymbol{\alpha}_1+k_2\boldsymbol{\alpha}_2+\cdots+k_s\boldsymbol{\alpha}_s$，$\boldsymbol{\beta}=l_1\boldsymbol{\alpha}_1+l_2\boldsymbol{\alpha}_2+\cdots+l_s\boldsymbol{\alpha}_s$，两式相减，则有

$(k_1-l_1)\boldsymbol{\alpha}_1+(k_2-l_2)\boldsymbol{\alpha}_2+\cdots+(k_s-l_s)\boldsymbol{\alpha}_s=\mathbf{0}$。

因为 $\boldsymbol{\alpha}_1,\boldsymbol{\alpha}_2,\cdots,\boldsymbol{\alpha}_s$ 线性无关，所以 $k_1-l_1=0,k_2-l_2=0,\cdots,k_s-l_s=0$，于是 $k_1=l_1,k_2=l_2,\cdots,k_s=l_s$，即 $\boldsymbol{\beta}$ 的表示式唯一。

定理 3-8 若 $\boldsymbol{\alpha}_1,\cdots,\boldsymbol{\alpha}_r$ 线性相关，则 $\boldsymbol{\alpha}_1,\cdots,\boldsymbol{\alpha}_r,\boldsymbol{\alpha}_{r+1},\cdots,\boldsymbol{\alpha}_s\ (s>r)$ 也线性相关。

证明 因为 $\boldsymbol{\alpha}_1,\cdots,\boldsymbol{\alpha}_r$ 线性相关，所以存在不全为 0 的数 $k_1,\cdots,k_r$，使得 $k_1\boldsymbol{\alpha}_1+\cdots+k_r\boldsymbol{\alpha}_r=\mathbf{0}$。

从而

$$k_1\boldsymbol{\alpha}_1+\cdots+k_r\boldsymbol{\alpha}_r+0\boldsymbol{\alpha}_{r+1}+\cdots+0\boldsymbol{\alpha}_s=\mathbf{0}$$

由于 $k_1,\cdots,k_r,0,\cdots,0$ 不全为 0，故 $\boldsymbol{\alpha}_1,\cdots,\boldsymbol{\alpha}_r,\boldsymbol{\alpha}_{r+1},\cdots,\boldsymbol{\alpha}_s$ 线性相关。

推论 1 含零向量的向量组线性相关。

推论 2 线性无关向量组中的任意一部分向量线性无关。

3.4 向量组的秩与极大线性无关组

定义 3-5 设 $\boldsymbol{T}$ 为一向量组，若

(1) 在 $\boldsymbol{T}$ 中有 r 个向量 $\boldsymbol{\alpha}_1,\boldsymbol{\alpha}_2,\cdots,\boldsymbol{\alpha}_r$ 线性无关；

(2) 在 $\boldsymbol{T}$ 中任意多于 r 个(如果有的话)向量线性相关。

则称 $\boldsymbol{\alpha}_1,\boldsymbol{\alpha}_2,\cdots,\boldsymbol{\alpha}_r$ 为向量组 $\boldsymbol{T}$ 的一个极大线性无关组。

[注]

(1) 定义 3-5 中的(2) $\Leftrightarrow$ 对于任意 $\boldsymbol{\alpha}\in\boldsymbol{T}$，$\boldsymbol{\alpha}$ 都可由向量组 $\boldsymbol{\alpha}_1,\boldsymbol{\alpha}_2,\cdots,\boldsymbol{\alpha}_r$ 线性表示。

(2) 向量组的极大线性无关组并不唯一，但极大线性无关组中所含向量个数是唯一的。

(3) 向量组恒与其极大线性无关组等价。

例如，设 $\boldsymbol{\alpha}_1=\begin{bmatrix}1\\0\end{bmatrix}$，$\boldsymbol{\alpha}_2=\begin{bmatrix}0\\1\end{bmatrix}$，$\boldsymbol{\alpha}_3=\begin{bmatrix}1\\1\end{bmatrix}$，$\boldsymbol{\alpha}_4=\begin{bmatrix}2\\2\end{bmatrix}$。由于 $\boldsymbol{\alpha}_1,\boldsymbol{\alpha}_2$ 是单位向量组，所以 $\boldsymbol{\alpha}_1,\boldsymbol{\alpha}_2$ 线性无关；而任意多于两个向量的二维向量组都线性相关，所以 $\boldsymbol{\alpha}_1,\boldsymbol{\alpha}_2$ 是 $\boldsymbol{\alpha}_1,\boldsymbol{\alpha}_2,\boldsymbol{\alpha}_3,\boldsymbol{\alpha}_4$ 的一个极大线性无关组。不难证明 $\boldsymbol{\alpha}_1,\boldsymbol{\alpha}_3$；$\boldsymbol{\alpha}_2,\boldsymbol{\alpha}_4$ 都是 $\boldsymbol{\alpha}_1,\boldsymbol{\alpha}_2,\boldsymbol{\alpha}_3,\boldsymbol{\alpha}_4$ 的极大线性无关组。

定义 3-6 向量组的极大线性无关组中所含向量个数称为该向量组的秩，向量组 $\boldsymbol{\alpha}_1,\boldsymbol{\alpha}_2,\cdots,\boldsymbol{\alpha}_s$ 的秩记作 $r(\boldsymbol{\alpha}_1,\boldsymbol{\alpha}_2,\cdots,\boldsymbol{\alpha}_s)$。

[注]

(1) 若向量组中的向量都是零向量，则规定它的秩为 0。

(2) 若 $r(\boldsymbol{T})=r$，则向量组 $\boldsymbol{T}$ 中任意 r 个线性无关的向量都是 $\boldsymbol{T}$ 的一个极大线性无关组。

定理 3-9 将 $m\times n$ 矩阵 $\boldsymbol{A}$ 按行或按列分块：

$$\boldsymbol{A}=\begin{bmatrix}a_{11}&a_{12}&\cdots&a_{1n}\\a_{21}&a_{22}&\cdots&a_{2n}\\\vdots&\vdots&\ddots&\vdots\\a_{m1}&a_{m2}&\cdots&a_{mn}\end{bmatrix}=\begin{bmatrix}\boldsymbol{\alpha}_1\\\boldsymbol{\alpha}_2\\\vdots\\\boldsymbol{\alpha}_m\end{bmatrix}=(\boldsymbol{\beta}_1,\boldsymbol{\beta}_2,\cdots,\boldsymbol{\beta}_n)$$

则矩阵 $\boldsymbol{A}$ 的秩= $\boldsymbol{A}$ 的行向量组 $\boldsymbol{\alpha}_1,\boldsymbol{\alpha}_2,\cdots,\boldsymbol{\alpha}_m$ 的秩= $\boldsymbol{A}$ 的列向量组 $\boldsymbol{\beta}_1,\boldsymbol{\beta}_2,\cdots,\boldsymbol{\beta}_n$ 的秩，即

$$r(\boldsymbol{A})=r(\boldsymbol{\alpha}_1,\boldsymbol{\alpha}_2,\cdots,\boldsymbol{\alpha}_m)=r(\boldsymbol{\beta}_1,\boldsymbol{\beta}_2,\cdots,\boldsymbol{\beta}_n) \tag{3-9}$$

证明略。

定理 3-10　若矩阵 $\boldsymbol{A}$ 经过若干次初等行变换变成矩阵 $\boldsymbol{B}$，则 $\boldsymbol{A}$ 的列向量组与 $\boldsymbol{B}$ 的列向量组具有完全一致的线性关系。

证明略。

例 3-14　求下列向量组的一个极大线性无关组，并把其余向量用该极大线性无关组线性表示：

(1) $\boldsymbol{\alpha}_1=(1,2,1,3),\ \boldsymbol{\alpha}_2=(4,-1,-5,-6),\ \boldsymbol{\alpha}_3=(-1,-3,-4,-7),\ \boldsymbol{\alpha}_4=(2,1,2,3)$

(2) $\boldsymbol{\alpha}_1=(1,-1,2,4),\ \boldsymbol{\alpha}_2=(0,3,1,2),\ \boldsymbol{\alpha}_3=(3,0,7,14),\ \boldsymbol{\alpha}_4=(1,-2,2,0),\ \boldsymbol{\alpha}_5=(2,1,5,10)$

解

(1) 由 $\boldsymbol{A}=(\boldsymbol{\alpha}_1^{\mathrm{T}},\boldsymbol{\alpha}_2^{\mathrm{T}},\boldsymbol{\alpha}_3^{\mathrm{T}},\boldsymbol{\alpha}_4^{\mathrm{T}})=\begin{bmatrix}1&4&-1&2\\2&-1&-3&1\\1&-5&-4&2\\3&-6&-7&3\end{bmatrix}\to\begin{bmatrix}1&4&-1&2\\0&-9&-1&-3\\0&-9&-3&0\\0&-18&-4&-3\end{bmatrix}$

$$\to\begin{bmatrix}1&4&-1&2\\0&9&1&3\\0&0&-2&3\\0&0&-2&3\end{bmatrix}\to\begin{bmatrix}1&4&-1&2\\0&9&1&3\\0&0&-2&3\\0&0&0&0\end{bmatrix}\to\begin{bmatrix}1&4&0&\frac{1}{2}\\0&9&0&\frac{9}{2}\\0&0&1&-\frac{3}{2}\\0&0&0&0\end{bmatrix}\to\begin{bmatrix}1&0&0&-\frac{3}{2}\\0&1&0&\frac{1}{2}\\0&0&1&-\frac{3}{2}\\0&0&0&0\end{bmatrix}=\boldsymbol{B}$$

得 $\boldsymbol{B}$ 的列向量组的秩等于 3，于是 $\boldsymbol{B}$ 中任意 3 个线性无关的列向量都是 $\boldsymbol{B}$ 的列向量组的极大线性无关组，而 $\boldsymbol{B}$ 的前 3 列向量线性无关，所以 $\boldsymbol{B}$ 的前 3 列就是 $\boldsymbol{B}$ 的列向量组的一个极大线性无关组，且 $\boldsymbol{B}$ 的第 4 列可由前 3 列表示为

$$\begin{bmatrix}-\frac{3}{2}\\\frac{1}{2}\\-\frac{3}{2}\\0\end{bmatrix}=-\frac{3}{2}\begin{bmatrix}1\\0\\0\\0\end{bmatrix}+\frac{1}{2}\begin{bmatrix}0\\1\\0\\0\end{bmatrix}-\frac{3}{2}\begin{bmatrix}0\\0\\1\\0\end{bmatrix}$$

由定理 3-10 知，$\boldsymbol{A}$ 的列向量组与 $\boldsymbol{B}$ 的列向量组具有完全一致的线性关系，于是 $\boldsymbol{\alpha}_1,\boldsymbol{\alpha}_2,\boldsymbol{\alpha}_3$ 是 $\boldsymbol{\alpha}_1,\boldsymbol{\alpha}_2,\boldsymbol{\alpha}_3,\boldsymbol{\alpha}_4$ 的一个极大线性无关组，且

$$\boldsymbol{\alpha}_4=-\frac{3}{2}\boldsymbol{\alpha}_1+\frac{1}{2}\boldsymbol{\alpha}_2-\frac{3}{2}\boldsymbol{\alpha}_3$$

(2) $(\boldsymbol{\alpha}_1^{\mathrm{T}},\boldsymbol{\alpha}_2^{\mathrm{T}},\boldsymbol{\alpha}_3^{\mathrm{T}},\boldsymbol{\alpha}_4^{\mathrm{T}},\boldsymbol{\alpha}_5^{\mathrm{T}})=\begin{bmatrix}1&0&3&1&2\\-1&3&0&-2&1\\2&1&7&2&5\\4&2&14&0&10\end{bmatrix}\to\begin{bmatrix}1&0&3&1&2\\0&3&3&-1&3\\0&1&1&0&1\\0&2&2&-4&2\end{bmatrix}$

$$\rightarrow\begin{bmatrix}1&0&3&1&2\\0&1&1&0&1\\0&3&3&-1&3\\0&2&2&-4&2\end{bmatrix}\rightarrow\begin{bmatrix}1&0&3&1&2\\0&1&1&0&1\\0&0&0&-1&0\\0&0&0&-4&0\end{bmatrix}\rightarrow\begin{bmatrix}1&0&3&1&2\\0&1&1&0&1\\0&0&0&1&0\\0&0&0&0&0\end{bmatrix}\rightarrow\begin{bmatrix}1&0&3&0&2\\0&1&1&0&1\\0&0&0&1&0\\0&0&0&0&0\end{bmatrix}$$

由上面最后一个矩阵列向量间的线性关系，得$\boldsymbol{\alpha}_1,\boldsymbol{\alpha}_2,\boldsymbol{\alpha}_4$是$\boldsymbol{\alpha}_1,\boldsymbol{\alpha}_2,\boldsymbol{\alpha}_3,\boldsymbol{\alpha}_4,\boldsymbol{\alpha}_5$的一个极大线性无关组，且

$$\boldsymbol{\alpha}_3=3\boldsymbol{\alpha}_1+\boldsymbol{\alpha}_2+0\boldsymbol{\alpha}_4\text{，}\quad\boldsymbol{\alpha}_5=2\boldsymbol{\alpha}_1+\boldsymbol{\alpha}_2+0\boldsymbol{\alpha}_4$$

定理 3-11 设向量组$\boldsymbol{T}_1$：$\boldsymbol{\alpha}_1=\begin{bmatrix}a_{11}\\a_{21}\\\vdots\\a_{r1}\end{bmatrix},\boldsymbol{\alpha}_2=\begin{bmatrix}a_{12}\\a_{22}\\\vdots\\a_{r2}\end{bmatrix},\cdots,\boldsymbol{\alpha}_s=\begin{bmatrix}a_{1s}\\a_{2s}\\\vdots\\a_{rs}\end{bmatrix}$

向量组$\boldsymbol{T}_2$：$\boldsymbol{\beta}_1=\begin{bmatrix}a_{11}\\a_{21}\\\vdots\\a_{r1}\\\vdots\\a_{n1}\end{bmatrix},\boldsymbol{\beta}_2=\begin{bmatrix}a_{12}\\a_{22}\\\vdots\\a_{r2}\\\vdots\\a_{n2}\end{bmatrix},\cdots,\boldsymbol{\beta}_s=\begin{bmatrix}a_{1s}\\a_{2s}\\\vdots\\a_{rs}\\\vdots\\a_{ns}\end{bmatrix}$

若向量组$\boldsymbol{T}_1$线性无关，则向量组$\boldsymbol{T}_2$也线性无关。

证明 设$\boldsymbol{A}=(\boldsymbol{\alpha}_1\ \boldsymbol{\alpha}_2\ \cdots\boldsymbol{\alpha}_s)=\begin{bmatrix}a_{11}&a_{12}&\cdots&a_{1s}\\a_{21}&a_{22}&\cdots&a_{2s}\\\vdots&\vdots&&\vdots\\a_{r1}&a_{r2}&\cdots&a_{rs}\end{bmatrix}$

$$\boldsymbol{B}=(\boldsymbol{\beta}_1\ \boldsymbol{\beta}_2\ \cdots\boldsymbol{\beta}_s)=\begin{bmatrix}a_{11}&a_{12}&\cdots&a_{1s}\\\vdots&\vdots&&\vdots\\a_{r1}&a_{r2}&\cdots&a_{rs}\\\vdots&\vdots&&\vdots\\a_{n1}&a_{n2}&\cdots&a_{ns}\end{bmatrix}$$

由向量组$\boldsymbol{T}_1$线性无关，得$r(\boldsymbol{A})=s$；又$\boldsymbol{A}$是$\boldsymbol{B}$的子矩阵，则$r(\boldsymbol{B})\geqslant r(\boldsymbol{A})=s$，从而$r(\boldsymbol{B})=s$；因此向量组$\boldsymbol{T}_2$线性无关。

定理 3-12 设向量组$\boldsymbol{T}_1=\{\boldsymbol{\alpha}_1,\boldsymbol{\alpha}_2,\cdots,\boldsymbol{\alpha}_s\}$，$\boldsymbol{T}_2=\{\boldsymbol{\beta}_1,\boldsymbol{\beta}_2,\cdots,\boldsymbol{\beta}_t\}$。若$\boldsymbol{T}_1$可由$\boldsymbol{T}_2$线性表示，且$s>t$，则向量组$\boldsymbol{T}_1$线性相关。

证明 不妨设$\boldsymbol{\alpha}_i$与$\boldsymbol{\beta}_j$都是列向量，考虑以向量$\boldsymbol{\alpha}_1,\boldsymbol{\alpha}_2,\cdots,\boldsymbol{\alpha}_s,\boldsymbol{\beta}_1,\boldsymbol{\beta}_2,\cdots,\boldsymbol{\beta}_t$为列构成的矩阵

$$\boldsymbol{A}=(\boldsymbol{\alpha}_1\ \boldsymbol{\alpha}_2\ \cdots\boldsymbol{\alpha}_s\ \boldsymbol{\beta}_1\ \boldsymbol{\beta}_2\ \cdots\boldsymbol{\beta}_t)$$

由于向量组$\boldsymbol{T}_1=\{\boldsymbol{\alpha}_1,\boldsymbol{\alpha}_2,\cdots,\boldsymbol{\alpha}_s\}$可由向量组$\boldsymbol{T}_2=\{\boldsymbol{\beta}_1,\boldsymbol{\beta}_2,\cdots,\boldsymbol{\beta}_t\}$线性表示，则经过若干次初等列变换有

$$\boldsymbol{A}\rightarrow(\boldsymbol{0}\ \boldsymbol{0}\cdots\boldsymbol{0}\ \boldsymbol{\beta}_1\ \boldsymbol{\beta}_2\ \cdots\boldsymbol{\beta}_t)$$

又$s>t$，于是$r(\boldsymbol{T}_1)\leqslant r(\boldsymbol{A})\leqslant t<s$，因此向量组$\boldsymbol{T}_1$线性相关。

推论 1　若向量组 $\boldsymbol{T}_1$ 可由 $\boldsymbol{T}_2$ 线性表示，则 $r(\boldsymbol{T}_1)\leqslant r(\boldsymbol{T}_2)$。

证明　设 $r(\boldsymbol{T}_1)=r, r(\boldsymbol{T}_2)=p$；向量组 $\boldsymbol{T}_1=\{\boldsymbol{\alpha}_1,\boldsymbol{\alpha}_2,\cdots,\boldsymbol{\alpha}_s\}$ 的极大线性无关组为 $\boldsymbol{\alpha}_{j_1},\boldsymbol{\alpha}_{j_2},\cdots,\boldsymbol{\alpha}_{j_r}$，向量组 $\boldsymbol{T}_2=\{\boldsymbol{\beta}_1,\boldsymbol{\beta}_2,\cdots,\boldsymbol{\beta}_t\}$ 的极大线性无关组为 $\boldsymbol{\beta}_{j_1},\boldsymbol{\beta}_{j_2},\cdots,\boldsymbol{\beta}_{j_p}$。由于向量组恒与其极大线性无关组等价，所以 $\boldsymbol{T}_1=\{\boldsymbol{\alpha}_1,\boldsymbol{\alpha}_2,\cdots,\boldsymbol{\alpha}_s\}$ 与 $\boldsymbol{\alpha}_{j_1},\boldsymbol{\alpha}_{j_2},\cdots,\boldsymbol{\alpha}_{j_r}$ 等价，$\boldsymbol{T}_2=\{\boldsymbol{\beta}_1,\boldsymbol{\beta}_2,\cdots,\boldsymbol{\beta}_t\}$ 与 $\boldsymbol{\beta}_{j_1},\boldsymbol{\beta}_{j_2},\cdots,\boldsymbol{\beta}_{j_p}$ 等价。因向量组 $\boldsymbol{T}_1$ 可由 $\boldsymbol{T}_2$ 线性表示，则 $\boldsymbol{\alpha}_{j_1},\boldsymbol{\alpha}_{j_2},\cdots,\boldsymbol{\alpha}_{j_r}$ 可由 $\boldsymbol{\beta}_{j_1},\boldsymbol{\beta}_{j_2},\cdots,\boldsymbol{\beta}_{j_p}$ 线性表示，又 $\boldsymbol{\alpha}_{j_1},\boldsymbol{\alpha}_{j_2},\cdots,\boldsymbol{\alpha}_{j_r}$ 线性无关，由定理 3-12 知 $r\leqslant p$，即 $r(\boldsymbol{T}_1)\leqslant r(\boldsymbol{T}_2)$。

推论 2　若向量组 $\boldsymbol{T}_1$ 与 $\boldsymbol{T}_2$ 等价，则 $r(\boldsymbol{T}_1)=r(\boldsymbol{T}_2)$。

由推论 1 显然可见。

3.5　线性方程组解的结构

非齐次线性方程组

$$\begin{cases} a_{11}x_1+a_{12}x_2+\cdots+a_{1n}x_n=b_1 \\ a_{21}x_1+a_{22}x_2+\cdots+a_{2n}x_n=b_2 \\ \cdots\cdots\cdots\cdots\cdots\cdots\cdots\cdots \\ a_{m1}x_1+a_{m2}x_2+\cdots+a_{mn}x_n=b_m \end{cases} \quad (\boldsymbol{AX}=\boldsymbol{B}) \tag{3-10}$$

称方程组(3-10)所对应的齐次线性方程组为其导出组，即方程组(3-10)的导出组是

$$\begin{cases} a_{11}x_1+a_{12}x_2+\cdots+a_{1n}x_n=0 \\ a_{21}x_1+a_{22}x_2+\cdots+a_{2n}x_n=0 \\ \cdots\cdots\cdots\cdots\cdots\cdots\cdots\cdots \\ a_{m1}x_1+a_{m2}x_2+\cdots+a_{mn}x_n=0 \end{cases} \quad (\boldsymbol{AX}=\boldsymbol{0}) \tag{3-11}$$

1. 齐次线性方程组解的性质

(1) 若 $\boldsymbol{\xi}_1,\boldsymbol{\xi}_2$ 是齐次线性方程组(3-11)的两个解，则 $\boldsymbol{\xi}_1+\boldsymbol{\xi}_2$ 也是齐次线性方程组(3-11)的解。

证明　$\boldsymbol{A}(\boldsymbol{\xi}_1+\boldsymbol{\xi}_2)=\boldsymbol{A}\boldsymbol{\xi}_1+\boldsymbol{A}\boldsymbol{\xi}_2=\boldsymbol{0}$

(2) 若 $\boldsymbol{\xi}$ 是齐次线性方程组(3-11)的解，则 $k\boldsymbol{\xi}$ 也是齐次线性方程组(3-11)的解。

证明　$\boldsymbol{A}(k\boldsymbol{\xi})=k(\boldsymbol{A}\boldsymbol{\xi})=k\boldsymbol{0}=\boldsymbol{0}$

(3) 若 $\boldsymbol{\xi}_1,\boldsymbol{\xi}_2,\cdots,\boldsymbol{\xi}_s$ 都是齐次线性方程组(3-11)的解，则其线性组合 $k_1\boldsymbol{\xi}_1+k_2\boldsymbol{\xi}_2+\cdots+k_s\boldsymbol{\xi}_s$ 也是齐次线性方程组(3-11)的解。

证明　$\boldsymbol{A}(k_1\boldsymbol{\xi}_1+k_2\boldsymbol{\xi}_2+\cdots+k_s\boldsymbol{\xi}_s)=k_1(\boldsymbol{A}\boldsymbol{\xi}_1)+k_2(\boldsymbol{A}\boldsymbol{\xi}_2)+\cdots+k_s(\boldsymbol{A}\boldsymbol{\xi}_s)=\boldsymbol{0}$

2. 齐次线性方程组的基础解系和通解

定义 3-7　齐次线性方程组(3-11)的全部解向量所构成集合的极大线性无关组称为该方程组(3-11)的基础解系。

定理 3-13　对于齐次线性方程组(3-11)($\boldsymbol{AX}=\boldsymbol{0}$)，若 $r(\boldsymbol{A})=r<n$，则该方程组的基础

解系存在，且每个基础解系中恰好含有$n-r$个解。

证明 因$r(\boldsymbol{A})=r<n$，由式(3-3)知方程组(3-11)与方程组

$$\begin{cases} x_1=-b_{1,r+1}x_{r+1}-\cdots-b_{1n}x_n \\ x_2=-b_{2,r+1}x_{r+1}-\cdots-b_{2n}x_n \\ \cdots \\ x_r=-b_{r,r+1}x_{r+1}-\cdots-b_{rn}x_n \\ x_{r+1}=\quad x_{r+1} \\ \cdots \\ x_n=\quad x_n \end{cases}$$

同解。该方程组右侧未知量$x_{r+1},x_{r+2},\cdots,x_n$前面系数构成的向量组是：

$$\boldsymbol{\xi}_1=\begin{bmatrix} -b_{1,r+1} \\ -b_{2,r+1} \\ \vdots \\ -b_{r,r+1} \\ 1 \\ 0 \\ \vdots \\ 0 \end{bmatrix},\ \boldsymbol{\xi}_2=\begin{bmatrix} -b_{1,r+2} \\ -b_{2,r+2} \\ \vdots \\ -b_{r,r+2} \\ 0 \\ 1 \\ \vdots \\ 0 \end{bmatrix},\ \cdots,\ \boldsymbol{\xi}_{n-r}=\begin{bmatrix} -b_{1,n} \\ -b_{2,n} \\ \vdots \\ -b_{r,n} \\ 0 \\ 0 \\ \vdots \\ 1 \end{bmatrix}$$

由定理 3-11 知，$\boldsymbol{\xi}_1,\boldsymbol{\xi}_2,\cdots,\boldsymbol{\xi}_{n-r}$线性无关，而方程组(3-11)中的任一解均可由$\boldsymbol{\xi}_1,\boldsymbol{\xi}_2,\cdots,\boldsymbol{\xi}_{n-r}$线性表示，所以$\boldsymbol{\xi}_1,\boldsymbol{\xi}_2,\cdots,\boldsymbol{\xi}_{n-r}$就是方程组(3-11)的基础解系。

定理 3-14 如果$\boldsymbol{\xi}_1,\boldsymbol{\xi}_2,\cdots,\boldsymbol{\xi}_{n-r}$是$\boldsymbol{AX}=\boldsymbol{0}$的一个基础解系，则$\boldsymbol{AX}=\boldsymbol{0}$的通解为

$$k_1\boldsymbol{\xi}_1+k_2\boldsymbol{\xi}_2+\cdots+k_{n-r}\boldsymbol{\xi}_{n-r}$$

式中，$k_1,k_2,\cdots,k_{n-r}$为任意常数。

证明 一方面，显然$k_1\boldsymbol{\xi}_1+k_2\boldsymbol{\xi}_2+\cdots+k_{n-r}\boldsymbol{\xi}_{n-r}$是$\boldsymbol{AX}=\boldsymbol{0}$的解；另一方面，由于$\boldsymbol{\xi}_1,\boldsymbol{\xi}_2,\cdots,\boldsymbol{\xi}_{n-r}$是基础解系，所以$\boldsymbol{AX}=\boldsymbol{0}$的任一解均可由$\boldsymbol{\xi}_1,\boldsymbol{\xi}_2,\cdots,\boldsymbol{\xi}_{n-r}$线性表示。因此$k_1\boldsymbol{\xi}_1+k_2\boldsymbol{\xi}_2+\cdots+k_{n-r}\boldsymbol{\xi}_{n-r}$就是$\boldsymbol{AX}=\boldsymbol{0}$的通解。

求齐次线性方程组$\boldsymbol{AX}=\boldsymbol{0}$的基础解系的具体方法如下。

(1) 设$r(\boldsymbol{A})=r<n$，对方程组的系数矩阵$\boldsymbol{A}$做初等行变换，一直变换到矩阵的前r行中隐含一个r维单位向量组(单位向量组各列可以不相连)，而前r行下面元素全是零为止。

(2) 根据上面对矩阵$\boldsymbol{A}$的一系列初等行变换的最后一个矩阵，得方程组$\boldsymbol{AX}=\boldsymbol{0}$的同解方程组。在写同解方程组时要求与$r$维单位向量组的列所对应的变量写在方程的左端，不与单位向量组的列对应的变量写在方程的右端；如果同解方程组左端变量不完全，可以通过$x_k=x_k$方式补齐，但要求方程组左端变量顺序是$(x_1,x_2,\cdots,x_n)^{\mathrm{T}}$。

(3) 这样所得的同解方程组右端未知量的系数所构成的向量组就是该齐次线性方程组的基础解系。

例 3-15 利用基础解系表示下列齐次线性方程组的通解：

(1) $\begin{cases} x_1+2x_2+3x_3+4x_4=0 \\ 2x_1+3x_2+4x_3+5x_4=0 \\ 3x_1+4x_2+5x_3+6x_4=0 \\ 4x_1+5x_2+6x_3+7x_4=0 \end{cases}$　　(2) $\begin{cases} x_1+2x_2+2x_3 \quad\quad =0 \\ x_1+3x_2+4x_3-2x_4=0 \\ x_1+\ x_2+ \quad\quad 2x_4=0 \end{cases}$

解

(1) 由 $\boldsymbol{A}=\begin{bmatrix} 1 & 2 & 3 & 4 \\ 2 & 3 & 4 & 5 \\ 3 & 4 & 5 & 6 \\ 4 & 5 & 6 & 7 \end{bmatrix}\to\begin{bmatrix} 1 & 2 & 3 & 4 \\ 0 & -1 & -2 & -3 \\ 0 & -2 & -4 & -6 \\ 0 & -3 & -6 & -9 \end{bmatrix}\to\begin{bmatrix} 1 & 2 & 3 & 4 \\ 0 & 1 & 2 & 3 \\ 0 & 0 & 0 & 0 \\ 0 & 0 & 0 & 0 \end{bmatrix}\to\begin{bmatrix} 1 & 0 & -1 & -2 \\ 0 & 1 & 2 & 3 \\ 0 & 0 & 0 & 0 \\ 0 & 0 & 0 & 0 \end{bmatrix}$

得同解方程组 $\begin{cases} x_1= \ \ x_3+2x_4 \\ x_2=-2x_3-3x_4 \end{cases}$

即 $\begin{cases} x_1= \ \ x_3+2x_4 \\ x_2=-2x_3-3x_4 \\ x_3= \ \ x_3 \\ x_4= \quad\quad x_4 \end{cases}$

该方程组右端未知量前面系数构成的向量组即为所求的基础解系：

$$\boldsymbol{\xi}_1=\begin{bmatrix} 1 \\ -2 \\ 1 \\ 0 \end{bmatrix},\boldsymbol{\xi}_2=\begin{bmatrix} 2 \\ -3 \\ 0 \\ 1 \end{bmatrix}$$

于是该方程组的通解是：

$$\boldsymbol{\xi}=k_1\boldsymbol{\xi}_1+k_2\boldsymbol{\xi}_2 \ \ (k_1,k_2\text{为任意常数})$$

(2) 由 $\boldsymbol{A}=\begin{bmatrix} 1 & 2 & 2 & 0 \\ 1 & 3 & 4 & -2 \\ 1 & 1 & 0 & 2 \end{bmatrix}\to\begin{bmatrix} 1 & 2 & 2 & 0 \\ 0 & 1 & 2 & -2 \\ 0 & -1 & -2 & 2 \end{bmatrix}$

$\to\begin{bmatrix} 1 & 2 & 2 & 0 \\ 0 & 1 & 2 & -2 \\ 0 & 0 & 0 & 0 \end{bmatrix}\to\begin{bmatrix} 1 & 0 & -2 & 4 \\ 0 & 1 & 2 & -2 \\ 0 & 0 & 0 & 0 \end{bmatrix}$

得同解方程组为 $\begin{cases} x_1= \ \ 2x_3-4x_4 \\ x_2=-2x_3+2x_4 \\ x_3= \ \ x_3 \\ x_4= \quad\quad x_4 \end{cases}$

于是基础解系是：

$$\boldsymbol{\xi}_1=\begin{bmatrix} 2 \\ -2 \\ 1 \\ 0 \end{bmatrix}，\ \boldsymbol{\xi}_2=\begin{bmatrix} -4 \\ 2 \\ 0 \\ 1 \end{bmatrix}$$

通解是：

$$\xi = k_1\xi_1 + k_2\xi_2 \quad (k_1, k_2\text{为任意常数})$$

3. 非齐次线性方程组解的性质

(1) 若$\boldsymbol{\eta}$是齐次线性方程组(3-10)的解，$\boldsymbol{\xi}$是齐次线性方程组(3-11)的解，则$\boldsymbol{\xi}+\boldsymbol{\eta}$是齐次线性方程组(3-10)的解。

证明 $A(\boldsymbol{\xi}+\boldsymbol{\eta}) = A\boldsymbol{\xi} + A\boldsymbol{\eta} = \mathbf{0} + \boldsymbol{B} = \boldsymbol{B}$

(2) 若$\boldsymbol{\eta}_1, \boldsymbol{\eta}_2$是齐次线性方程组(3-10)的两个解，则$\boldsymbol{\eta}_1 - \boldsymbol{\eta}_2$是齐次线性方程组(3-11)的解。

证明 $A(\boldsymbol{\eta}_1 - \boldsymbol{\eta}_2) = A\boldsymbol{\eta}_1 - A\boldsymbol{\eta}_2 = \boldsymbol{B} - \boldsymbol{B} = \mathbf{0}$

定理 3-15 如果$\boldsymbol{\xi}_1, \boldsymbol{\xi}_2, \cdots, \boldsymbol{\xi}_{n-r}$是$\boldsymbol{AX} = \mathbf{0}$的一个基础解系，$\boldsymbol{\eta}_0$是$\boldsymbol{AX} = \boldsymbol{B}$的一个解，则$\boldsymbol{AX} = \boldsymbol{B}$的通解为

$$k_1\boldsymbol{\xi}_1 + k_2\boldsymbol{\xi}_2 + \cdots + k_{n-r}\boldsymbol{\xi}_{n-r} + \boldsymbol{\eta}_0$$

式中，$k_1, k_2, \cdots, k_{n-r}$为任意常数。

证明 一方面，因

$$A(k_1\boldsymbol{\xi}_1 + k_2\boldsymbol{\xi}_2 + \cdots + k_{n-r}\boldsymbol{\xi}_{n-r} + \boldsymbol{\eta}_0) = k_1A\boldsymbol{\xi}_1 + k_2A\boldsymbol{\xi}_2 + \cdots + k_{n-r}A\boldsymbol{\xi}_{n-r} + A\boldsymbol{\eta} = \boldsymbol{B}$$

故$k_1\boldsymbol{\xi}_1 + k_2\boldsymbol{\xi}_2 + \cdots + k_{n-r}\boldsymbol{\xi}_{n-r} + \boldsymbol{\eta}_0$是$\boldsymbol{AX} = \boldsymbol{B}$的解。

另一方面，对$\boldsymbol{AX} = \boldsymbol{B}$的任一解$\boldsymbol{\eta}$，则$\boldsymbol{\eta} - \boldsymbol{\eta}_0$是$\boldsymbol{AX} = \mathbf{0}$的解。而

$$k_1\boldsymbol{\xi}_1 + k_2\boldsymbol{\xi}_2 + \cdots + k_{n-r}\boldsymbol{\xi}_{n-r}$$

是$\boldsymbol{AX} = \mathbf{0}$的通解，所以

$$\boldsymbol{\eta} - \boldsymbol{\eta}_0 = k_1\boldsymbol{\xi}_1 + k_2\boldsymbol{\xi}_2 + \cdots + k_{n-r}\boldsymbol{\xi}_{n-r}$$

求非齐次线性方程组$\boldsymbol{AX} = \boldsymbol{B}$通解的具体方法与求齐次线性方程组$\boldsymbol{AX} = \mathbf{0}$的基础解系的方法基本相同。

① 设$r(\overline{A}) = r(A) = r < n$，对方程组的增广矩阵$\overline{A}$做初等行变换，一直变换到矩阵的前$r$行中(除最后一列外)隐含一个$r$维单位向量组(单位向量组各列可以不相连)；而前$r$行下面元素全是零为止。

② 根据上面对矩阵$\overline{A}$的一系列初等行变换的最后一个矩阵，得方程组$\boldsymbol{AX} = \boldsymbol{B}$的同解方程组。在写同解方程组时要求与$r$维单位向量组的列所对应的变量写在方程的左端，不与单位向量组的列对应的变量写在方程的右端；如果同解方程组左端变量不完全，可以通过$x_k = x_k$方式补齐，但要求方程组左端变量顺序是$(x_1, x_2, \cdots, x_n)^{\mathrm{T}}$。注意最后一列常数项原本就在方程的右端，所以不需要移项。

③ 这样所得的同解方程组右端未知量的系数所构成的向量组就是齐次线性方程组$\boldsymbol{AX} = \mathbf{0}$的基础解系；常数项构成的向量就是方程组$\boldsymbol{AX} = \boldsymbol{B}$的特解。

例 3-16 利用基础解系表示下列非齐次线性方程组的通解：

$$(1)\ \begin{cases} x_1 + 2x_2 + 2x_3 = 5 \\ x_1 + 3x_2 + 4x_3 - 2x_4 = 6 \\ x_1 + x_2 + 2x_4 = 4 \end{cases}$$

$$(2)\ \begin{cases} x_1 - x_2 + x_3 - x_4 = 1 \\ x_1 - x_2 - x_3 + x_4 = 0 \\ 2x_1 - 2x_2 - 4x_3 + 4x_4 = -1 \end{cases}$$

(3) $\begin{cases} 2x_1 - 2x_2 + 3x_3 = 5 \\ -x_1 + x_2 - 2x_3 = 3 \\ x_1 - x_2 + x_3 = 8 \end{cases}$

解

(1) 由 $\overline{\boldsymbol{A}} = \begin{bmatrix} 1 & 2 & 2 & 0 & 5 \\ 1 & 3 & 4 & -2 & 6 \\ 1 & 1 & 0 & 2 & 4 \end{bmatrix} \to \begin{bmatrix} 1 & 2 & 2 & 0 & 5 \\ 0 & 1 & 2 & -2 & 1 \\ 0 & -1 & -2 & 2 & -1 \end{bmatrix}$

$$\to \begin{bmatrix} 1 & 2 & 2 & 0 & 5 \\ 0 & 1 & 2 & -2 & 1 \\ 0 & 0 & 0 & 0 & 0 \end{bmatrix} \to \begin{bmatrix} 1 & 0 & -2 & 4 & 3 \\ 0 & 1 & 2 & -2 & 1 \\ 0 & 0 & 0 & 0 & 0 \end{bmatrix}$$

得同解方程组 $\begin{cases} x_1 = 2x_3 - 4x_4 + 3 \\ x_2 = -2x_3 + 2x_4 + 1 \\ x_3 = x_3 \\ x_4 = x_4 \end{cases}$

其导出组的基础解系是：$\boldsymbol{\xi}_1 = \begin{bmatrix} 2 \\ -2 \\ 1 \\ 0 \end{bmatrix}$，$\boldsymbol{\xi}_2 = \begin{bmatrix} -4 \\ 2 \\ 0 \\ 1 \end{bmatrix}$；特解是：$\boldsymbol{\eta}_0 = \begin{bmatrix} 3 \\ 1 \\ 0 \\ 0 \end{bmatrix}$

于是该方程组的通解是：

$$\boldsymbol{\xi} = k_1\boldsymbol{\xi}_1 + k_2\boldsymbol{\xi}_2 + \boldsymbol{\eta}_0 \quad (k_1, k_2 \text{为任意常数})$$

(2) 由 $\overline{\boldsymbol{A}} = \begin{bmatrix} 1 & -1 & 1 & -1 & 1 \\ 1 & -1 & -1 & 1 & 0 \\ 2 & -2 & -4 & 4 & -1 \end{bmatrix} \to \begin{bmatrix} 1 & -1 & 1 & -1 & 1 \\ 0 & 0 & -2 & 2 & -1 \\ 0 & 0 & -6 & 6 & -3 \end{bmatrix}$

$$\to \begin{bmatrix} 1 & -1 & 1 & -1 & 1 \\ 0 & 0 & -2 & 2 & -1 \\ 0 & 0 & 0 & 0 & 0 \end{bmatrix} \to \begin{bmatrix} 1 & -1 & 0 & 0 & \frac{1}{2} \\ 0 & 0 & 1 & -1 & \frac{1}{2} \\ 0 & 0 & 0 & 0 & 0 \end{bmatrix}$$

得同解方程组 $\begin{cases} x_1 = x_2 + \frac{1}{2} \\ x_2 = x_2 \\ x_3 = x_4 + \frac{1}{2} \\ x_4 = x_4 \end{cases}$

其导出组基础解系是：$\boldsymbol{\xi}_1 = \begin{bmatrix} 1 \\ 1 \\ 0 \\ 0 \end{bmatrix}$，$\boldsymbol{\xi}_2 = \begin{bmatrix} 0 \\ 0 \\ 1 \\ 1 \end{bmatrix}$；特解是：$\boldsymbol{\eta}_0 = \begin{bmatrix} \frac{1}{2} \\ 0 \\ \frac{1}{2} \\ 0 \end{bmatrix}$

于是该方程组的通解是：

$$\boldsymbol{\xi}=k_1\boldsymbol{\xi}_1+k_2\boldsymbol{\xi}_2+\boldsymbol{\eta}_0 \quad (k_1,k_2\text{为任意常数})$$

(3) 对其增广矩阵进行初等行变换：

$$\overline{\boldsymbol{A}}=\begin{bmatrix}2 & -2 & 3 & 5\\ -1 & 1 & -2 & 3\\ 1 & -1 & 1 & 8\end{bmatrix}\to\begin{bmatrix}1 & -1 & 1 & 8\\ -1 & 1 & -2 & 3\\ 2 & -2 & 3 & 5\end{bmatrix}$$

$$\to\begin{bmatrix}1 & -1 & 1 & 8\\ 0 & 0 & -1 & 11\\ 0 & 0 & 1 & -11\end{bmatrix}\to\begin{bmatrix}1 & -1 & 0 & 19\\ 0 & 0 & 1 & -11\\ 0 & 0 & 0 & 0\end{bmatrix}$$

得同解方程组：

$$\begin{cases}x_1=x_2+19\\ x_2=x_2\\ x_3=\quad -11\end{cases}$$

其导出组的基础解系是：$\boldsymbol{\xi}_1=\begin{bmatrix}1\\1\\0\end{bmatrix}$；方程组的特解是：$\boldsymbol{\eta}_0=\begin{bmatrix}19\\0\\-11\end{bmatrix}$

方程组的通解是：

$$\boldsymbol{\xi}=k\boldsymbol{\xi}_1+\boldsymbol{\eta}_0$$

例 3-17 已知线性方程组

$$\begin{cases}x_1+x_2+2x_3+3x_4=1\\ x_1+3x_2+6x_3+x_4=3\\ 3x_1-x_2-k_1x_3+15x_4=3\\ x_1-5x_2-10x_3+12x_4=k_2\end{cases}$$

当 k_1,k_2 各取何值时，方程组无解？有唯一解？有无穷多组解？在方程组有无穷多组解的情形下，试求出其通解。

解 对该方程组的增广矩阵做初等行变换：

$$\overline{\boldsymbol{A}}=\begin{bmatrix}1 & 1 & 2 & 3 & 1\\ 1 & 3 & 6 & 1 & 3\\ 3 & -1 & -k_1 & 15 & 3\\ 1 & -5 & -10 & 12 & k_2\end{bmatrix}\to\begin{bmatrix}1 & 1 & 2 & 3 & 1\\ 0 & 2 & 4 & -2 & 2\\ 0 & -4 & -k_1-6 & 6 & 0\\ 0 & -6 & -12 & 9 & k_2-1\end{bmatrix}$$

$$\to\begin{bmatrix}1 & 1 & 2 & 3 & 1\\ 0 & 1 & 2 & -1 & 1\\ 0 & 0 & -k_1+2 & 2 & 4\\ 0 & 0 & 0 & 3 & k_2+5\end{bmatrix}\to\begin{bmatrix}1 & 0 & 0 & 4 & 0\\ 0 & 1 & 2 & -1 & 1\\ 0 & 0 & -k_1+2 & 2 & 4\\ 0 & 0 & 0 & 3 & k_2+5\end{bmatrix}$$

(1) 当 $k_1 \neq 2$ 时，$r(\bar{A}) = r(A) = 4$，方程组有唯一解。

(2) 当 $k_1 = 2$ 时，对 $\bar{A}$ 继续做初等行变换：

$$\bar{A} \to \begin{bmatrix} 1 & 0 & 0 & 4 & 0 \\ 0 & 1 & 2 & -1 & 1 \\ 0 & 0 & 0 & 2 & 4 \\ 0 & 0 & 0 & 3 & k_2+5 \end{bmatrix} \to \begin{bmatrix} 1 & 0 & 0 & 0 & -8 \\ 0 & 1 & 2 & 0 & 3 \\ 0 & 0 & 0 & 1 & 2 \\ 0 & 0 & 0 & 0 & k_2-1 \end{bmatrix}$$

当 $k_1 = 2$ 且 $k_2 \neq 1$ 时，$r(\bar{A}) = 4 \neq r(A) = 3$，方程组无解；

当 $k_1 = 2$ 且 $k_2 = 1$ 时，$r(\bar{A}) = r(A) = 3 < 4$，方程组有无穷多解，其同解方程组为

$$\begin{cases} x_1 = \quad\quad\quad -8 \\ x_2 = -2x_3 + 3 \\ x_3 = \quad x_3 \\ x_4 = \quad\quad\quad 2 \end{cases}$$

得方程组的通解：

$$\boldsymbol{\xi} = k\begin{bmatrix} 0 \\ -2 \\ 1 \\ 0 \end{bmatrix} + \begin{bmatrix} -8 \\ 3 \\ 0 \\ 2 \end{bmatrix}$$

式中，k 为任意常数。

例 3-18　设有两个 4 元齐次线性方程组

(Ⅰ)$\begin{cases} x_1 + x_2 = 0 \\ x_2 - x_4 = 0 \end{cases}$；(Ⅱ)$\begin{cases} x_1 - x_2 + x_3 = 0 \\ x_2 - x_3 + x_4 = 0 \end{cases}$

(1) 求线性方程(Ⅰ)的基础解系；

(2) 试问方程组(Ⅰ)和(Ⅱ)是否有非零的公共解？若有，则求出所有的公共解；若没有，则说明理由。

解　(1) 对方程组(Ⅰ)的系数矩阵 $\boldsymbol{A}$ 做初等行变换：

$$\boldsymbol{A} = \begin{bmatrix} 1 & 1 & 0 & 0 \\ 0 & 1 & 0 & -1 \end{bmatrix} \to \begin{bmatrix} 1 & 0 & 0 & 1 \\ 0 & 1 & 0 & -1 \end{bmatrix}$$

得同解方程组

$$\begin{cases} x_1 = \quad -x_4 \\ x_2 = \quad\ \ x_4 \\ x_3 = x_3 \\ x_4 = \quad\ \ x_4 \end{cases}$$

于是得方程组(Ⅰ)的基础解系：

$$\boldsymbol{\xi}_1 = \begin{bmatrix} 0 \\ 0 \\ 1 \\ 0 \end{bmatrix}, \boldsymbol{\xi}_2 = \begin{bmatrix} -1 \\ 1 \\ 0 \\ 1 \end{bmatrix}$$

(2) 方程组(Ⅰ)和(Ⅱ)的公共解一定同时满足(Ⅰ)和(Ⅱ)，于是可通过它们的联立方程组求其公共解。

(Ⅰ)和(Ⅱ)的联立方程组为

$$\begin{cases} x_1 + x_2 \qquad\qquad = 0 \\ \qquad x_2 \qquad - x_4 = 0 \\ x_1 - x_2 + x_3 \qquad = 0 \\ \qquad x_2 - x_3 + x_4 = 0 \end{cases}$$

对联立方程组的系数矩阵 $\boldsymbol{A}$ 做初等行变换：

$$\boldsymbol{A}=\begin{bmatrix} 1 & 1 & 0 & 0 \\ 0 & 1 & 0 & -1 \\ 1 & -1 & 1 & 0 \\ 0 & 1 & -1 & 1 \end{bmatrix} \to \begin{bmatrix} 1 & 1 & 0 & 0 \\ 0 & 1 & 0 & -1 \\ 0 & -2 & 1 & 0 \\ 0 & 1 & -1 & 1 \end{bmatrix} \to \begin{bmatrix} 1 & 1 & 0 & 0 \\ 0 & 1 & 0 & -1 \\ 0 & 0 & 1 & -2 \\ 0 & 0 & -1 & 2 \end{bmatrix}$$

$$\to \begin{bmatrix} 1 & 1 & 0 & 0 \\ 0 & 1 & 0 & -1 \\ 0 & 0 & 1 & -2 \\ 0 & 0 & 0 & 0 \end{bmatrix} \to \begin{bmatrix} 1 & 0 & 0 & 1 \\ 0 & 1 & 0 & -1 \\ 0 & 0 & 1 & -2 \\ 0 & 0 & 0 & 0 \end{bmatrix}$$

得同解方程组：

$$\begin{cases} x_1 = -x_4 \\ x_2 = x_4 \\ x_3 = 2x_4 \\ x_4 = x_4 \end{cases}$$

于是得联立方程组的基础解系：

$$\boldsymbol{\xi}=\begin{bmatrix} -1 \\ 1 \\ 2 \\ 1 \end{bmatrix}$$

从而(Ⅰ)和(Ⅱ)的全部公共解为 $k\boldsymbol{\xi}$ (k 为任意常数)。

例 3-19 已知四阶方阵 $\boldsymbol{A}=(\boldsymbol{\alpha}_1,\boldsymbol{\alpha}_2,\boldsymbol{\alpha}_3,\boldsymbol{\alpha}_4)$，$\boldsymbol{\alpha}_1,\boldsymbol{\alpha}_2,\boldsymbol{\alpha}_3,\boldsymbol{\alpha}_4$ 均为四维列向量，其中 $\boldsymbol{\alpha}_2,\boldsymbol{\alpha}_3,\boldsymbol{\alpha}_4$ 线性无关，$\boldsymbol{\alpha}_1=2\boldsymbol{\alpha}_2-\boldsymbol{\alpha}_3$，如果 $\boldsymbol{\beta}=\boldsymbol{\alpha}_1+\boldsymbol{\alpha}_2+\boldsymbol{\alpha}_3+\boldsymbol{\alpha}_4$，求线性方程组 $\boldsymbol{AX}=\boldsymbol{\beta}$ 的通解。

解 由 $\boldsymbol{A}=(\boldsymbol{\alpha}_1,\boldsymbol{\alpha}_2,\boldsymbol{\alpha}_3,\boldsymbol{\alpha}_4)$，且 $\boldsymbol{\alpha}_2,\boldsymbol{\alpha}_3,\boldsymbol{\alpha}_4$ 线性无关，$\boldsymbol{\alpha}_1=2\boldsymbol{\alpha}_2-\boldsymbol{\alpha}_3$，知 $r(A)=3$；从而 $\boldsymbol{AX}=\boldsymbol{0}$ 的基础解系只含一个向量。显然 $\boldsymbol{\alpha}_1-2\boldsymbol{\alpha}_2+\boldsymbol{\alpha}_3+0\boldsymbol{\alpha}_4=\boldsymbol{0}$，即

$$(\boldsymbol{\alpha}_1,\boldsymbol{\alpha}_2,\boldsymbol{\alpha}_3,\boldsymbol{\alpha}_4)\begin{bmatrix} 1 \\ -2 \\ 1 \\ 0 \end{bmatrix}=\boldsymbol{0}$$

故向量$\begin{bmatrix}1\\-2\\1\\0\end{bmatrix}$为$\boldsymbol{AX}=\boldsymbol{0}$的一个线性无关的解，它可作为基础解系，再由

$$\boldsymbol{\beta}=\boldsymbol{\alpha}_1+\boldsymbol{\alpha}_2+\boldsymbol{\alpha}_3+\boldsymbol{\alpha}_4=(\boldsymbol{\alpha}_1,\boldsymbol{\alpha}_2,\boldsymbol{\alpha}_3,\boldsymbol{\alpha}_4)\begin{bmatrix}1\\1\\1\\1\end{bmatrix}$$

知向量$\begin{bmatrix}1\\1\\1\\1\end{bmatrix}$为$\boldsymbol{AX}=\boldsymbol{\beta}$的一个特解，于是方程组的通解为

$$k\begin{bmatrix}1\\-2\\1\\0\end{bmatrix}+\begin{bmatrix}1\\1\\1\\1\end{bmatrix}\quad(k\text{ 为任意常数})$$

例 3-20　设$\boldsymbol{A}=(\boldsymbol{\alpha}_1,\boldsymbol{\alpha}_2,\boldsymbol{\alpha}_3,\boldsymbol{\alpha}_4)$是四阶矩阵，$\boldsymbol{AX}=\boldsymbol{B}$的通解为

$$\begin{bmatrix}2\\1\\3\\6\end{bmatrix}+k\begin{bmatrix}1\\-3\\2\\0\end{bmatrix}$$

问：(1) $\boldsymbol{\alpha}_1$能否由$\boldsymbol{\alpha}_2,\boldsymbol{\alpha}_3$线性表示？(2) $\boldsymbol{\alpha}_4$能否由$\boldsymbol{\alpha}_1,\boldsymbol{\alpha}_2,\boldsymbol{\alpha}_3$线性表示？

解　(1) 由于向量$\begin{bmatrix}1\\-3\\2\\0\end{bmatrix}$是齐次方程组$\boldsymbol{AX}=\boldsymbol{0}$的基础解系，所以有

$$(\boldsymbol{\alpha}_1,\boldsymbol{\alpha}_2,\boldsymbol{\alpha}_3,\boldsymbol{\alpha}_4)\begin{bmatrix}1\\-3\\2\\0\end{bmatrix}=\boldsymbol{\alpha}_1-3\boldsymbol{\alpha}_2+2\boldsymbol{\alpha}_3=\boldsymbol{0}$$

从而$\boldsymbol{\alpha}_1=3\boldsymbol{\alpha}_2-2\boldsymbol{\alpha}_3$，于是$\boldsymbol{\alpha}_1$能由$\boldsymbol{\alpha}_2,\boldsymbol{\alpha}_3$线性表示。

(2) 由$\boldsymbol{AX}=\boldsymbol{0}$的基础解系中所含解的个数为$n-r(\boldsymbol{A})=1$，得$r(\boldsymbol{A})=3$，又$\boldsymbol{\alpha}_1$能由$\boldsymbol{\alpha}_2,\boldsymbol{\alpha}_3$线性表示，得$r(\boldsymbol{\alpha}_1,\boldsymbol{\alpha}_2,\boldsymbol{\alpha}_3)<3$，于是

$$r(\boldsymbol{A})=r(\boldsymbol{\alpha}_1,\boldsymbol{\alpha}_2,\boldsymbol{\alpha}_3,\boldsymbol{\alpha}_4)=3\neq r(\boldsymbol{\alpha}_1,\boldsymbol{\alpha}_2,\boldsymbol{\alpha}_3)<3$$

所以$\boldsymbol{\alpha}_4$不能由$\boldsymbol{\alpha}_1,\boldsymbol{\alpha}_2,\boldsymbol{\alpha}_3$线性表示。

例 3-21　证明：对于矩阵$\boldsymbol{A}_{m\times n},\boldsymbol{B}_{n\times s}$，若$\boldsymbol{AB}=\boldsymbol{O}$，则$r(\boldsymbol{A})+r(\boldsymbol{B})\leqslant n$。

证明　因$\boldsymbol{AB}=\boldsymbol{O}$，则矩阵$\boldsymbol{B}$的$s$个列向量都是齐次线性方程组$\boldsymbol{AX}=\boldsymbol{0}$的解向量。由于方程组$\boldsymbol{AX}=\boldsymbol{0}$的基础解系中所含向量的个数为$n-r(\boldsymbol{A})$，即方程组$\boldsymbol{AX}=\boldsymbol{0}$的所有解向

量集合的秩为 $n-r(\boldsymbol{A})$，而 $\boldsymbol{B}$ 的 s 个列向量只是方程组全部解向量的一部分，所以 $r(\boldsymbol{B})\leqslant n-r(\boldsymbol{A})$，即 $r(\boldsymbol{A})+r(\boldsymbol{B})\leqslant n$。

例 3-22 证明：$r(\boldsymbol{AB})\leqslant r(\boldsymbol{A}),r(\boldsymbol{AB})\leqslant r(\boldsymbol{B})$

证明 设 $\boldsymbol{A},\boldsymbol{B}$ 分别是 $m\times n$ 和 $n\times s$ 矩阵，构造齐次线性方程组

$$\boldsymbol{ABX}=\boldsymbol{0}\ (\text{I}) \qquad \boldsymbol{BX}=\boldsymbol{0}\ (\text{II})$$

并设方程组(Ⅰ)与(Ⅱ)的全部解向量的集合分别为 $\boldsymbol{T}_1$ 与 $\boldsymbol{T}_2$。由于方程组(Ⅱ)的解一定是方程组(Ⅰ)的解，即 $\boldsymbol{T}_1\supset\boldsymbol{T}_2$，则 $r(\boldsymbol{T}_1)\geqslant r(\boldsymbol{T}_2)$，于是

$$r(\boldsymbol{T}_1)=n-r(\boldsymbol{AB})\geqslant r(\boldsymbol{T}_2)=n-r(\boldsymbol{B})$$

从而 $r(\boldsymbol{AB})\leqslant r(\boldsymbol{B})$。类似可证明 $r(\boldsymbol{AB})\leqslant r(\boldsymbol{A})$。

小　　结

1. n 维向量

(1) 向量概念

行向量：$\boldsymbol{\alpha}=(a_1,a_2,\cdots,a_n)$

列向量：$\boldsymbol{\alpha}=\begin{bmatrix}a_1\\a_2\\\vdots\\a_n\end{bmatrix}$

[注] 行向量与列向量本质是完全相同的。

零向量：$\boldsymbol{0}=(0,0,\cdots,0)$

负向量：$-\boldsymbol{\alpha}=(-a_1,-a_2,\cdots,-a_n)$ 称为 $\boldsymbol{\alpha}=(a_1,a_2,\cdots,a_n)$ 的负向量。

(2) 向量的线性运算　设 $\boldsymbol{\alpha}=(a_1,a_2,\cdots,a_n),\boldsymbol{\beta}=(b_1,b_2,\cdots,b_n)$

加法：$\boldsymbol{\alpha}+\boldsymbol{\beta}=(a_1+b_1,a_2+b_2,\cdots,a_n+b_n)$

数乘：$k\boldsymbol{\alpha}=(ka_1,ka_2,\cdots,ka_n)$

规定向量减法：$\boldsymbol{\alpha}-\boldsymbol{\beta}=\boldsymbol{\alpha}+(-\boldsymbol{\beta})=(a_1-b_1,a_2-b_2,\cdots,a_n-b_n)$

(3) 向量线性运算性质：设 $\boldsymbol{\alpha}=(a_1,a_2,\cdots,a_n)$，$\boldsymbol{\beta}=(b_1,b_2,\cdots,b_n)$，$\boldsymbol{\gamma}=(c_1,c_2,\cdots,c_n)$，$k,l$ 为常数，则

① $\boldsymbol{\alpha}+\boldsymbol{\beta}=\boldsymbol{\beta}+\boldsymbol{\alpha}$　　② $(\boldsymbol{\alpha}+\boldsymbol{\beta})+\boldsymbol{\gamma}=\boldsymbol{\alpha}+(\boldsymbol{\beta}+\boldsymbol{\gamma})$

③ $\boldsymbol{\alpha}+\boldsymbol{0}=\boldsymbol{\alpha}$　　④ $\boldsymbol{\alpha}+(-\boldsymbol{\alpha})=\boldsymbol{0}$

⑤ $1\boldsymbol{\alpha}=\boldsymbol{\alpha}$　　⑥ $k(l\boldsymbol{\alpha})=(kl)\boldsymbol{\alpha}$

⑦ $k(\boldsymbol{\alpha}+\boldsymbol{\beta})=k\boldsymbol{\alpha}+k\boldsymbol{\beta}$　　⑧ $(k+l)\boldsymbol{\alpha}=k\boldsymbol{\alpha}+l\boldsymbol{\alpha}$

2. 线性组合

(1) 线性表示：对于 n 维向量 $\boldsymbol{\alpha}_1,\boldsymbol{\alpha}_2,\cdots,\boldsymbol{\alpha}_s,\boldsymbol{\beta}$，若存在常数 $k_1,k_2,\cdots,k_s$，使得

$$\boldsymbol{\beta}=k_1\boldsymbol{\alpha}_1+k_2\boldsymbol{\alpha}_2+\cdots+k_s\boldsymbol{\alpha}_s$$

则称 $\boldsymbol{\beta}$ 为 $\boldsymbol{\alpha}_1,\boldsymbol{\alpha}_2,\cdots,\boldsymbol{\alpha}_s$ 的线性组合，或称 $\boldsymbol{\beta}$ 可由 $\boldsymbol{\alpha}_1,\boldsymbol{\alpha}_2,\cdots,\boldsymbol{\alpha}_s$ 线性表示。

(2) 等价向量组：设向量组 $\boldsymbol{T}_1=\{\boldsymbol{\alpha}_1,\boldsymbol{\alpha}_2,\cdots,\boldsymbol{\alpha}_s\}$，$\boldsymbol{T}_2=\{\boldsymbol{\beta}_1,\boldsymbol{\beta}_2,\cdots,\boldsymbol{\beta}_t\}$。

① 若 $\boldsymbol{T}_1$ 中的每一个向量 $\boldsymbol{\alpha}_i$ 都可由 $\boldsymbol{T}_2$ 中的向量 $\boldsymbol{\beta}_1,\boldsymbol{\beta}_2,\cdots,\boldsymbol{\beta}_t$ 线性表示，则称向量组 $\boldsymbol{T}_1$ 可

由向量组 $\boldsymbol{T}_2$ 线性表示。

② 若 $\boldsymbol{T}_1$ 与 $\boldsymbol{T}_2$ 可以相互线性表示，则称 $\boldsymbol{T}_1$ 与 $\boldsymbol{T}_2$ 等价。

(3) 等价向量组的一些重要结论：

① 等价向量组中的向量个数可以不相同。

② 向量组的任意两个极大线性无关组等价。

③ 等价的向量组具有相同的秩，但秩相同的向量组不一定等价。

④ 任意向量组恒与其极大线性无关组等价。

3. 线性相关与线性无关

(1) 线性相关：对于 n 维向量 $\boldsymbol{\alpha}_1,\boldsymbol{\alpha}_2,\cdots,\boldsymbol{\alpha}_s$，若存在一组不全为 0 的数 $k_1,k_2,\cdots,k_s$，使得

$$k_1\boldsymbol{\alpha}_1+k_2\boldsymbol{\alpha}_2+\cdots+k_s\boldsymbol{\alpha}_s=\boldsymbol{0}$$

则称向量组 $\boldsymbol{\alpha}_1,\boldsymbol{\alpha}_2,\cdots,\boldsymbol{\alpha}_s$ 线性相关。

(2) 线性无关：对于 n 维向量组 $\boldsymbol{\alpha}_1,\boldsymbol{\alpha}_2,\cdots,\boldsymbol{\alpha}_s$，若

$$k_1\boldsymbol{\alpha}_1+k_2\boldsymbol{\alpha}_2+\cdots+k_s\boldsymbol{\alpha}_s=\boldsymbol{0}$$

则必有 $k_1=k_2=\cdots=k_s=0$，则称 $\boldsymbol{\alpha}_1,\boldsymbol{\alpha}_2,\cdots,\boldsymbol{\alpha}_s$ 线性无关。

(3) 向量线性相关的几何意义

① $\boldsymbol{\alpha}$ 线性相关 $\Leftrightarrow \boldsymbol{\alpha}=\boldsymbol{0}$。

② $\boldsymbol{\alpha},\boldsymbol{\beta}$ 线性相关 $\Leftrightarrow \boldsymbol{\alpha},\boldsymbol{\beta}$ 的分量对应成比例，或向量 $\boldsymbol{\alpha},\boldsymbol{\beta}$ 共线(平行)。

③ $\boldsymbol{\alpha},\boldsymbol{\beta},\boldsymbol{\gamma}$ 线性相关 $\Leftrightarrow$ 向量 $\boldsymbol{\alpha},\boldsymbol{\beta},\boldsymbol{\gamma}$ 共面。

4. 线性组合、线性相关、线性无关的充分必要条件

(1) 向量 $\boldsymbol{\beta}$ 可由 $\boldsymbol{\alpha}_1,\boldsymbol{\alpha}_2,\cdots,\boldsymbol{\alpha}_s$ 线性表示

$\Leftrightarrow$ 非齐次线性方程组 $k_1\boldsymbol{\alpha}_1+k_2\boldsymbol{\alpha}_2+\cdots+k_s\boldsymbol{\alpha}_s=\boldsymbol{\beta}$ 有解

$\Leftrightarrow$ $r(\boldsymbol{\alpha}_1,\boldsymbol{\alpha}_2,\cdots,\boldsymbol{\alpha}_s,\boldsymbol{\beta})=r(\boldsymbol{\alpha}_1,\boldsymbol{\alpha}_2,\cdots,\boldsymbol{\alpha}_s)$

(2) 向量组 $\boldsymbol{\alpha}_1,\boldsymbol{\alpha}_2,\cdots,\boldsymbol{\alpha}_s$ 线性相关

$\Leftrightarrow$ 齐次线性方程组 $k_1\boldsymbol{\alpha}_1+k_2\boldsymbol{\alpha}_2+\cdots+k_s\boldsymbol{\alpha}_s=\boldsymbol{0}$ 有非零解

$\Leftrightarrow$ $r(\boldsymbol{\alpha}_1,\boldsymbol{\alpha}_2,\cdots,\boldsymbol{\alpha}_s)<s$

$\Leftrightarrow$ 行列式 $|\boldsymbol{\alpha}_1,\boldsymbol{\alpha}_2,\cdots,\boldsymbol{\alpha}_s|=0$ ($s=n$，即向量个数等于向量维数)

$\Leftrightarrow$ 向量组 $\boldsymbol{\alpha}_1,\boldsymbol{\alpha}_2,\cdots,\boldsymbol{\alpha}_s$ 中存在某 $\boldsymbol{\alpha}_i$ 可由其余 $s-1$ 个向量线性表示

(3) 向量组 $\boldsymbol{\alpha}_1,\boldsymbol{\alpha}_2,\cdots,\boldsymbol{\alpha}_s$ 线性无关

$\Leftrightarrow$ 齐次线性方程组 $k_1\boldsymbol{\alpha}_1+k_2\boldsymbol{\alpha}_2+\cdots+k_s\boldsymbol{\alpha}_s=\boldsymbol{0}$ 只有零解

$\Leftrightarrow$ $r(\boldsymbol{\alpha}_1,\boldsymbol{\alpha}_2,\cdots,\boldsymbol{\alpha}_s)=s$

$\Leftrightarrow$ 行列式 $|\boldsymbol{\alpha}_1,\boldsymbol{\alpha}_2,\cdots,\boldsymbol{\alpha}_n|\neq 0$ ($s=n$，即向量个数等于向量维数)

$\Leftrightarrow$ 向量组 $\boldsymbol{\alpha}_1,\boldsymbol{\alpha}_2,\cdots,\boldsymbol{\alpha}_s$ 中每一个 $\boldsymbol{\alpha}_i$ 都不能由其余 $s-1$ 个向量线性表示

5. 几个重要结论

(1) 若向量组中向量个数大于向量维数时，则这个向量组线性相关。

(2) 若向量组 $\boldsymbol{\alpha}_1,\boldsymbol{\alpha}_2,\cdots,\boldsymbol{\alpha}_s$ 线性无关，而 $\boldsymbol{\alpha}_1,\boldsymbol{\alpha}_2,\cdots,\boldsymbol{\alpha}_s,\boldsymbol{\beta}$ 线性相关，则 $\boldsymbol{\beta}$ 可由 $\boldsymbol{\alpha}_1,\boldsymbol{\alpha}_2,\cdots,\boldsymbol{\alpha}_s$ 线性表示，且表示式唯一。

(3) 若一向量组中有一部分向量线性相关，则整个向量组也线性相关。

(4) 若一向量组线性无关，则它的任何一部分向量都线性无关。

(5) 若向量组$\boldsymbol{\alpha}_1,\boldsymbol{\alpha}_2,\cdots,\boldsymbol{\alpha}_s$线性无关，则它的任意延伸组

$$\begin{bmatrix}\boldsymbol{\alpha}_1\\ \boldsymbol{\beta}_1\end{bmatrix},\begin{bmatrix}\boldsymbol{\alpha}_2\\ \boldsymbol{\beta}_2\end{bmatrix},\cdots,\begin{bmatrix}\boldsymbol{\alpha}_s\\ \boldsymbol{\beta}_s\end{bmatrix}$$

也线性无关。

(6) 设向量组$\boldsymbol{T}_1=\{\boldsymbol{\alpha}_1,\boldsymbol{\alpha}_2,\cdots,\boldsymbol{\alpha}_s\}$，$\boldsymbol{T}_2=\{\boldsymbol{\beta}_1,\boldsymbol{\beta}_2,\cdots,\boldsymbol{\beta}_t\}$。若$\boldsymbol{T}_1$可由$\boldsymbol{T}_2$线性表示，且$s>t$，则向量组$\boldsymbol{T}_1$线性相关。

(7) 若向量组$\boldsymbol{T}_1$可由$\boldsymbol{T}_2$线性表示，则 $r(\boldsymbol{T}_1)\leqslant r(\boldsymbol{T}_2)$。

(8) 若向量组$\boldsymbol{T}_1$与$\boldsymbol{T}_2$等价，则 $r(\boldsymbol{T}_1)=r(\boldsymbol{T}_2)$。

(9) 单位向量组

$$\boldsymbol{\varepsilon}_1=\begin{bmatrix}1\\0\\ \vdots\\0\end{bmatrix},\quad \boldsymbol{\varepsilon}_2=\begin{bmatrix}0\\1\\ \vdots\\0\end{bmatrix},\quad \cdots,\quad \boldsymbol{\varepsilon}_n=\begin{bmatrix}0\\0\\ \vdots\\1\end{bmatrix}$$

线性无关；且任意一个n维向量都可以用$\boldsymbol{\varepsilon}_1,\boldsymbol{\varepsilon}_2,\cdots,\boldsymbol{\varepsilon}_n$线性表示。

6. 向量组的秩与极大线性无关组

(1) 极大线性无关组：设T为一向量组，若

① 在T中有r个向量$\boldsymbol{\alpha}_1,\boldsymbol{\alpha}_2,\cdots,\boldsymbol{\alpha}_r$线性无关；

② 对于任意$\boldsymbol{\alpha}\in\boldsymbol{T}$，$\boldsymbol{\alpha}$都可由向量组$\boldsymbol{\alpha}_1,\boldsymbol{\alpha}_2,\cdots,\boldsymbol{\alpha}_r$线性表示，则称$\boldsymbol{\alpha}_1,\boldsymbol{\alpha}_2,\cdots,\boldsymbol{\alpha}_r$为向量组$\boldsymbol{T}$的一个极大线性无关组。

(2) 向量组的秩：向量组的极大线性无关组中所含向量个数称为该向量组的秩，向量组$\boldsymbol{\alpha}_1,\boldsymbol{\alpha}_2,\cdots,\boldsymbol{\alpha}_s$的秩记作$r(\boldsymbol{\alpha}_1,\boldsymbol{\alpha}_2,\cdots,\boldsymbol{\alpha}_s)$。

(3) 向量组的秩与矩阵的秩的关系

① 将$m\times n$矩阵$\boldsymbol{A}$按行或按列分块：

$$\boldsymbol{A}=\begin{bmatrix}a_{11}&a_{12}&\cdots&a_{1n}\\a_{21}&a_{22}&\cdots&a_{2n}\\ \vdots&\vdots&\ddots&\vdots\\a_{m1}&a_{m2}&\cdots&a_{mn}\end{bmatrix}=\begin{bmatrix}\boldsymbol{\alpha}_1\\ \boldsymbol{\alpha}_2\\ \vdots\\ \boldsymbol{\alpha}_m\end{bmatrix}=(\boldsymbol{\beta}_1,\boldsymbol{\beta}_2,\cdots,\boldsymbol{\beta}_n)$$

则矩阵$\boldsymbol{A}$的秩=$\boldsymbol{A}$的行向量组$\boldsymbol{\alpha}_1,\boldsymbol{\alpha}_2,\cdots,\boldsymbol{\alpha}_m$的秩=$\boldsymbol{A}$的列向量$\boldsymbol{\beta}_1,\boldsymbol{\beta}_2,\cdots,\boldsymbol{\beta}_n$的秩，即

$$r(\boldsymbol{A})=r(\boldsymbol{\alpha}_1,\boldsymbol{\alpha}_2,\cdots,\boldsymbol{\alpha}_m)=r(\boldsymbol{\beta}_1,\boldsymbol{\beta}_2,\cdots,\boldsymbol{\beta}_n)$$

② 设$\boldsymbol{A}$是$m\times n$矩阵,若$r(\boldsymbol{A})=m$，则$\boldsymbol{A}$的行向量组线性无关；若$r(\boldsymbol{A})=n$，则$\boldsymbol{A}$的列向量组线性无关。

7. 有相同线性关系的向量组

(1) 定义：若两个向量组有相同个数的向量：$\{\boldsymbol{\alpha}_1,\boldsymbol{\alpha}_2,\cdots,\boldsymbol{\alpha}_s\}$，$\{\boldsymbol{\beta}_1,\boldsymbol{\beta}_2,\cdots,\boldsymbol{\beta}_s\}$，并且向量方程 $x_1\boldsymbol{\alpha}_1+x_2\boldsymbol{\alpha}_2+\cdots+x_s\boldsymbol{\alpha}_s=\mathbf{0}$与$x_1\boldsymbol{\beta}_1+x_2\boldsymbol{\beta}_2+\cdots+x_s\boldsymbol{\beta}_s=\mathbf{0}$同解，则称它们有相同的线性关系。

(2) 若矩阵$\boldsymbol{A}$经过若干次初等行变换变成矩阵$\boldsymbol{B}$，则$\boldsymbol{A}$的列向量组与$\boldsymbol{B}$的列向量组

具有相同的线性关系；若矩阵 $\boldsymbol{A}$ 经过若干次初等列变换变成矩阵 $\boldsymbol{B}$，则 $\boldsymbol{A}$ 的行向量组与 $\boldsymbol{B}$ 的行向量组具有相同的线性关系。

8. 线性方程组

一般的线性方程组

$$\begin{cases} a_{11}x_1 + a_{12}x_2 + \cdots + a_{1n}x_n = b_1 \\ a_{21}x_1 + a_{22}x_2 + \cdots + a_{2n}x_n = b_2 \\ \cdots\cdots\cdots\cdots\cdots\cdots\cdots\cdots\cdots\cdots \\ a_{m1}x_1 + a_{m2}x_2 + \cdots + a_{mn}x_n = b_m \end{cases}$$

其矩阵形式：　　$\boldsymbol{AX} = \boldsymbol{B}$

(1) 非齐次线性方程组解的存在性

对于线性方程组 $\boldsymbol{AX} = \boldsymbol{B}$：

① $\boldsymbol{AX} = \boldsymbol{B}$ 有解的充分必要条件是 $r(\overline{\boldsymbol{A}}) = r(\boldsymbol{A})$。

② 当 $\boldsymbol{AX} = \boldsymbol{B}$ 有解($r(\overline{\boldsymbol{A}}) = r(\boldsymbol{A})$)时：

若 $r(\boldsymbol{A}) = n$，则方程组有唯一解；

若 $r(\boldsymbol{A}) < n$，则方程组有无穷多个解。

(2) 齐次线性方程组非零解的存在性

① $\boldsymbol{A}_{m\times n}\boldsymbol{X} = \boldsymbol{0}$ 只有零解 $\Leftrightarrow r(\boldsymbol{A}) = n$；

② $\boldsymbol{A}_{m\times n}\boldsymbol{X} = \boldsymbol{0}$ 有非零解 $\Leftrightarrow r(\boldsymbol{A}) < n$；

③ $\boldsymbol{A}_{n\times n}\boldsymbol{X} = \boldsymbol{0}$ 只有零解 $\Leftrightarrow |\boldsymbol{A}| \neq 0$；

④ $\boldsymbol{A}_{n\times n}\boldsymbol{X} = \boldsymbol{0}$ 有非零解 $\Leftrightarrow |\boldsymbol{A}| = 0$。

(3) 解方程组的基本原理

对方程组 $\boldsymbol{AX} = \boldsymbol{B}$ 的增广矩阵 $\overline{\boldsymbol{A}} = (\boldsymbol{A}\ \boldsymbol{B})$ 进行若干次初等行变换得分块矩阵 $(\boldsymbol{C}\ \boldsymbol{D})$，则方程组 $\boldsymbol{AX} = \boldsymbol{B}$ 与方程组 $\boldsymbol{CX} = \boldsymbol{D}$ 同解。

(4) 解的性质

① 若 $\boldsymbol{\eta}$ 是 $\boldsymbol{AX} = \boldsymbol{B}$ 的解，$\boldsymbol{\xi}$ 是 $\boldsymbol{AX} = \boldsymbol{0}$ 的解，则 $\boldsymbol{\xi} + \boldsymbol{\eta}$ 是 $\boldsymbol{AX} = \boldsymbol{B}$ 的解。

② 若 $\boldsymbol{\eta}_1, \boldsymbol{\eta}_2$ 是 $\boldsymbol{AX} = \boldsymbol{B}$ 的两个解，则 $\boldsymbol{\eta}_1 - \boldsymbol{\eta}_2$ 是 $\boldsymbol{AX} = \boldsymbol{0}$ 的解。

③ 若 $\boldsymbol{\xi}_1, \boldsymbol{\xi}_2, \cdots, \boldsymbol{\xi}_s$ 都是 $\boldsymbol{AX} = \boldsymbol{0}$ 的解，则其线性组合 $k_1\boldsymbol{\xi}_1 + k_2\boldsymbol{\xi}_2 + \cdots + k_s\boldsymbol{\xi}_s$ 也是 $\boldsymbol{AX} = \boldsymbol{0}$ 的解。

(5) 齐次线性方程组的基础解系：齐次线性方程组 $\boldsymbol{AX} = \boldsymbol{0}$ 的全部解向量所构成集合的极大线性无关组称为该方程组 $\boldsymbol{AX} = \boldsymbol{0}$ 的基础解系。

(6) 基础解系的存在性：对于齐次线性方程组 $\boldsymbol{AX} = \boldsymbol{0}$，若 $r(\boldsymbol{A}) = r < n$，则该方程组的基础解系存在，且每个基础解系中恰好含有 $n - r$ 个解。

(7) 线性方程组解的结构

① 如果 $\boldsymbol{\xi}_1, \boldsymbol{\xi}_2, \cdots, \boldsymbol{\xi}_{n-r}$ 是 $\boldsymbol{AX} = \boldsymbol{0}$ 的一个基础解系，则 $\boldsymbol{AX} = \boldsymbol{0}$ 的通解为

$$k_1\boldsymbol{\xi}_1 + k_2\boldsymbol{\xi}_2 + \cdots + k_{n-r}\boldsymbol{\xi}_{n-r}$$

式中, $k_1, k_2, \cdots, k_{n-r}$ 为任意常数。

② 如果 $\boldsymbol{\xi}_1, \boldsymbol{\xi}_2, \cdots, \boldsymbol{\xi}_{n-r}$ 是 $\boldsymbol{AX} = \boldsymbol{0}$ 的一个基础解系，$\boldsymbol{\eta}_0$ 是 $\boldsymbol{AX} = \boldsymbol{B}$ 的一个解，则 $\boldsymbol{AX} = \boldsymbol{B}$ 的通解为

$$k_1\boldsymbol{\xi}_1 + k_2\boldsymbol{\xi}_2 + \cdots + k_{n-r}\boldsymbol{\xi}_{n-r} + \boldsymbol{\eta}_0$$

式中，$k_1, k_2, \cdots, k_{n-r}$ 为任意常数。

(8) 求齐次线性方程组 $\boldsymbol{AX} = \boldsymbol{0}$ 的基础解系的具体方法如下。

① 设 $r(\boldsymbol{A}) = r < n$，对方程组的系数矩阵 $\boldsymbol{A}$ 做初等行变换，一直变换到矩阵的前 r 行中隐含一个 r 维单位向量组(单位向量组各列可以不相连)，而前 r 行下面元素全是 0 为止。

② 根据上面对矩阵 $\boldsymbol{A}$ 的一系列初等行变换的最后一个矩阵，得方程组 $\boldsymbol{AX} = \boldsymbol{0}$ 的同解方程组。在写同解方程组时要求与 r 维单位向量组的列所对应的变量写在方程的左端，不与单位向量组的列对应的变量写在方程的右端；如果同解方程组左端变量不完全，可以通过 $x_k = x_k$ 方式补齐，但要求方程组左端变量顺序是 $(x_1, x_2, \cdots, x_n)^{\mathrm{T}}$。

③ 这样所得的同解方程组右端未知量的系数所构成的向量组就是该齐次线性方程组的基础解系。

(9) 求非齐次线性方程组 $\boldsymbol{AX} = \boldsymbol{B}$ 通解的具体方法与求齐次线性方程组 $\boldsymbol{AX} = \boldsymbol{0}$ 的基础解系的方法基本相同。

① 设 $r(\overline{\boldsymbol{A}}) = r(\boldsymbol{A}) = r < n$，对方程组的增广矩阵 $\overline{\boldsymbol{A}}$ 做初等行变换，一直变换到矩阵的前 r 行中(除最后一列外)隐含一个 r 维单位向量组(单位向量组各列可以不相连)；而前 r 行下面元素全是 0 为止。

② 根据上面对矩阵 $\overline{\boldsymbol{A}}$ 的一系列初等行变换的最后一个矩阵，得方程组 $\boldsymbol{AX} = \boldsymbol{B}$ 的同解方程组。在写同解方程组时要求与 r 维单位向量组的列所对应的变量写在方程的左端，不与单位向量组的列对应的变量写在方程的右端；如果同解方程组左端变量不完全，可以通过 $x_k = x_k$ 方式补齐，但要求方程组左端变量顺序是 $(x_1, x_2, \cdots, x_n)^{\mathrm{T}}$。注意最后一列常数项原本就在方程的右端，所以不需要移项。

③ 这样所得的同解方程组右端未知量的系数所构成的向量组就是该齐次线性方程组的基础解系；常数项构成的向量就是方程组 $\boldsymbol{AX} = \boldsymbol{B}$ 的特解。

阶梯化训练题

基础能力题

1. 用消元法解下列线性方程组：

(1) $\begin{cases} x_1 + x_2 + 2x_3 - x_4 = 0 \\ 2x_1 + x_2 + x_3 - x_4 = 0 \\ 2x_1 + 2x_2 + x_3 + 2x_4 = 0 \end{cases}$

(2) $\begin{cases} x_1 - x_2 + x_3 = 0 \\ 3x_1 - 2x_2 - x_3 = 0 \\ 3x_1 - x_2 + 5x_3 = 0 \\ -2x_1 + 2x_2 + 3x_3 = 0 \end{cases}$

(3) $\begin{cases} 4x_1 + 2x_2 - x_3 = 2 \\ 3x_1 - x_2 + 2x_3 = 10 \\ 11x_1 + 3x_2 = 8 \end{cases}$

(4) $\begin{cases}2x+3y+z=4\\x-2y+4z=-5\\3x+8y-2z=13\\4x-y+9z=-6\end{cases}$

(5) $\begin{cases}2x_1-x_2+3x_3=3\\3x_1+x_2-5x_3=0\\4x_1-x_2+x_3=3\\x_1+3x_2-13x_3=-6\end{cases}$

(6) $\begin{cases}x_1-2x_2+x_3+x_4=1\\x_1-2x_2+x_3-x_4=-1\\x_1-2x_2+x_3-5x_4=5\end{cases}$

(7) $\begin{cases}x_1-x_2+x_3-x_4=1\\x_1-x_2-x_3+x_4=0\\x_1-x_2-2x_3+2x_4=-\dfrac{1}{2}\end{cases}$

(8) $\begin{cases}x_1+x_2+x_3+x_4+x_5=7\\3x_1+2x_2+x_3+x_4-3x_5=-2\\x_2+2x_3+2x_4+6x_5=23\\5x_1+4x_2-3x_3+3x_4-x_5=12\end{cases}$

2. 设 $\boldsymbol{\alpha}_1=(1,2,-1)$, $\boldsymbol{\alpha}_2=(2,5,3)$, $\boldsymbol{\alpha}_3=(1,3,4)$ ，求 $3\boldsymbol{\alpha}_1-2\boldsymbol{\alpha}_2+4\boldsymbol{\alpha}_3$ 。

3. 设 $\boldsymbol{\alpha}_1=(2,5,1,3)$, $\boldsymbol{\alpha}_2=(1,0,1,0)$, $\boldsymbol{\alpha}_3=(0,1,1,1)$ ，且 $3(\boldsymbol{\alpha}_1-\boldsymbol{\beta})+2(\boldsymbol{\alpha}_2+3\boldsymbol{\beta})=2(\boldsymbol{\alpha}_3+\boldsymbol{\beta})$ ，求向量 $\boldsymbol{\beta}$ 。

4. 将向量 $\boldsymbol{\beta}$ 表示为 $\boldsymbol{\alpha}_1,\boldsymbol{\alpha}_2,\boldsymbol{\alpha}_3$ 的线性组合：

(1) $\boldsymbol{\alpha}_1=\begin{bmatrix}1\\0\\1\end{bmatrix},\boldsymbol{\alpha}_2=\begin{bmatrix}1\\1\\1\end{bmatrix},\boldsymbol{\alpha}_3=\begin{bmatrix}0\\-1\\-1\end{bmatrix},\boldsymbol{\beta}=\begin{bmatrix}3\\5\\-6\end{bmatrix}$

(2) $\boldsymbol{\alpha}_1=\begin{bmatrix}2\\4\\2\end{bmatrix},\boldsymbol{\alpha}_2=\begin{bmatrix}1\\0\\1\end{bmatrix},\boldsymbol{\alpha}_3=\begin{bmatrix}0\\2\\0\end{bmatrix},\boldsymbol{\beta}=\begin{bmatrix}1\\2\\1\end{bmatrix}$

5. 判定下列向量组是线性相关还是线性无关。

(1) $\boldsymbol{\alpha}_1=\begin{bmatrix}-1\\3\\1\end{bmatrix},\boldsymbol{\alpha}_2=\begin{bmatrix}2\\1\\0\end{bmatrix},\boldsymbol{\alpha}_3=\begin{bmatrix}1\\4\\1\end{bmatrix}$

(2) $\boldsymbol{\alpha}_1=\begin{bmatrix}2\\3\\0\end{bmatrix},\boldsymbol{\alpha}_2=\begin{bmatrix}-1\\4\\0\end{bmatrix},\boldsymbol{\alpha}_3=\begin{bmatrix}0\\0\\2\end{bmatrix}$

6. 设 $\boldsymbol{A}$ 是 n 阶矩阵， $\boldsymbol{\alpha}$ 是 n 维列向量，若 $\boldsymbol{A}^{m-1}\boldsymbol{\alpha}\neq\boldsymbol{0}$ ， $\boldsymbol{A}^{m}\boldsymbol{\alpha}=\boldsymbol{0}$ ，证明向量组 $\boldsymbol{\alpha}$ ，

$A\boldsymbol{\alpha}, A^2\boldsymbol{\alpha}, \cdots, A^{m-1}\boldsymbol{\alpha}$线性无关。

7. 求下列向量组的一个极大线性无关组，并把其余向量用该极大线性无关组线性表示：

(1) $\boldsymbol{\alpha}_1 = \begin{bmatrix} 1 \\ 2 \\ -1 \\ 4 \end{bmatrix}, \boldsymbol{\alpha}_2 = \begin{bmatrix} 9 \\ 100 \\ 10 \\ 4 \end{bmatrix}, \boldsymbol{\alpha}_3 = \begin{bmatrix} -2 \\ -4 \\ 2 \\ -8 \end{bmatrix}$

(2) $\boldsymbol{\alpha}_1 = \begin{bmatrix} 1 \\ 2 \\ 1 \\ 3 \end{bmatrix}, \boldsymbol{\alpha}_2 = \begin{bmatrix} 4 \\ -1 \\ -5 \\ -6 \end{bmatrix}, \boldsymbol{\alpha}_3 = \begin{bmatrix} 1 \\ -3 \\ -4 \\ -7 \end{bmatrix}$

(3) $\boldsymbol{\alpha}_1 = \begin{bmatrix} 1 \\ 0 \\ -2 \end{bmatrix}, \boldsymbol{\alpha}_2 = \begin{bmatrix} 3 \\ 2 \\ 0 \end{bmatrix}, \boldsymbol{\alpha}_3 = \begin{bmatrix} -2 \\ -1 \\ 1 \end{bmatrix}, \boldsymbol{\alpha}_4 = \begin{bmatrix} 2 \\ 3 \\ 5 \end{bmatrix}$

8. 用基础解系表示下列齐次线性方程组的通解：

(1) $\begin{cases} x_1 + x_2 + 2x_3 - x_4 = 0 \\ 2x_1 + x_2 + x_3 - x_4 = 0 \\ 2x_1 + 2x_2 + x_3 + 2x_4 = 0 \end{cases}$

(2) $\begin{cases} -x_1 + 2x_2 - x_3 = 0 \\ x_1 - x_2 = 0 \\ -2x_1 + x_2 + x_3 = 0 \end{cases}$

(3) $\begin{cases} x_1 + 2x_2 + x_3 - x_4 = 0 \\ 3x_1 + 6x_2 - x_3 - 3x_4 = 0 \\ 5x_1 + 10x_2 + x_3 - 5x_4 = 0 \end{cases}$

(4) $\begin{cases} x_1 - 8x_2 + 10x_3 + 2x_4 = 0 \\ 2x_1 + 4x_2 + 5x_3 - x_4 = 0 \\ 3x_1 + 8x_2 + 6x_3 - 2x_4 = 0 \end{cases}$

9. 求下列非齐次线性方程组的通解，并用对应的导出组的基础解系表示：

(1) $\begin{cases} x_1 + x_2 = 5 \\ 2x_1 + x_2 + x_3 + 2x_4 = 1 \\ 5x_1 + 3x_2 + 2x_3 + 2x_4 = 3 \end{cases}$

(2) $\begin{cases} x_1 - 5x_2 + 2x_3 - 3x_4 = 11 \\ 5x_1 + 3x_2 + 6x_3 - x_4 = -1 \\ 2x_1 + 4x_2 + 2x_3 + x_4 = -6 \end{cases}$

(3) $\begin{cases} x_1 - x_2 + x_3 - x_4 = 1 \\ x_1 - x_2 - x_3 + x_4 = 0 \\ x_1 - x_2 - 2x_3 + 2x_4 = -\dfrac{1}{2} \end{cases}$

(4) $\begin{cases} x_1+x_2+x_3+x_4+x_5=7 \\ 3x_1+2x_2+x_3+x_4-3x_5=-2 \\ x_2+2x_3+2x_4+6x_5=23 \\ 5x_1+4x_2-3x_3+3x_4-x_5=12 \end{cases}$

10. 设 $r(A_{3\times3})=2$， $\boldsymbol{AX}=\boldsymbol{B}$ $(\boldsymbol{B}\neq\boldsymbol{0})$ 的 3 个解 $\boldsymbol{\eta}_1,\boldsymbol{\eta}_2,\boldsymbol{\eta}_3$ 满足：

$$\boldsymbol{\eta}_1+\boldsymbol{\eta}_2=\begin{bmatrix}2\\0\\-2\end{bmatrix}，\ \boldsymbol{\eta}_1+\boldsymbol{\eta}_3=\begin{bmatrix}3\\1\\-1\end{bmatrix}$$

求 $\boldsymbol{AX}=\boldsymbol{B}$ 的通解。

11. 设 $\boldsymbol{\eta}^*$ 是非齐次线性方程组 $\boldsymbol{AX}=\boldsymbol{B}$ 的一个解，$\boldsymbol{\xi}_1,\boldsymbol{\xi}_2,\cdots,\boldsymbol{\xi}_{n-r}$ 是对应的齐次线性方程组的一个基础解系，证明：

(1) $\boldsymbol{\eta}^*,\boldsymbol{\xi}_1,\boldsymbol{\xi}_2,\cdots,\boldsymbol{\xi}_{n-r}$ 线性无关；

(2) $\boldsymbol{\eta}^*,\boldsymbol{\eta}^*+\boldsymbol{\xi}_1,\boldsymbol{\eta}^*+\boldsymbol{\xi}_2,\cdots,\boldsymbol{\eta}^*+\boldsymbol{\xi}_{n-r}$ 线性无关。

综合提高题

1. 若 $\boldsymbol{\alpha}_1,\boldsymbol{\alpha}_2,\boldsymbol{\alpha}_3,\boldsymbol{\beta}_1,\boldsymbol{\beta}_2$ 都是四维列向量，且四阶行列式 $|\boldsymbol{\alpha}_1,\boldsymbol{\alpha}_2,\boldsymbol{\alpha}_3,\boldsymbol{\beta}_1|=m$，$|\boldsymbol{\alpha}_1,\boldsymbol{\alpha}_2,\boldsymbol{\beta}_2,\boldsymbol{\alpha}_3|=n$，则四阶行列式 $|\boldsymbol{\alpha}_3,\boldsymbol{\alpha}_2,\boldsymbol{\alpha}_1,\boldsymbol{\beta}_1+\boldsymbol{\beta}_2|=$________。

(A) $m+n$　　(B) $-(m+n)$　　(C) $n-m$　　(D) $m-n$

2. 设 $\boldsymbol{\alpha}$ 为三维列向量，若 $\boldsymbol{\alpha\alpha}^{\mathrm{T}}=\begin{bmatrix}1&-1&1\\-1&1&-1\\1&-1&1\end{bmatrix}$，求 $\boldsymbol{\alpha}^{\mathrm{T}}\boldsymbol{\alpha}$。

3. 设 $\boldsymbol{\alpha}_1,\boldsymbol{\alpha}_2,\boldsymbol{\alpha}_3$ 均为三维列向量，记矩阵

$$\boldsymbol{A}=(\boldsymbol{\alpha}_1,\boldsymbol{\alpha}_2,\boldsymbol{\alpha}_3)，\quad \boldsymbol{B}=(\boldsymbol{\alpha}_1+\boldsymbol{\alpha}_2+\boldsymbol{\alpha}_3,\boldsymbol{\alpha}_1+2\boldsymbol{\alpha}_2+4\boldsymbol{\alpha}_3,\boldsymbol{\alpha}_1+3\boldsymbol{\alpha}_2+9\boldsymbol{\alpha}_3)$$

如果 $|\boldsymbol{A}|=1$，求 $|\boldsymbol{B}|$。

4. 设 $\boldsymbol{\alpha},\boldsymbol{\beta}$ 为三维列向量，矩阵 $\boldsymbol{A}=\boldsymbol{\alpha\alpha}^{\mathrm{T}}+\boldsymbol{\beta\beta}^{\mathrm{T}}$，证明：

(1) $r(\boldsymbol{A})\leqslant 2$；

(2) 若 $\boldsymbol{\alpha},\boldsymbol{\beta}$ 线性相关，则 $r(\boldsymbol{A})<2$。

5. 设向量组 $\boldsymbol{\alpha}_1,\boldsymbol{\alpha}_2,\boldsymbol{\alpha}_3$ 线性无关，则下列向量组中线性无关的是________。

(A) $\boldsymbol{\alpha}_1+\boldsymbol{\alpha}_2,\boldsymbol{\alpha}_2+\boldsymbol{\alpha}_3,\boldsymbol{\alpha}_3-\boldsymbol{\alpha}_1$

(B) $\boldsymbol{\alpha}_1+\boldsymbol{\alpha}_2,\boldsymbol{\alpha}_2+\boldsymbol{\alpha}_3,\boldsymbol{\alpha}_1+2\boldsymbol{\alpha}_2+\boldsymbol{\alpha}_3$

(C) $\boldsymbol{\alpha}_1+2\boldsymbol{\alpha}_2,2\boldsymbol{\alpha}_2+3\boldsymbol{\alpha}_3,3\boldsymbol{\alpha}_3+\boldsymbol{\alpha}_1$

(D) $\boldsymbol{\alpha}_1+\boldsymbol{\alpha}_2+\boldsymbol{\alpha}_3,2\boldsymbol{\alpha}_1-3\boldsymbol{\alpha}_2+22\boldsymbol{\alpha}_3,3\boldsymbol{\alpha}_1+5\boldsymbol{\alpha}_2-5\boldsymbol{\alpha}_3$

6. 已知向量组 $\boldsymbol{T}_1=\{\boldsymbol{\alpha}_1,\boldsymbol{\alpha}_2,\boldsymbol{\alpha}_3\}$，$\boldsymbol{T}_2=\{\boldsymbol{\alpha}_1,\boldsymbol{\alpha}_2,\boldsymbol{\alpha}_3,\boldsymbol{\alpha}_4\}$，$\boldsymbol{T}_3=\{\boldsymbol{\alpha}_1,\boldsymbol{\alpha}_2,\boldsymbol{\alpha}_3,\boldsymbol{\alpha}_5\}$，且 $r(\boldsymbol{T}_1)=r(\boldsymbol{T}_2)=3,r(\boldsymbol{T}_3)=4$，求 $r(\boldsymbol{\alpha}_1,\boldsymbol{\alpha}_2,\boldsymbol{\alpha}_3,\boldsymbol{\alpha}_4+\boldsymbol{\alpha}_5)$。

7. 设 $\boldsymbol{\alpha}_1=\begin{bmatrix}a_1\\a_2\\a_3\end{bmatrix}$，$\boldsymbol{\alpha}_2=\begin{bmatrix}b_1\\b_2\\b_3\end{bmatrix}$，$\boldsymbol{\alpha}_3=\begin{bmatrix}c_1\\c_2\\c_3\end{bmatrix}$，则三条直线

$$\begin{cases} a_1x+b_1y+c_1=0 \\ a_2x+b_2y+c_2=0 \\ a_3x+b_3y+c_3=0 \end{cases}$$

(其中$a_i^2+b_i^2\neq 0, i=1,2,3$)相交于一点的充要条件是：________。

(A) $\boldsymbol{\alpha}_1,\boldsymbol{\alpha}_2,\boldsymbol{\alpha}_3$线性相关；

(B) $\boldsymbol{\alpha}_1,\boldsymbol{\alpha}_2,\boldsymbol{\alpha}_3$线性无关；

(C) $r(\boldsymbol{\alpha}_1,\boldsymbol{\alpha}_2,\boldsymbol{\alpha}_3)=r(\boldsymbol{\alpha}_1,\boldsymbol{\alpha}_2)$；

(D) $\boldsymbol{\alpha}_1,\boldsymbol{\alpha}_2,\boldsymbol{\alpha}_3$线性相关，$\boldsymbol{\alpha}_1,\boldsymbol{\alpha}_2$线性无关。

8. 设$\boldsymbol{A}$，$\boldsymbol{B}$为满足$\boldsymbol{AB}=\boldsymbol{0}$的任意两个非零矩阵，则必有：________。

(A) $\boldsymbol{A}$的列向量组线性相关，$\boldsymbol{B}$的行向量组线性相关

(B) $\boldsymbol{A}$的列向量组线性相关，$\boldsymbol{B}$的列向量组线性相关

(C) $\boldsymbol{A}$的行向量组线性相关，$\boldsymbol{B}$的行向量组线性相关

(D) $\boldsymbol{A}$的行向量组线性相关，$\boldsymbol{B}$的列向量组线性相关

9. 设$\boldsymbol{\alpha}_1=\begin{bmatrix}1+\lambda\\1\\1\end{bmatrix},\boldsymbol{\alpha}_2=\begin{bmatrix}1\\1+\lambda\\1\end{bmatrix},\boldsymbol{\alpha}_3=\begin{bmatrix}1\\1\\1+\lambda\end{bmatrix},\boldsymbol{\beta}=\begin{bmatrix}0\\\lambda\\\lambda^2\end{bmatrix}$，当$\lambda$为何值时，

(1) $\boldsymbol{\beta}$可由$\boldsymbol{\alpha}_1,\boldsymbol{\alpha}_2,\boldsymbol{\alpha}_3$线性表示，且表示式唯一；

(2) $\boldsymbol{\beta}$可由$\boldsymbol{\alpha}_1,\boldsymbol{\alpha}_2,\boldsymbol{\alpha}_3$线性表示，但表示式不唯一；

(3) $\boldsymbol{\beta}$不能由$\boldsymbol{\alpha}_1,\boldsymbol{\alpha}_2,\boldsymbol{\alpha}_3$线性表示。

10. 设$\boldsymbol{\alpha}_1,\boldsymbol{\alpha}_2,\cdots,\boldsymbol{\alpha}_s$均为$n$维列向量，$\boldsymbol{A}$为$m\times n$矩阵，下列选项正确的是：________。

(A) 若$\boldsymbol{\alpha}_1,\boldsymbol{\alpha}_2,\cdots,\boldsymbol{\alpha}_s$线性相关，则$\boldsymbol{A\alpha}_1,\boldsymbol{A\alpha}_2,\cdots,\boldsymbol{A\alpha}_s$线性相关

(B) 若$\boldsymbol{\alpha}_1,\boldsymbol{\alpha}_2,\cdots,\boldsymbol{\alpha}_s$线性相关，则$\boldsymbol{A\alpha}_1,\boldsymbol{A\alpha}_2,\cdots,\boldsymbol{A\alpha}_s$线性无关

(C) 若$\boldsymbol{\alpha}_1,\boldsymbol{\alpha}_2,\cdots,\boldsymbol{\alpha}_s$线性无关，则$\boldsymbol{A\alpha}_1,\boldsymbol{A\alpha}_2,\cdots,\boldsymbol{A\alpha}_s$线性相关

(D) 若$\boldsymbol{\alpha}_1,\boldsymbol{\alpha}_2,\cdots,\boldsymbol{\alpha}_s$线性无关，则$\boldsymbol{A\alpha}_1,\boldsymbol{A\alpha}_2,\cdots,\boldsymbol{A\alpha}_s$线性无关

11. 设$\boldsymbol{A}$是$n\times m$矩阵，$\boldsymbol{B}$是$m\times n$矩阵，其中$n<m$，若$\boldsymbol{AB}=\boldsymbol{E}$，证明$\boldsymbol{B}$的列向量线性无关。

12. 设$\boldsymbol{A}$是n阶矩阵，证明$r(\boldsymbol{A}^*)=\begin{cases}n, r(\boldsymbol{A})=n\\1,\ r(\boldsymbol{A})=n-1\\0,\ r(\boldsymbol{A})<n-1\end{cases}$

13. 设线性方程组

$$\begin{cases} x_1+x_2+x_3=0 \\ x_1+2x_2+ax_3=0 \\ x_1+4x_2+a^2x_3=0 \end{cases}$$

与方程

$$x_1+2x_2+x_3=a-1$$

有公共解，求a的值及所有公共解。

14. 已知方程组$\begin{bmatrix}1 & 2 & 1\\2 & 3 & a+2\\1 & a & -2\end{bmatrix}\begin{bmatrix}x_1\\x_2\\x_3\end{bmatrix}=\begin{bmatrix}1\\3\\0\end{bmatrix}$无解，求$a$。

15. 设有齐次线性方程组

$$\begin{cases}(1+a)x_1+x_2+\cdots+x_n=0\\2x_1+(2+a)x_2+\cdots+2x_n=0\\\cdots\cdots\cdots\cdots\cdots\cdots\cdots\cdots\\nx_1+nx_2+\cdots+(n+a)x_n=0\end{cases}\quad(n\geqslant 2)$$

试问a取何值时，该方程组有非零解，并求出其通解。

16. 设$A=\begin{bmatrix}\lambda & 1 & 1\\0 & \lambda-1 & 0\\1 & 1 & \lambda\end{bmatrix}$，$B=\begin{bmatrix}a\\1\\1\end{bmatrix}$

已知线性方程组$AX=B$存在两个不同的解。

(1) 求λ,a；

(2) 求方程组$AX=B$的通解。

17. 已知线性方程组

$$(\text{I})\begin{cases}a_{11}x_1+a_{12}x_2+\cdots+a_{1\,2n}x_{2n}=0\\a_{21}x_1+a_{22}x_2+\cdots+a_{2\,2n}x_{2n}=0\\\cdots\cdots\cdots\cdots\cdots\cdots\cdots\cdots\\a_{n1}x_1+a_{n2}x_2+\cdots+a_{n\,2n}x_{2n}=0\end{cases}$$

的一个基础解系为$\begin{bmatrix}b_{11}\\b_{12}\\\vdots\\b_{1\,2n}\end{bmatrix},\begin{bmatrix}b_{21}\\b_{22}\\\vdots\\b_{2\,2n}\end{bmatrix},\cdots,\begin{bmatrix}b_{n1}\\b_{n2}\\\vdots\\b_{n\,2n}\end{bmatrix}$，试写出线性方程组

$$(\text{II})\begin{cases}b_{11}y_1+b_{12}y_2+\cdots+b_{1\,2n}y_{2n}=0\\b_{21}y_1+b_{22}y_2+\cdots+b_{2\,2n}y_{2n}=0\\\cdots\cdots\cdots\cdots\cdots\cdots\cdots\cdots\\b_{n1}y_1+b_{n2}y_2+\cdots+b_{n\,2n}y_{2n}=0\end{cases}$$

的通解，并说明理由。

18. 设$A=\begin{bmatrix}1 & 2 & -2\\4 & t & 3\\3 & -1 & 1\end{bmatrix}$，$B$为三阶非零矩阵，且$AB=0$，求$t$。

19. 已知三阶矩阵A的第一行是$(a\ \ b\ \ c)$，a,b,c不全为 0，矩阵$B=\begin{bmatrix}1 & 2 & 3\\2 & 4 & 6\\3 & 6 & 8\end{bmatrix}$，且$AB=0$，求线性方程组$AX=0$的通解。

20. 已知平面上三条不同直线的方程分别是

$$l_1:\ ax+2by+3c=0$$
$$l_2:\ bx+2cy+3a=0$$
$$l_3:\ cx+2ay+3b=0$$

试证：这三条直线交于一点的充分必要条件是$a+b+c=0$。

21. 已知齐次线性方程组

$$(\text{I})\ \begin{cases} x_1+2x_2+3x_3=0 \\ 2x_1+3x_2+5x_3=0 \\ x_1+x_2+ax_3=0 \end{cases}$$

和 $$(\text{II})\ \begin{cases} x_1+bx_2+cx_3=0 \\ 2x_1+b^2x_2+(c+1)x_3=0 \end{cases}$$

同解，求a,b,c的值。

22. 设线性方程组

$$\begin{cases} x_1+a_1x_2+a_1^2x_3=a_1^3 \\ x_1+a_2x_2+a_2^2x_3=a_2^3 \\ x_1+a_3x_2+a_3^2x_3=a_3^3 \\ x_1+a_4x_2+a_4^2x_3=a_4^3 \end{cases}$$

(1) 证明：若a_1,a_2,a_3,a_4两两不相等，则此线性方程组无解；

(2) 设$a_1=a_3=k,a_2=a_4=-k\ (k\neq 0)$，且已知$\boldsymbol{\beta}_1,\boldsymbol{\beta}_2$是该方程组的两个解，其中

$$\boldsymbol{\beta}_1=\begin{bmatrix}-1\\1\\1\end{bmatrix},\boldsymbol{\beta}_2=\begin{bmatrix}1\\1\\-1\end{bmatrix}$$

写出此方程组的通解。

23. 已知$\boldsymbol{\beta}_1,\boldsymbol{\beta}_2$是非齐次方程组$\boldsymbol{AX}=\boldsymbol{B}$的两个不同的解，$\boldsymbol{\alpha}_1,\boldsymbol{\alpha}_2$是相应齐次方程组$\boldsymbol{AX}=\boldsymbol{0}$的基础解系，$k_1,k_2$是任意常数，则$\boldsymbol{AX}=\boldsymbol{B}$的通解是：________。

(A) $k_1\boldsymbol{\alpha}_1+k_2(\boldsymbol{\alpha}_1+\boldsymbol{\alpha}_2)+\dfrac{\boldsymbol{\beta}_1-\boldsymbol{\beta}_2}{2}$

(B) $k_1\boldsymbol{\alpha}_1+k_2(\boldsymbol{\alpha}_1-\boldsymbol{\alpha}_2)+\dfrac{\boldsymbol{\beta}_1+\boldsymbol{\beta}_2}{2}$

(C) $k_1\boldsymbol{\alpha}_1+k_2(\boldsymbol{\beta}_1-\boldsymbol{\beta}_2)+\dfrac{\boldsymbol{\beta}_1-\boldsymbol{\beta}_2}{2}$

(D) $k_1\boldsymbol{\alpha}_1+k_2(\boldsymbol{\beta}_1-\boldsymbol{\beta}_2)+\dfrac{\boldsymbol{\beta}_1+\boldsymbol{\beta}_2}{2}$

24. 设$\boldsymbol{A}$是n阶矩阵，$\boldsymbol{\alpha}$是n维列向量，若$r\begin{bmatrix}\boldsymbol{A} & \boldsymbol{\alpha}\\ \boldsymbol{\alpha}^{\mathrm{T}} & \boldsymbol{O}\end{bmatrix}=r(\boldsymbol{A})$，则线性方程组_____。

(A) $\boldsymbol{AX}=\boldsymbol{\alpha}$必有无穷多组解

(B) $\boldsymbol{AX}=\boldsymbol{\alpha}$必有唯一解

(C) $\begin{bmatrix}\boldsymbol{A} & \boldsymbol{\alpha}\\ \boldsymbol{\alpha}^{\mathrm{T}} & \boldsymbol{O}\end{bmatrix}\begin{bmatrix}\boldsymbol{X}\\ y\end{bmatrix}=\boldsymbol{0}$仅有零解

(D) $\begin{bmatrix} \boldsymbol{A} & \boldsymbol{\alpha} \\ \boldsymbol{\alpha}^{\mathrm{T}} & \boldsymbol{O} \end{bmatrix}\begin{bmatrix} \boldsymbol{X} \\ y \end{bmatrix}=\mathbf{0}$ 必有非零解

25. 设 $\boldsymbol{A}$ 为 n 阶非奇异矩阵，$\boldsymbol{\alpha}$ 为 n 维列向量，b 为常数，记分块矩阵 $\boldsymbol{P}=\begin{bmatrix} \boldsymbol{E} & \mathbf{0} \\ -\boldsymbol{\alpha}^{\mathrm{T}}\boldsymbol{A}^* & |\boldsymbol{A}| \end{bmatrix}$，$\boldsymbol{Q}=\begin{bmatrix} \boldsymbol{A} & \boldsymbol{\alpha} \\ \boldsymbol{\alpha}^{\mathrm{T}} & b \end{bmatrix}$。

(1) 计算并化简 $\boldsymbol{PQ}$；

(2) 证明：矩阵 $\boldsymbol{Q}$ 可逆的充分必要条件是 $\boldsymbol{\alpha}^{\mathrm{T}}\boldsymbol{A}^{-1}\boldsymbol{\alpha}\neq b$。

26. 证明：线性方程组

$$\begin{cases} x_1-x_2=a_1 \\ x_2-x_3=a_2 \\ x_3-x_4=a_3 \\ x_4-x_5=a_4 \\ x_5-x_1=a_5 \end{cases}$$

有解的充分必要条件是 $a_1+a_2+a_3+a_4+a_5=0$，并在有解的情况下，求它的通解。

27. 设向量 $\boldsymbol{\alpha}_1,\boldsymbol{\alpha}_2,\cdots,\boldsymbol{\alpha}_t$ 是齐次方程组 $\boldsymbol{AX}=\mathbf{0}$ 的一个基础解系，向量 $\boldsymbol{\beta}$ 不是方程组 $\boldsymbol{AX}=\mathbf{0}$ 的解，即 $\boldsymbol{A\beta}\neq\mathbf{0}$。试证明：向量组 $\boldsymbol{\beta},\boldsymbol{\beta}+\boldsymbol{\alpha}_1,\boldsymbol{\beta}+\boldsymbol{\alpha}_2,\cdots,\boldsymbol{\beta}+\boldsymbol{\alpha}_t$ 线性无关。

28. 设 $\boldsymbol{A}$ 是 $m\times n$ 矩阵，$\boldsymbol{B}$ 是 $n\times m$ 矩阵，则线性方程组 $(\boldsymbol{AB})\boldsymbol{X}=\mathbf{0}$ ________。

(A) 当 $n>m$ 时仅有零解

(B) 当 $n>m$ 时必有非零解

(C) 当 $m>n$ 时仅有零解

(D) 当 $m>n$ 时必有非零解

29. 设齐次线性方程组 $\begin{cases} ax_1+bx_2+bx_3+\cdots+bx_n=0 \\ bx_1+ax_2+bx_3+\cdots+bx_n=0 \\ \cdots\cdots\cdots\cdots\cdots\cdots \\ bx_1+bx_2+bx_3+\cdots+ax_n=0 \end{cases}$，其中 $a\neq 0,b\neq 0,n\geqslant 2$。讨论 a,b 为何值时，方程组仅有零解，有无穷多组解。在有无穷多组解时，求出全部解，并用基础解系表示全部解。

30. 设 n 阶矩阵 $\boldsymbol{A}$ 的伴随矩阵 $\boldsymbol{A}^*\neq\boldsymbol{O}$，若 $\boldsymbol{\xi}_1,\boldsymbol{\xi}_2,\boldsymbol{\xi}_3,\boldsymbol{\xi}_4$ 是非齐次线性方程组 $\boldsymbol{AX}=\boldsymbol{B}$ 的互不相等的解，则对应的齐次线性方程组 $\boldsymbol{AX}=\mathbf{0}$ 的基础解系________。

(A) 不存在

(B) 仅含一个非零解向量

(C) 含有两个线性无关的解向量

(D) 含有三个线性无关的解向量

31. 设 $\boldsymbol{\alpha}_1,\boldsymbol{\alpha}_2,\cdots,\boldsymbol{\alpha}_s$ 是线性方程组 $\boldsymbol{AX}=\mathbf{0}$ 的一个基础解系；$\boldsymbol{\beta}_1=t_1\boldsymbol{\alpha}_1+t_2\boldsymbol{\alpha}_2,\boldsymbol{\beta}_2=t_1\boldsymbol{\alpha}_2+t_2\boldsymbol{\alpha}_3,\cdots,\boldsymbol{\beta}_s=t_1\boldsymbol{\alpha}_s+t_2\boldsymbol{\alpha}_1$，其中 t_1,t_2 为实数。试问 t_1,t_2 满足什么关系时，$\boldsymbol{\beta}_1,\boldsymbol{\beta}_2,\cdots,\boldsymbol{\beta}_s$ 也为 $\boldsymbol{AX}=\mathbf{0}$ 的一个基础解系？

32. 设 $A=\begin{bmatrix}1 & 1 & 1 & \cdots & 1\\ a_1 & a_2 & a_3 & \cdots & a_n\\ a_1^2 & a_2^2 & a_3^2 & \cdots & a_n^2\\ \vdots & \vdots & \vdots & \ddots & \vdots\\ a_1^{n-1} & a_2^{n-1} & a_3^{n-1} & \cdots & a_n^{n-1}\end{bmatrix}$，$X=\begin{bmatrix}x_1\\ x_2\\ \vdots\\ x_n\end{bmatrix}$，$B=\begin{bmatrix}1\\ 1\\ \vdots\\ 1\end{bmatrix}$，其中 $a_i \neq a_j\ (i \neq j, i, j=1,2,\cdots,n)$，求线性方程 $A^{\mathrm{T}}X=B$ 的解。

33. 设 $\boldsymbol{\alpha}=\begin{bmatrix}1\\ 2\\ 1\end{bmatrix},\boldsymbol{\beta}=\begin{bmatrix}1\\ \frac{1}{2}\\ 0\end{bmatrix},\boldsymbol{\gamma}=\begin{bmatrix}0\\ 0\\ 8\end{bmatrix}$，$A=\boldsymbol{\alpha}\boldsymbol{\beta}^{\mathrm{T}}, B=\boldsymbol{\beta}^{\mathrm{T}}\boldsymbol{\alpha}$，求解方程 $2B^2A^2X=A^4X+B^4X+\boldsymbol{\gamma}$。

34. 设 $\boldsymbol{\alpha}_1,\boldsymbol{\alpha}_2,\boldsymbol{\alpha}_3$ 是四元非齐次线性方程组 $AX=B$ 的三个解向量，且 $r(A)=3$，$\boldsymbol{\alpha}_1=(1,2,3,4)^{\mathrm{T}},\boldsymbol{\alpha}_2+\boldsymbol{\alpha}_3=(0,1,2,3)^{\mathrm{T}}$，$c$ 为任意常数，则线性方程组 $AX=B$ 的通解 $X=$________。

(A) $\begin{bmatrix}1\\ 2\\ 3\\ 4\end{bmatrix}+c\begin{bmatrix}1\\ 1\\ 1\\ 1\end{bmatrix}$　　(B) $\begin{bmatrix}1\\ 2\\ 3\\ 4\end{bmatrix}+c\begin{bmatrix}0\\ 1\\ 2\\ 3\end{bmatrix}$

(C) $\begin{bmatrix}1\\ 2\\ 3\\ 4\end{bmatrix}+c\begin{bmatrix}2\\ 3\\ 4\\ 5\end{bmatrix}$　　(D) $\begin{bmatrix}1\\ 2\\ 3\\ 4\end{bmatrix}+c\begin{bmatrix}3\\ 4\\ 5\\ 6\end{bmatrix}$

35. 非齐次线性方程组 $AX=B$ 中未知量个数为 n，方程个数为 m,系数矩阵 A 的秩为 r，则________。

(A) $r=m$ 时，方程组 $AX=B$ 有解

(B) $r=n$ 时，方程组 $AX=B$ 有唯一解

(C) $m=n$ 时，方程组 $AX=B$ 有唯一解

(D) $r<n$ 时，方程组 $AX=B$ 有无穷多解

36. 设四元齐次线性方程组(Ⅰ)为：$\begin{cases}x_1+x_2=0\\ x_2-x_4=0\end{cases}$，又已知某齐次线性方程组(Ⅱ)的通解为：$k_1(0,1,1,0)^{\mathrm{T}}+k_2(-1,2,2,1)^{\mathrm{T}}$。

(1) 求线性方程组(Ⅰ)的基础解系；

(2) 问线性方程组(Ⅰ)和(Ⅱ)是否有非零公共解？若有，则求出所有的非零公共解，若没有，则说明理由。

第 4 章　矩阵的特征值

矩阵的特征值与特征向量的概念不仅在理论上很重要，而且在实际中应用广泛；如在力学、振动、稳定性、数理经济学、投入产出等方面都起着重要作用。

4.1　矩阵的特征值与特征向量

1. 矩阵的特征值与特征向量的基本概念

定义 4-1　设 $\boldsymbol{A}$ 为 n 阶矩阵，若有常数 λ 和 n 维非零向量 $\boldsymbol{\alpha}$，使得

$$\boldsymbol{A\alpha}=\lambda\boldsymbol{\alpha} \tag{4-1}$$

则称 λ 为 $\boldsymbol{A}$ 的特征值，$\boldsymbol{\alpha}$ 为 $\boldsymbol{A}$ 的属于特征值 λ 的特征向量。

例如，$\begin{bmatrix}3 & 1\\5 & -1\end{bmatrix}\begin{bmatrix}1\\1\end{bmatrix}=\begin{bmatrix}4\\4\end{bmatrix}=4\begin{bmatrix}1\\1\end{bmatrix}$，所以 4 是矩阵 $\begin{bmatrix}3 & 1\\5 & -1\end{bmatrix}$ 的特征值，非零向量 $\begin{bmatrix}1\\1\end{bmatrix}$ 是矩阵 $\begin{bmatrix}3 & 1\\5 & -1\end{bmatrix}$ 的属于特征值 4 的特征向量。

例 4-1　若 $\boldsymbol{\alpha}$ 是 $\boldsymbol{A}$ 的属于 λ 的特征向量，则 $k\boldsymbol{\alpha}\ (k\neq 0)$ 也是 $\boldsymbol{A}$ 的属于 λ 的特征向量。

证明　若非零向量 $\boldsymbol{\alpha}$ 满足 $\boldsymbol{A\alpha}=\lambda\boldsymbol{\alpha}$，则

$$\boldsymbol{A}(k\boldsymbol{\alpha})=k(\boldsymbol{A\alpha})=\lambda(\lambda\boldsymbol{\alpha})=\lambda(k\boldsymbol{\alpha})\quad (k\boldsymbol{\alpha}\neq\boldsymbol{0})$$

例 4-2　若 $\boldsymbol{\alpha}_1,\boldsymbol{\alpha}_2$ 是 $\boldsymbol{A}$ 的属于 λ 的特征向量，则当 $k_1\boldsymbol{\alpha}_1+k_2\boldsymbol{\alpha}_2\neq\boldsymbol{0}$ 时，$k_1\boldsymbol{\alpha}_1+k_2\boldsymbol{\alpha}_2$ 也是 $\boldsymbol{A}$ 的属于 λ 的特征向量。

证明　若非零向量 $\boldsymbol{\alpha}_1,\boldsymbol{\alpha}_2$ 满足 $\boldsymbol{A\alpha}_1=\lambda\boldsymbol{\alpha}_1$，$\boldsymbol{A\alpha}_2=\lambda\boldsymbol{\alpha}_2$，则

$$\boldsymbol{A}(k_1\boldsymbol{\alpha}_1+k_2\boldsymbol{\alpha}_2)=k_1(\boldsymbol{A\alpha}_1)+k_2(\boldsymbol{A\alpha}_2)=\lambda(k_1\boldsymbol{\alpha}_1+k_2\boldsymbol{\alpha}_2)\ (k_1\boldsymbol{\alpha}_1+k_2\boldsymbol{\alpha}_2\neq\boldsymbol{0})$$

例 4-3　$|\boldsymbol{A}|=0$ 的充分必要条件是 0 为矩阵 $\boldsymbol{A}$ 的特征值。

证明　0 是矩阵 $\boldsymbol{A}$ 的特征值 $\Leftrightarrow$ 存在非零向量 $\boldsymbol{\alpha}$，使得 $\boldsymbol{A\alpha}=0\boldsymbol{\alpha}$ $\Leftrightarrow$ 存在非零向量 $\boldsymbol{\alpha}$，使得 $(0\boldsymbol{E}-\boldsymbol{A})\boldsymbol{\alpha}=\boldsymbol{0}$ $\Leftrightarrow$ 方程组 $(0\boldsymbol{E}-\boldsymbol{A})\boldsymbol{X}=\boldsymbol{0}$ 有非零解 $\Leftrightarrow$ $|0\boldsymbol{E}-\boldsymbol{A}|=0$，即 $|\boldsymbol{A}|=0$。

在实际问题中，往往要求出方阵 $\boldsymbol{A}$ 的特征值及其特征向量。我们可以按定义从特征值与特征向量满足的关系式入手，找出求特征值及其特征向量的具体方法。

显然 $A\boldsymbol{\alpha}=\lambda\boldsymbol{\alpha} \Leftrightarrow (\lambda E-A)\boldsymbol{\alpha}=\mathbf{0}$，这就说明 $\boldsymbol{\alpha}$ 是 n 元齐次线性方程组 $(\lambda E-A)X=\mathbf{0}$ 的非零解，而此方程组有非零解的充分必要条件是 $|\lambda E-A|=0$。

为了叙述方便，先介绍一些概念。

定义 4-2

(1) 矩阵 $\lambda E-A$ 称为 A 的特征矩阵；

(2) 矩阵 $\lambda E-A$ 的行列式的展开式

$$|\lambda E-A|=\begin{vmatrix}\lambda-a_{11} & -a_{12} & \cdots & -a_{1n}\\ -a_{21} & \lambda-a_{22} & \cdots & -a_{2n}\\ \vdots & \vdots & \vdots & \vdots\\ -a_{n1} & -a_{n2} & \cdots & \lambda-a_{nn}\end{vmatrix}=\lambda^n+a_1\lambda^{n-1}+a_2\lambda^{n-2}+\cdots+a_{n-1}\lambda+a_n$$

称为 A 的特征多项式；

(3) 方程 $|\lambda E-A|=0$ 称为 A 的特征方程。

求方阵特征值与特征向量的方法。

λ 是 A 的特征值，$\boldsymbol{\alpha}$ 是 A 的属于特征值 λ 的特征向量的充分必要条件是：λ 是特征方程 $|\lambda E-A|=0$ 的根，$\boldsymbol{\alpha}$ 是 n 元齐次线性方程组 $(\lambda E-A)X=\mathbf{0}$ 的非零解。于是

(1) 方程 $|\lambda E-A|=0$ 的全部根 $\lambda_1,\lambda_2,\cdots,\lambda_n$ (可能有重根与复数根)就是 A 的全部特征值；

(2) 对于每一个特征值 λ_i，求出齐次线性方程组 $(\lambda_i E-A)X=\mathbf{0}$ 的一个基础解系 $\boldsymbol{\alpha}_1,\boldsymbol{\alpha}_2,\cdots,\boldsymbol{\alpha}_s$，则 A 的属于特征值 λ_i 的全部特征向量为 $k_1\boldsymbol{\alpha}_1+k_2\boldsymbol{\alpha}_2+\cdots+k_s\boldsymbol{\alpha}_s$，其中 $k_1,k_2,\cdots,k_s$ 不全为 0。

例 4-4 求矩阵 $A=\begin{bmatrix}3 & -1\\ -1 & 3\end{bmatrix}$ 的特征值与特征向量。

解 由 A 的特征方程

$$|\lambda E-A|=\begin{vmatrix}\lambda-3 & 1\\ 1 & \lambda-3\end{vmatrix}=(\lambda-2)(\lambda-4)=0$$

得 A 的特征值是 $\lambda_1=2,\lambda_2=4$。

当 $\lambda_1=2$ 时，解齐次线性方程组 $(2E-A)X=\mathbf{0}$：

$$2E-A=\begin{bmatrix}-1 & 1\\ 1 & -1\end{bmatrix}\to\begin{bmatrix}1 & -1\\ 0 & 0\end{bmatrix}$$

得同解方程组 $\begin{cases}x_1=x_2\\ x_2=x_2\end{cases}$，从而得该方程组的基础解系 $\boldsymbol{\alpha}_1=\begin{bmatrix}1\\1\end{bmatrix}$，于是 A 的属于特征值 $\lambda_1=2$ 的全部特征向量是 $k_1\boldsymbol{\alpha}_1=k_1\begin{bmatrix}1\\1\end{bmatrix}\quad(k_1\neq 0)$。

当 $\lambda_2=4$ 时，解齐次线性方程组 $(4E-A)X=\mathbf{0}$：

$$4E-A=\begin{bmatrix}1 & 1\\ 1 & 1\end{bmatrix}\to\begin{bmatrix}1 & 1\\ 0 & 0\end{bmatrix}$$

得同解方程组$\begin{cases} x_1 = -x_2 \\ x_2 = \ \ x_2 \end{cases}$，从而得该方程组的基础解系$\boldsymbol{\alpha}_2 = \begin{bmatrix} -1 \\ 1 \end{bmatrix}$，于是 $\boldsymbol{A}$ 的属于特征值

$\lambda_2 = 4$ 的全部特征向量是 $k_2\boldsymbol{\alpha}_2 = k_2\begin{bmatrix} -1 \\ 1 \end{bmatrix}$　$(k_2 \neq 0)$。

例 4-5　求矩阵 $\boldsymbol{A} = \begin{bmatrix} 4 & 6 & 0 \\ -3 & -5 & 0 \\ -3 & -6 & 1 \end{bmatrix}$ 的特征值与特征向量。

解　由 $|\lambda\boldsymbol{E} - \boldsymbol{A}| = \begin{vmatrix} \lambda-4 & -6 & 0 \\ 3 & \lambda+5 & 0 \\ 3 & 6 & \lambda-1 \end{vmatrix} = \begin{vmatrix} \lambda-1 & \lambda-1 & 0 \\ 0 & \lambda-1 & 1-\lambda \\ 3 & 6 & \lambda-1 \end{vmatrix}$

$$= (\lambda-1)^2 \begin{vmatrix} 1 & 1 & 0 \\ 0 & 1 & -1 \\ 3 & 6 & \lambda-1 \end{vmatrix} = (\lambda-1)^2 \begin{vmatrix} 1 & 0 & 0 \\ 0 & 1 & -1 \\ 3 & 3 & \lambda-1 \end{vmatrix} = (\lambda+2)(\lambda-1)^2 = 0$$

得 $\boldsymbol{A}$ 的特征值是 $\lambda_1 = -2, \lambda_2 = \lambda_3 = 1$。

当 $\lambda_1 = -2$ 时，解齐次线性方程组 $(-2\boldsymbol{E} - \boldsymbol{A})\boldsymbol{X} = \boldsymbol{0}$：

$$-2\boldsymbol{E} - \boldsymbol{A} = \begin{bmatrix} -6 & -6 & 0 \\ 3 & 3 & 0 \\ 3 & 6 & -3 \end{bmatrix} \to \begin{bmatrix} 1 & 1 & 0 \\ 0 & 0 & 0 \\ 0 & 3 & -3 \end{bmatrix} \to \begin{bmatrix} 1 & 1 & 0 \\ 0 & 1 & -1 \\ 0 & 0 & 0 \end{bmatrix} \to \begin{bmatrix} 1 & 0 & 1 \\ 0 & 1 & -1 \\ 0 & 0 & 0 \end{bmatrix}$$

得同解方程组$\begin{cases} x_1 = -x_3 \\ x_2 = x_3 \\ x_3 = x_3 \end{cases}$，从而得该方程组的基础解系$\boldsymbol{\alpha}_1 = \begin{bmatrix} -1 \\ 1 \\ 1 \end{bmatrix}$，于是 $\boldsymbol{A}$ 的属于特征值

$\lambda_1 = -2$ 的全部特征向量是 $k_1\boldsymbol{\alpha}_1 = k_1\begin{bmatrix} -1 \\ 1 \\ 1 \end{bmatrix}$　$(k_1 \neq 0)$。

当 $\lambda_2 = \lambda_3 = 1$ 时，解齐次线性方程组 $(\boldsymbol{E} - \boldsymbol{A})\boldsymbol{X} = \boldsymbol{0}$：

$$\boldsymbol{E} - \boldsymbol{A} = \begin{bmatrix} -3 & -6 & 0 \\ 3 & 6 & 0 \\ 3 & 6 & 0 \end{bmatrix} \to \begin{bmatrix} 1 & 2 & 0 \\ 0 & 0 & 0 \\ 0 & 0 & 0 \end{bmatrix}$$

得同解方程组$\begin{cases} x_1 = -2x_2 \\ x_2 = \ \ x_2 \\ x_3 = \qquad x_3 \end{cases}$，从而得该方程组的基础解系$\boldsymbol{\alpha}_2 = \begin{bmatrix} -2 \\ 1 \\ 0 \end{bmatrix}$，$\boldsymbol{\alpha}_3 = \begin{bmatrix} 0 \\ 0 \\ 1 \end{bmatrix}$；于是 $\boldsymbol{A}$ 的属于特征值 $\lambda_2 = \lambda_3 = 1$ 的全部特征向量是

$$k_2\boldsymbol{\alpha}_2 + k_3\boldsymbol{\alpha}_3 = k_2\begin{bmatrix} -2 \\ 1 \\ 0 \end{bmatrix} + k_3\begin{bmatrix} 0 \\ 0 \\ 1 \end{bmatrix} \quad (k_2, k_3 \text{ 不全为 } 0)$$

2. 特征值与特征向量的基本性质

仿代数多项式定义，n 阶矩阵 $\boldsymbol{A}$ 的如下形式：

$$f(\boldsymbol{A})=b_m\boldsymbol{A}^m+b_{m-1}\boldsymbol{A}^{m-1}+b_{m-2}\boldsymbol{A}^{m-2}+\cdots+b_1\boldsymbol{A}+b_0\boldsymbol{E}$$

称为矩阵 $\boldsymbol{A}$ 的多项式。

定理 4-1 设 λ_0 是 n 阶矩阵 $\boldsymbol{A}$ 的一个特征值。

(1) 若 $f(\boldsymbol{A})=b_m\boldsymbol{A}^m+b_{m-1}\boldsymbol{A}^{m-1}+b_{m-2}\boldsymbol{A}^{m-2}+\cdots+b_1\boldsymbol{A}+b_0\boldsymbol{E}$

$$f(\lambda)=b_m\lambda^m+b_{m-1}\lambda^{m-1}+b_{m-2}\lambda^{m-2}+\cdots+b_1\lambda+b_0$$

则 $f(\lambda_0)$ 是矩阵 $f(\boldsymbol{A})$ 的特征值；

(2) 若 $\boldsymbol{A}$ 可逆，则 $\dfrac{1}{\lambda_0},\dfrac{|\boldsymbol{A}|}{\lambda_0}$ 分别是矩阵 $\boldsymbol{A}^{-1},\boldsymbol{A}^*$ 的特征值。

证明 设 $\boldsymbol{\alpha}$ 是 $\boldsymbol{A}$ 的属于 λ_0 的特征向量。

(1) 因 $\boldsymbol{A\alpha}=\lambda_0\boldsymbol{\alpha}$，则 $\boldsymbol{A}^2\boldsymbol{\alpha}=\boldsymbol{A}(\boldsymbol{A\alpha})=\boldsymbol{A}(\lambda_0\boldsymbol{\alpha})=\lambda_0(\boldsymbol{A\alpha})=\lambda_0^2\boldsymbol{\alpha}$，从而易得 $\boldsymbol{A}^k\boldsymbol{\alpha}=\lambda_0^k\boldsymbol{\alpha}$，于是

$$\begin{aligned}f(\boldsymbol{A})\boldsymbol{\alpha}&=b_m\boldsymbol{A}^m\boldsymbol{\alpha}+b_{m-1}\boldsymbol{A}^{m-1}\boldsymbol{\alpha}+b_{m-2}\boldsymbol{A}^{m-2}\boldsymbol{\alpha}+\cdots+b_1\boldsymbol{A\alpha}+b_0\boldsymbol{\alpha}\\&=(b_m\lambda_0^m+b_{m-1}\lambda_0^{m-1}+b_{m-2}\lambda_0^{m-2}+\cdots+b_1\lambda_0+b_0)\boldsymbol{\alpha}=f(\lambda_0)\boldsymbol{\alpha}\end{aligned}$$

(2) 因 $\boldsymbol{A}$ 可逆，且 $\boldsymbol{A\alpha}=\lambda_0\boldsymbol{\alpha}$，则 $\boldsymbol{A}^{-1}(A\alpha)=\boldsymbol{A}^{-1}(\lambda_0\alpha)$，即 $\boldsymbol{\alpha}=\lambda_0(\boldsymbol{A}^{-1}\boldsymbol{\alpha})$，从而 $\dfrac{1}{\lambda_0}\boldsymbol{\alpha}=\boldsymbol{A}^{-1}\boldsymbol{\alpha}$；因此 $\dfrac{1}{\lambda_0}$ 是 $\boldsymbol{A}^{-1}$ 的特征值。

又由 $\boldsymbol{A}^*\boldsymbol{A}=|\boldsymbol{A}|\boldsymbol{E}$，$\boldsymbol{A\alpha}=\lambda_0\boldsymbol{\alpha}$，则 $\boldsymbol{A}^*(A\alpha)=\boldsymbol{A}^*(\lambda_0\boldsymbol{\alpha})$，得 $|\boldsymbol{A}|\boldsymbol{\alpha}=\lambda_0(\boldsymbol{A}^*\boldsymbol{\alpha})$，从而 $\dfrac{|\boldsymbol{A}|}{\lambda_0}\boldsymbol{\alpha}=\boldsymbol{A}^*\boldsymbol{\alpha}$，因此 $\dfrac{|\boldsymbol{A}|}{\lambda_0}$ 是 $\boldsymbol{A}^*$ 的特征值。

[注] $\boldsymbol{A}$ 的属于特征值 λ_0 的特征向量 $\boldsymbol{\alpha}$ 也分别是矩阵 $f(\boldsymbol{A})$，$\boldsymbol{A}^{-1},\boldsymbol{A}^*$ 属于相应特征值 $f(\lambda_0)$，$\dfrac{1}{\lambda_0},\dfrac{|\boldsymbol{A}|}{\lambda_0}$ 的特征向量。

定理 4-2 n 阶矩阵 $\boldsymbol{A}$ 与其转置矩阵 $\boldsymbol{A}^{\mathrm{T}}$ 有相同的特征值。

证明 矩阵的特征值必为特征方程的根。由于 $|\lambda\boldsymbol{E}-\boldsymbol{A}|=|(\lambda\boldsymbol{E}-\boldsymbol{A})^{\mathrm{T}}|=|\lambda\boldsymbol{E}-\boldsymbol{A}^{\mathrm{T}}|$，故 $\boldsymbol{A}$ 与 $\boldsymbol{A}^{\mathrm{T}}$ 有相同的特征值。

[注] $\boldsymbol{A}$ 与 $\boldsymbol{A}^{\mathrm{T}}$ 的特征向量不一定相同。

定理 4-3 设 n 阶矩阵 $\boldsymbol{A}=(a_{i,j})$ 的全部特征值为 $\lambda_1,\lambda_2,\cdots,\lambda_n$ (其中可能有重根，复根)，则

(1) $\lambda_1+\lambda_2+\cdots+\lambda_n=a_{11}+a_{22}+\cdots+a_{nn}=tr(\boldsymbol{A})$ ($\boldsymbol{A}$ 的迹) (4-2)

(2) $\lambda_1\lambda_2\cdots\lambda_n=|\boldsymbol{A}|$ (4-3)

证明 (1) 将 $\boldsymbol{A}$ 的特征多项式展开(注意展开式可写成对角线上元素乘积与其余项之和两部分)

$$\begin{aligned}|\lambda\boldsymbol{E}-\boldsymbol{A}|&=\begin{vmatrix}\lambda-a_{11}&-a_{12}&\cdots&-a_{1n}\\-a_{21}&\lambda-a_{22}&\cdots&-a_{2n}\\\vdots&\vdots&\ddots&\vdots\\-a_{n1}&-a_{n2}&\cdots&\lambda-a_{nn}\end{vmatrix}\\&=(\lambda-a_{11})(\lambda-a_{22})\cdots(\lambda-a_{nn})+f_{n-2}(\lambda)\\&=\lambda^n-(a_{11}+a_{22}+\cdots+a_{nn})\lambda^{n-1}+g_{n-2}(\lambda)\end{aligned}$$

其中 $g_{n-2}(\lambda), f_{n-2}(\lambda)$ 都是次数不超过 $n-2$ 的多项式。又由 $\boldsymbol{A}$ 的特征值 $\lambda_1,\lambda_2,\cdots,\lambda_n$ 是特征方程的根，于是又有

$$\begin{aligned}|\lambda\boldsymbol{E}-\boldsymbol{A}| &= (\lambda-\lambda_1)(\lambda-\lambda_2)\cdots(\lambda-\lambda_n) \\ &= \lambda^n-(\lambda_1+\lambda_2+\cdots+\lambda_n)\lambda^{n-1}+\cdots+(-1)^n(\lambda_1\lambda_2\cdots\lambda_n)\end{aligned}$$

比较多项式同次幂的系数可得 $a_{11}+a_{22}+\cdots+a_{nn}=\lambda_1+\lambda_2+\cdots+\lambda_n$。

(2) 由 $|0\boldsymbol{E}-\boldsymbol{A}|=(-1)^n|\boldsymbol{A}|=(-1)^n\lambda_1\lambda_2\cdots\lambda_n$，得 $\lambda_1\lambda_2\cdots\lambda_n=|\boldsymbol{A}|$。

定理 4-4　n 阶矩阵 $\boldsymbol{A}$ 的互不相同的特征值 $\lambda_1,\lambda_2,\cdots,\lambda_m$ 对应的特征向量 $\boldsymbol{\alpha}_1,\boldsymbol{\alpha}_2,\cdots,\boldsymbol{\alpha}_m$ 线性无关。

证明　采用数学归纳法。

$m=1$ 时，因特征向量 $\boldsymbol{\alpha}_1\neq\boldsymbol{0}$，所以 $\boldsymbol{\alpha}_1$ 线性无关。

设 $m=l$ 时，$\boldsymbol{\alpha}_1,\boldsymbol{\alpha}_2,\cdots,\boldsymbol{\alpha}_l$ 线性无关。下面证明 $\boldsymbol{\alpha}_1,\boldsymbol{\alpha}_2,\cdots,\boldsymbol{\alpha}_l,\boldsymbol{\alpha}_{l+1}$ 也线性无关。

若

$$k_1\boldsymbol{\alpha}_1+\cdots+k_l\boldsymbol{\alpha}_l+k_{l+1}\boldsymbol{\alpha}_{l+1}=\boldsymbol{0} \tag{4-4}$$

式(4-4)左乘 $\boldsymbol{A}$，利用 $\boldsymbol{A\alpha}_i=\lambda_i\boldsymbol{\alpha}_i$ 可得

$$k_1\lambda_1\boldsymbol{\alpha}_1+\cdots+k_l\lambda_l\boldsymbol{\alpha}_l+k_{l+1}\lambda_{l+1}\boldsymbol{\alpha}_{l+1}=\boldsymbol{0} \tag{4-5}$$

(4-5) $-\lambda_{l+1}$(4-4)：　$k_1(\lambda_1-\lambda_{l+1})\boldsymbol{\alpha}_1+\cdots+k_1(\lambda_1-\lambda_{l+1})\boldsymbol{\alpha}_l=\boldsymbol{0}$

因为 $\boldsymbol{\alpha}_1,\boldsymbol{\alpha}_2,\cdots,\boldsymbol{\alpha}_l$ 线性无关(归纳法假设)，所以

$$k_1(\lambda_1-\lambda_{l+1})=0,\cdots,k_l(\lambda_l-\lambda_{l+1})=0$$

又 $\lambda_1,\lambda_2,\cdots,\lambda_{l+1}$ 互异，得 $k_1=0,\cdots,k_l=0$，代入式(4-4)，得 $k_{l+1}\boldsymbol{\alpha}_{l+1}=0\Rightarrow k_{l+1}=0$。故 $\boldsymbol{\alpha}_1,\boldsymbol{\alpha}_2,\cdots,\boldsymbol{\alpha}_l,\boldsymbol{\alpha}_{l+1}$ 线性无关。根据归纳法原理，对于任意正整数 m，结论成立。

4.2　相似矩阵与矩阵对角化

1. 相似矩阵及其性质

定义 4-3　设 $\boldsymbol{A},\boldsymbol{B}$ 为 n 阶矩阵，若有可逆矩阵 $\boldsymbol{P}$，使得 $\boldsymbol{P}^{-1}\boldsymbol{AP}=\boldsymbol{B}$，则称 $\boldsymbol{A}$ 与 $\boldsymbol{B}$ 相似，记作 $\boldsymbol{A}\sim\boldsymbol{B}$。

定理 4-5

(1) $\boldsymbol{A}\sim\boldsymbol{A}$；

(2) 若 $\boldsymbol{A}\sim\boldsymbol{B}$，则 $\boldsymbol{B}\sim\boldsymbol{A}$；

(3) 若 $\boldsymbol{A}\sim\boldsymbol{B},\boldsymbol{B}\sim\boldsymbol{C}$，则 $\boldsymbol{A}\sim\boldsymbol{C}$。

定理 4-6　若 $\boldsymbol{A}\sim\boldsymbol{B}$，则

(1) $|\lambda\boldsymbol{E}-\boldsymbol{A}|=|\lambda\boldsymbol{E}-\boldsymbol{B}|$，从而 $\boldsymbol{A}$ 与 $\boldsymbol{B}$ 有相同的特征值；

(2) $|\boldsymbol{A}|=|\boldsymbol{B}|$；

(3) $r(\boldsymbol{A})=r(\boldsymbol{B})$；

(4) $\boldsymbol{A}^{-1}\sim\boldsymbol{B}^{-1}$；

(5) $\sum_{i=1}^{n}a_{ii}=\sum_{i=1}^{n}b_{ii}$。

证明

(1)
$$\begin{aligned}|\lambda\boldsymbol{E}-\boldsymbol{B}| &= |\lambda(\boldsymbol{P}^{-1}\boldsymbol{P})-(\boldsymbol{P}^{-1}\boldsymbol{AP})|=|\boldsymbol{P}^{-1}(\lambda\boldsymbol{E}-\boldsymbol{A})\boldsymbol{P}| \\ &= |\boldsymbol{P}^{-1}||\lambda\boldsymbol{E}-\boldsymbol{A}||\boldsymbol{P}|=|\lambda\boldsymbol{E}-\boldsymbol{A}|\end{aligned}$$

(2) $|\boldsymbol{B}|=|\boldsymbol{P}^{-1}\boldsymbol{A}\boldsymbol{P}|=|\boldsymbol{P}^{-1}||\boldsymbol{A}||\boldsymbol{P}|=|\boldsymbol{A}|$

(3) $r(\boldsymbol{B})=r(\boldsymbol{P}^{-1}\boldsymbol{A}\boldsymbol{P})=r(\boldsymbol{A})$

(4) 因 $\boldsymbol{P}^{-1}\boldsymbol{A}\boldsymbol{P}=\boldsymbol{B}$，则 $(\boldsymbol{P}^{-1}\boldsymbol{A}\boldsymbol{P})^{-1}=\boldsymbol{B}^{-1}$，从而 $\boldsymbol{P}^{-1}\boldsymbol{A}^{-1}\boldsymbol{P}=\boldsymbol{B}^{-1}$

(5) 若 $\boldsymbol{A}\sim\boldsymbol{B}$，则 $\boldsymbol{A}$ 与 $\boldsymbol{B}$ 有相同的特征值 $\lambda_1,\lambda_2,\cdots,\lambda_n$，于是

$$\lambda_1+\lambda_2+\cdots+\lambda_n=\sum_{i=1}^{n}a_{ii}=\sum_{i=1}^{n}b_{ii}$$

[注] 相似矩阵的特征向量不一定相同。

2. *n* 阶矩阵与对角矩阵相似的条件

相似矩阵有许多共同性质，因此，对于 n 阶矩阵 $\boldsymbol{A}$，我们希望在与 $\boldsymbol{A}$ 相似的矩阵中寻找一个较简单的矩阵——对角矩阵，于是可将研究矩阵 $\boldsymbol{A}$ 的性质转化为研究对角矩阵的性质。

若 n 阶矩阵 $\boldsymbol{A}$ 能与一个对角矩阵相似，即 $\boldsymbol{A}\sim\boldsymbol{\Lambda}=\begin{bmatrix}\lambda_1 & & & \\ & \lambda_2 & & \\ & & \ddots & \\ & & & \lambda_n\end{bmatrix}$，则称 $\boldsymbol{A}$ 可对角化。

定理 4-7 n 阶矩阵 $\boldsymbol{A}$ 可对角化的充分必要条件是 $\boldsymbol{A}$ 有 n 个线性无关的特征向量。

证明 必要性：设存在可逆矩阵 $\boldsymbol{P}$，使得

$$\boldsymbol{P}^{-1}\boldsymbol{A}\boldsymbol{P}=\begin{bmatrix}\lambda_1 & & & \\ & \lambda_2 & & \\ & & \ddots & \\ & & & \lambda_n\end{bmatrix}=\boldsymbol{\Lambda}$$

即 $\boldsymbol{A}\boldsymbol{P}=\boldsymbol{P}\boldsymbol{\Lambda}$。将 $\boldsymbol{P}$ 按列分块：$\boldsymbol{P}=(\boldsymbol{\alpha}_1\ \boldsymbol{\alpha}_2\ \cdots\ \boldsymbol{\alpha}_n)$，则有

$$\boldsymbol{A}(\boldsymbol{\alpha}_1\ \boldsymbol{\alpha}_2\ \cdots\ \boldsymbol{\alpha}_n)=(\boldsymbol{\alpha}_1\ \boldsymbol{\alpha}_2\ \cdots\ \boldsymbol{\alpha}_n)\boldsymbol{\Lambda}$$

即 $(\boldsymbol{A}\boldsymbol{\alpha}_1\ \boldsymbol{A}\boldsymbol{\alpha}_2\ \cdots\ \boldsymbol{A}\boldsymbol{\alpha}_n)=(\lambda_1\boldsymbol{\alpha}_1\ \lambda_2\boldsymbol{\alpha}_2\ \cdots\ \lambda_n\boldsymbol{\alpha}_n)$，从而

$$\boldsymbol{A}\boldsymbol{\alpha}_i=\lambda_i\boldsymbol{\alpha}_i\quad(i=1,2,\cdots,n)$$

因为 $\boldsymbol{P}$ 为可逆矩阵，所以它的列向量组 $\boldsymbol{\alpha}_1,\boldsymbol{\alpha}_2,\cdots,\boldsymbol{\alpha}_n$ 线性无关。上式表明：$\boldsymbol{\alpha}_1,\boldsymbol{\alpha}_2,\cdots,\boldsymbol{\alpha}_n$ 是 $\boldsymbol{A}$ 的 n 个线性无关的特征向量。

充分性：设 $\boldsymbol{\alpha}_1,\boldsymbol{\alpha}_2,\cdots,\boldsymbol{\alpha}_n$ 线性无关，且满足 $\boldsymbol{A}\boldsymbol{\alpha}_i=\lambda_i\boldsymbol{\alpha}_i\quad(i=1,2,\cdots,n)$，则 $\boldsymbol{P}=(\boldsymbol{\alpha}_1\ \boldsymbol{\alpha}_2\ \cdots\ \boldsymbol{\alpha}_n)$ 为可逆矩阵，且有

$$\boldsymbol{A}\boldsymbol{P}=(\boldsymbol{A}\boldsymbol{\alpha}_1\ \boldsymbol{A}\boldsymbol{\alpha}_2\ \cdots\ \boldsymbol{A}\boldsymbol{\alpha}_n)=(\lambda_1\boldsymbol{\alpha}_1\ \lambda_2\boldsymbol{\alpha}_2\ \cdots\ \lambda_n\boldsymbol{\alpha}_n)=(\boldsymbol{\alpha}_1,\boldsymbol{\alpha}_2,\cdots,\boldsymbol{\alpha}_n)\boldsymbol{\Lambda}=\boldsymbol{P}\boldsymbol{\Lambda}$$

即 $\boldsymbol{P}^{-1}\boldsymbol{A}\boldsymbol{P}=\boldsymbol{\Lambda}$。

推论 1 若 $\boldsymbol{A}\sim\boldsymbol{\Lambda}=\begin{bmatrix}\lambda_1 & 0 & \cdots & 0\\ 0 & \lambda_2 & \cdots & 0\\ \vdots & \vdots & \ddots & \vdots\\ 0 & 0 & \cdots & \lambda_n\end{bmatrix}$，则 $\boldsymbol{\Lambda}$ 的主对角元素 $\lambda_1,\lambda_2,\cdots,\lambda_n$ 为 $\boldsymbol{A}$ 的特征值。

证明 由于

$$|\lambda E - A| = |\lambda E - \Lambda| = \begin{vmatrix} \lambda-\lambda_1 & 0 & \cdots & 0 \\ 0 & \lambda-\lambda_2 & \cdots & 0 \\ \vdots & \vdots & \ddots & \vdots \\ 0 & 0 & \cdots & \lambda-\lambda_n \end{vmatrix} = (\lambda-\lambda_1)(\lambda-\lambda_2)\cdots(\lambda-\lambda_n) = 0$$

故 $\boldsymbol{A}$ 的主对角元素 $\lambda_1,\lambda_2,\cdots,\lambda_n$ 为 $\boldsymbol{A}$ 的特征值。

推论 2　若 n 阶矩阵 $\boldsymbol{A}$ 有 n 个互异的特征值，则 $\boldsymbol{A}$ 可对角化。

证明　由定理 4-4 立得。

推论 3　n 阶矩阵 $\boldsymbol{A}$ 可对角化的充分必要条件是对 $\boldsymbol{A}$ 的每一特征值 λ_i，都有

$$r(\lambda_i E - A) = n - r_i \tag{4-6}$$

其中，r_i 为特征值 λ_i 重数。

证明略。

例 4-6　求可逆矩阵 $\boldsymbol{P}$，化 $\boldsymbol{A}=\begin{bmatrix} 3 & -1 \\ -1 & 3 \end{bmatrix}$ 为对角矩阵。

解　由例 4-4 得，$\boldsymbol{\alpha}_1=\begin{bmatrix} 1 \\ 1 \end{bmatrix}$，$\boldsymbol{\alpha}_2=\begin{bmatrix} -1 \\ 1 \end{bmatrix}$ 分别是属于 $\boldsymbol{A}$ 的特征值 $\lambda_1=2,\lambda_2=4$ 的特征向量。于是若令 $\boldsymbol{P}=(\boldsymbol{\alpha}_1,\ \boldsymbol{\alpha}_2)=\begin{bmatrix} 1 & -1 \\ 1 & 1 \end{bmatrix}$，则有

$$P^{-1}AP = \begin{bmatrix} 1 & -1 \\ 1 & 1 \end{bmatrix}^{-1} \begin{bmatrix} 3 & -1 \\ -1 & 3 \end{bmatrix} \begin{bmatrix} 1 & -1 \\ 1 & 1 \end{bmatrix} = \begin{bmatrix} \frac{1}{2} & \frac{1}{2} \\ -\frac{1}{2} & \frac{1}{2} \end{bmatrix} \begin{bmatrix} 3 & -1 \\ -1 & 3 \end{bmatrix} \begin{bmatrix} 1 & -1 \\ 1 & 1 \end{bmatrix} = \begin{bmatrix} 2 & 0 \\ 0 & 4 \end{bmatrix}$$

例 4-7　下列矩阵是否能对角化：

(1) $\boldsymbol{A}=\begin{bmatrix} 1 & 2 & 2 \\ 2 & 1 & 2 \\ 2 & 2 & 1 \end{bmatrix}$　　　(2) $\boldsymbol{A}=\begin{bmatrix} -1 & 1 & 0 \\ -4 & 3 & 0 \\ 1 & 0 & 2 \end{bmatrix}$

解

(1) 由

$$|\lambda E - A| = \begin{vmatrix} \lambda-1 & -2 & -2 \\ -2 & \lambda-1 & -2 \\ -2 & -2 & \lambda-1 \end{vmatrix} = (\lambda-5)\begin{vmatrix} 1 & 1 & 1 \\ -2 & \lambda-1 & -2 \\ -2 & -2 & \lambda-1 \end{vmatrix} = (\lambda-5)(\lambda+1)^2 = 0$$

得 $\boldsymbol{A}$ 的特征值 $\lambda_1=5,\lambda_2=\lambda_3=-1$。利用式(4-6)，即 $r(\lambda_i E - A) = n - r_i$ 得：

对 $\lambda_1=5$，有 $r(5E-A)=r\begin{bmatrix} 4 & -2 & -2 \\ -2 & 4 & -2 \\ -2 & -2 & 4 \end{bmatrix}=2=3-1$

对 $\lambda_2=\lambda_3=-1$，有 $r(-1E-A)=r\begin{bmatrix} -2 & -2 & -2 \\ -2 & -2 & -2 \\ -2 & -2 & -2 \end{bmatrix}=1=3-2$

所以矩阵 $\boldsymbol{A}$ 可以对角化。

(2) 由 $|\lambda E - A| = \begin{vmatrix} \lambda+1 & -1 & 0 \\ 4 & \lambda-3 & 0 \\ -1 & 0 & \lambda-2 \end{vmatrix} = (\lambda-2)(\lambda-1)^2 = 0$

得 A 的特征值 $\lambda_1 = 2, \lambda_2 = \lambda_3 = 1$。利用式(4-6)，即 $r(\lambda_i E - A) = n - r_i$ 得：

对 $\lambda_1 = 2$，有 $r(2E - A) = r\begin{bmatrix} 3 & -1 & 0 \\ 4 & -1 & 0 \\ -1 & 0 & 0 \end{bmatrix} = 2 = 3 - 1$

对 $\lambda_2 = \lambda_3 = 1$，有 $r(1 \cdot E - A) = r\begin{bmatrix} 2 & -1 & 0 \\ 4 & -2 & 0 \\ -1 & 0 & -1 \end{bmatrix} = 2 \neq 3 - 2$

所以矩阵 A 不能对角化。

4.3　实对称矩阵的特征值与特征向量

1. 向量内积

定义 4-4　设实向量 $\boldsymbol{\alpha} = \begin{bmatrix} a_1 \\ a_2 \\ \vdots \\ a_n \end{bmatrix}$，$\boldsymbol{\beta} = \begin{bmatrix} b_1 \\ b_2 \\ \vdots \\ b_n \end{bmatrix}$

(1) 称实数 $(\boldsymbol{\alpha}, \boldsymbol{\beta}) = \boldsymbol{\alpha}^{\mathrm{T}} \boldsymbol{\beta} = a_1 b_1 + a_2 b_2 + \cdots + a_n b_n$ 为向量 $\boldsymbol{\alpha}, \boldsymbol{\beta}$ 的内积；

(2) 若 $(\boldsymbol{\alpha}, \boldsymbol{\beta}) = 0$，则称 $\boldsymbol{\alpha}$ 与 $\boldsymbol{\beta}$ 正交；

(3) 称 $\|\boldsymbol{\alpha}\| = \sqrt{(\boldsymbol{\alpha}, \boldsymbol{\alpha})} = \sqrt{\sum_{i=1}^{n} a_i^2}$ 为向量 $\boldsymbol{\alpha}$ 的长度；

(4) 若 $\|\boldsymbol{\alpha}\| = 1$，则称 $\boldsymbol{\alpha}$ 为单位向量。

性质

(1) $(\boldsymbol{\alpha}, \boldsymbol{\beta}) = (\boldsymbol{\beta}, \boldsymbol{\alpha})$

(2) $(\boldsymbol{\alpha}_1 + \boldsymbol{\alpha}_2, \boldsymbol{\beta}) = (\boldsymbol{\alpha}_1, \boldsymbol{\beta}) + (\boldsymbol{\alpha}_2, \boldsymbol{\beta})$

(3) $(k\boldsymbol{\alpha}, \boldsymbol{\beta}) = k(\boldsymbol{\alpha}, \boldsymbol{\beta})$

(4) $\|\boldsymbol{\alpha}\| \geqslant 0$，且 $\|\boldsymbol{\alpha}\| = 0 \Leftrightarrow \boldsymbol{\alpha} = \boldsymbol{0}$

(5) $\|k\boldsymbol{\alpha}\| = |k| \|\boldsymbol{\alpha}\|$

(6) $|(\boldsymbol{\alpha}, \boldsymbol{\beta})| \leqslant \|\boldsymbol{\alpha}\| \|\boldsymbol{\beta}\|$

[注]

(1) 零向量与任何向量的内积都为 0，因此零向量与任何向量都正交；

(2) 若 $\boldsymbol{\alpha} \neq \boldsymbol{0}$，则 $\dfrac{\boldsymbol{\alpha}}{\|\boldsymbol{\alpha}\|}$ 是单位向量，称它为将 $\boldsymbol{\alpha}$ 单位化。

2. 正交向量组

定义 4-5

(1) 如果非零向量组 $\boldsymbol{\alpha}_1, \boldsymbol{\alpha}_2, \cdots, \boldsymbol{\alpha}_s$ 两两正交，即

$$(\boldsymbol{\alpha}_i,\boldsymbol{\alpha}_j)=0,\quad i\neq j;\ \boldsymbol{\alpha}_i\neq\mathbf{0}\quad i,j=1,2,\cdots,n$$

则称 $\boldsymbol{\alpha}_1,\boldsymbol{\alpha}_2,\cdots,\boldsymbol{\alpha}_s$ 为正交向量组。

(2) 若 $\boldsymbol{\alpha}_1,\boldsymbol{\alpha}_2,\cdots,\boldsymbol{\alpha}_s$ 为正交向量组，且 $\|\boldsymbol{\alpha}_i\|=1,\quad i=1,2,\cdots,n$

则称 $\boldsymbol{\alpha}_1,\boldsymbol{\alpha}_2,\cdots,\boldsymbol{\alpha}_s$ 为单位正交向量组。

[注] n 维单位向量组 $\boldsymbol{\varepsilon}_1=\begin{bmatrix}1\\0\\\vdots\\0\end{bmatrix},\boldsymbol{\varepsilon}_2=\begin{bmatrix}0\\1\\\vdots\\0\end{bmatrix},\cdots,\boldsymbol{\varepsilon}_n=\begin{bmatrix}0\\0\\\vdots\\1\end{bmatrix}$ 是单位正交向量组。

定理 4-8　正交向量组 $\boldsymbol{\alpha}_1,\boldsymbol{\alpha}_2,\cdots,\boldsymbol{\alpha}_s$ 线性无关。

证明　若 $k_1\boldsymbol{\alpha}_1+k_2\boldsymbol{\alpha}_2+\cdots+k_s\boldsymbol{\alpha}_s=\mathbf{0}$，等式两端同乘 $\boldsymbol{\alpha}_1^{\mathrm{T}}$ 得，$k_1\boldsymbol{\alpha}_1^{\mathrm{T}}\boldsymbol{\alpha}_1=k_1(\boldsymbol{\alpha}_1,\boldsymbol{\alpha}_1)=0$。由于 $\boldsymbol{\alpha}_1\neq\mathbf{0}$，则 $(\boldsymbol{\alpha}_1,\boldsymbol{\alpha}_2)\neq 0$，所以 $k_1=0$，按对称性易得 $k_2=0,\cdots,k_s=0$。因此 $\boldsymbol{\alpha}_1,\boldsymbol{\alpha}_2,\cdots,\boldsymbol{\alpha}_s$ 线性无关。

如果我们已知一线性无关的向量组 $\boldsymbol{\alpha}_1,\boldsymbol{\alpha}_2,\cdots,\boldsymbol{\alpha}_s$，如何通过它求得一正交向量组呢？施密特(Schmidt)正交化方法(把一个线性无关的向量组改造为与之等价的正交向量组)是一种简便实用有效的方法。

设 $\boldsymbol{\alpha}_1,\boldsymbol{\alpha}_2,\cdots,\boldsymbol{\alpha}_s$ 线性无关，令：

$$\boldsymbol{\beta}_1=\boldsymbol{\alpha}_1$$

$$\boldsymbol{\beta}_2=\boldsymbol{\alpha}_2-\frac{(\boldsymbol{\alpha}_2,\boldsymbol{\beta}_1)}{(\boldsymbol{\beta}_1,\boldsymbol{\beta}_1)}\boldsymbol{\beta}_1$$

$$\boldsymbol{\beta}_3=\boldsymbol{\alpha}_3-\frac{(\boldsymbol{\alpha}_3,\boldsymbol{\beta}_1)}{(\boldsymbol{\beta}_1,\boldsymbol{\beta}_1)}\boldsymbol{\beta}_1-\frac{(\boldsymbol{\alpha}_3,\boldsymbol{\beta}_2)}{(\boldsymbol{\beta}_2,\boldsymbol{\beta}_2)}\boldsymbol{\beta}_2$$

$$\boldsymbol{\beta}_s=\boldsymbol{\alpha}_s-\frac{(\boldsymbol{\alpha}_s,\boldsymbol{\beta}_1)}{(\boldsymbol{\beta}_1,\boldsymbol{\beta}_1)}\boldsymbol{\beta}_1-\frac{(\boldsymbol{\alpha}_s,\boldsymbol{\beta}_2)}{(\boldsymbol{\beta}_2,\boldsymbol{\beta}_2)}\boldsymbol{\beta}_2-\cdots-\frac{(\boldsymbol{\alpha}_s,\boldsymbol{\beta}_{s-1})}{(\boldsymbol{\beta}_{s-1},\boldsymbol{\beta}_{s-1})}\boldsymbol{\beta}_{s-1}$$

可以验证 $\boldsymbol{\beta}_1,\boldsymbol{\beta}_2,\cdots,\boldsymbol{\beta}_s$ 是正交向量组。

而且可将它们单位化：$\boldsymbol{\eta}_1=\dfrac{\boldsymbol{\beta}_1}{\|\boldsymbol{\beta}_1\|}$，$\boldsymbol{\eta}_2=\dfrac{\boldsymbol{\beta}_2}{\|\boldsymbol{\beta}_2\|},\cdots,\boldsymbol{\eta}_s=\dfrac{\boldsymbol{\beta}_s}{\|\boldsymbol{\beta}_s\|}$

则 $\boldsymbol{\eta}_1,\boldsymbol{\eta}_2,\cdots,\boldsymbol{\eta}_s$ 是与 $\boldsymbol{\alpha}_1,\boldsymbol{\alpha}_2,\cdots,\boldsymbol{\alpha}_s$ 等价的单位正交向量组。

例 4-8　已知线性无关向量组 $\boldsymbol{\alpha}_1=\begin{bmatrix}1\\1\\1\\0\end{bmatrix}$，$\boldsymbol{\alpha}_2=\begin{bmatrix}0\\1\\2\\1\end{bmatrix}$，$\boldsymbol{\alpha}_3=\begin{bmatrix}3\\1\\-2\\1\end{bmatrix}$，将其正交化，再将其单位化。

解　正交化：$\boldsymbol{\beta}_1=\boldsymbol{\alpha}_1=\begin{bmatrix}1\\1\\1\\0\end{bmatrix}$

$$\boldsymbol{\beta}_2=\boldsymbol{\alpha}_2-\frac{(\boldsymbol{\alpha}_2,\boldsymbol{\beta}_1)}{(\boldsymbol{\beta}_1,\boldsymbol{\beta}_1)}\boldsymbol{\beta}_1=\begin{bmatrix}0\\1\\2\\1\end{bmatrix}-\frac{3}{3}\begin{bmatrix}1\\1\\1\\0\end{bmatrix}=\begin{bmatrix}-1\\0\\1\\1\end{bmatrix}$$

$$\boldsymbol{\beta}_3=\boldsymbol{\alpha}_3-\frac{(\boldsymbol{\alpha}_3,\boldsymbol{\beta}_1)}{(\boldsymbol{\beta}_1,\boldsymbol{\beta}_1)}\boldsymbol{\beta}_1-\frac{(\boldsymbol{\alpha}_3,\boldsymbol{\beta}_2)}{(\boldsymbol{\beta}_2,\boldsymbol{\beta}_2)}\boldsymbol{\beta}_2=\begin{bmatrix}3\\1\\-2\\1\end{bmatrix}-\frac{2}{3}\begin{bmatrix}1\\1\\1\\0\end{bmatrix}-\frac{-4}{3}\begin{bmatrix}-1\\0\\1\\1\end{bmatrix}=\frac{1}{3}\begin{bmatrix}3\\1\\-4\\7\end{bmatrix}$$

单位化：$\boldsymbol{\eta}_1=\dfrac{\boldsymbol{\beta}_1}{\|\boldsymbol{\beta}_1\|}=\dfrac{1}{\sqrt{3}}\begin{bmatrix}1\\1\\1\\0\end{bmatrix}$，$\boldsymbol{\eta}_2=\dfrac{\boldsymbol{\beta}_2}{\|\boldsymbol{\beta}_2\|}=\dfrac{1}{\sqrt{3}}\begin{bmatrix}-1\\0\\1\\1\end{bmatrix}$，$\boldsymbol{\eta}_3=\dfrac{\boldsymbol{\beta}_3}{\|\boldsymbol{\beta}_3\|}=\dfrac{1}{\sqrt{75}}\begin{bmatrix}3\\1\\-4\\7\end{bmatrix}$

3. 正交矩阵

定义 4-6 设 $\boldsymbol{Q}$ 为 n 阶实矩阵，如果满足 $\boldsymbol{Q}^{\mathrm{T}}\boldsymbol{Q}=\boldsymbol{E}$，则称 $\boldsymbol{Q}$ 为正交矩阵。

性质

(1) 若 $\boldsymbol{Q}$ 为正交矩阵，则 $|\boldsymbol{Q}|=\pm1$；

(2) 若 $\boldsymbol{Q}$ 为正交矩阵，则 $\boldsymbol{Q}^{\mathrm{T}}=\boldsymbol{Q}^{-1}$；

(3) 若 $\boldsymbol{P},\boldsymbol{Q}$ 都是正交矩阵，则 $\boldsymbol{PQ}$ 也是正交矩阵。

证明

(1) 因 $\boldsymbol{Q}^{\mathrm{T}}\boldsymbol{Q}=\boldsymbol{E}$，则 $|\boldsymbol{Q}^{\mathrm{T}}\boldsymbol{Q}|=|\boldsymbol{E}|=1$，即 $|\boldsymbol{Q}^{\mathrm{T}}||\boldsymbol{Q}|=|\boldsymbol{Q}|^2=1$，于是 $|\boldsymbol{Q}|=\pm1$。

(2) 因 $\boldsymbol{Q}^{\mathrm{T}}\boldsymbol{Q}=\boldsymbol{E}$，则 $\boldsymbol{Q}^{\mathrm{T}}=\boldsymbol{Q}^{-1}$。

(3) 若 $\boldsymbol{P}^{\mathrm{T}}\boldsymbol{P}=\boldsymbol{E},\boldsymbol{Q}^{\mathrm{T}}\boldsymbol{Q}=\boldsymbol{E}$，则 $(\boldsymbol{PQ})^{\mathrm{T}}(\boldsymbol{PQ})=\boldsymbol{Q}^{\mathrm{T}}\boldsymbol{P}^{\mathrm{T}}\boldsymbol{PQ}=\boldsymbol{E}$。

定理 4-9 (1) $\boldsymbol{Q}=(\boldsymbol{\beta}_1,\boldsymbol{\beta}_2,\cdots,\boldsymbol{\beta}_n)$ 是正交矩阵 $\Leftrightarrow$ $\boldsymbol{Q}$ 的列向量组 $\boldsymbol{\beta}_1,\boldsymbol{\beta}_2,\cdots,\boldsymbol{\beta}_n$ 是单位正交向量组；

(2) $\boldsymbol{Q}=\begin{bmatrix}\boldsymbol{\alpha}_1\\\boldsymbol{\alpha}_2\\\vdots\\\boldsymbol{\alpha}_n\end{bmatrix}$ 是正交矩阵 $\Leftrightarrow$ $\boldsymbol{Q}$ 的行向量组 $\boldsymbol{\alpha}_1,\boldsymbol{\alpha}_2,\cdots,\boldsymbol{\alpha}_n$ 是单位正交向量组。

证明 (1) $\boldsymbol{Q}^{\mathrm{T}}\boldsymbol{Q}=\boldsymbol{E}\Leftrightarrow\begin{bmatrix}\boldsymbol{\beta}_1^{\mathrm{T}}\\\boldsymbol{\beta}_2^{\mathrm{T}}\\\vdots\\\boldsymbol{\beta}_n^{\mathrm{T}}\end{bmatrix}$

$$(\boldsymbol{\beta}_1,\boldsymbol{\beta}_2,\cdots,\boldsymbol{\beta}_n)=\begin{bmatrix}\boldsymbol{\beta}_1^{\mathrm{T}}\boldsymbol{\beta}_1&\boldsymbol{\beta}_1^{\mathrm{T}}\boldsymbol{\beta}_2&\cdots&\boldsymbol{\beta}_1^{\mathrm{T}}\boldsymbol{\beta}_n\\\boldsymbol{\beta}_2^{\mathrm{T}}\boldsymbol{\beta}_1&\boldsymbol{\beta}_2^{\mathrm{T}}\boldsymbol{\beta}_2&\cdots&\boldsymbol{\beta}_2^{\mathrm{T}}\boldsymbol{\beta}_n\\\vdots&\vdots&\ddots&\vdots\\\boldsymbol{\beta}_n^{\mathrm{T}}\boldsymbol{\beta}_1&\boldsymbol{\beta}_n^{\mathrm{T}}\boldsymbol{\beta}_2&\cdots&\boldsymbol{\beta}_n^{\mathrm{T}}\boldsymbol{\beta}_n\end{bmatrix}=\begin{bmatrix}1&0&0&0\\0&1&0&0\\\vdots&\vdots&\ddots&\vdots\\0&0&0&1\end{bmatrix}$$

从而 $\boldsymbol{\beta}_i^{\mathrm{T}}\boldsymbol{\beta}_j=\begin{cases}0\,(i\neq j)\\1\,(i=j)\end{cases}$　$i,j=1,2,\cdots,n$；$\boldsymbol{\beta}_j^{\mathrm{T}}\boldsymbol{\beta}_j=1$ 意味着 $\|\boldsymbol{\beta}_j\|=1$　$(j=1,2,\cdots,n)$；因此 $\boldsymbol{\beta}_1,\boldsymbol{\beta}_2,\cdots,\boldsymbol{\beta}_n$ 是单位正交向量组。

(2) 证明类似(1)。

4. 实对称矩阵的特征值与特征向量

任意一个 n 阶矩阵不一定与对角矩阵相似，但实对称矩阵却一定与对角矩阵相似，其特征值与特征向量具有许多特殊性质。

定理 4-10　设 $\boldsymbol{A}$ 是一个实对称矩阵，则

(1) $\boldsymbol{A}$ 的特征值都是实数，特征向量都是实向量；

(2) 属于不同特征值的特征向量相互正交。

证明略。

定理 4-11　若 $\boldsymbol{A}$ 是一个实对称矩阵，则存在正交矩阵 $\boldsymbol{Q}$，使得 $\boldsymbol{Q}^{\mathrm{T}}\boldsymbol{A}\boldsymbol{Q}=\boldsymbol{\Lambda}$，从而 $\boldsymbol{Q}^{-1}\boldsymbol{A}\boldsymbol{Q}=\boldsymbol{\Lambda}$。

证明略。

[注]　$\boldsymbol{Q}$ 不唯一。

用正交矩阵 $\boldsymbol{Q}$ 化对称矩阵 $\boldsymbol{A}$ 为对角矩阵的方法如下。

(1) 求出 n 阶矩阵 $\boldsymbol{A}$ 的全部特征值 $\lambda_1,\lambda_2,\cdots,\lambda_n$；

(2) 对于每一特征值 λ_i，求方程组 $(\lambda_i\boldsymbol{E}-\boldsymbol{A})\boldsymbol{X}=\boldsymbol{0}$ 的基础解系，并将该基础解系正交化、单位化；

(3) 将这 n 个已正交化、单位化的特征向量作为列向量，按特征值的排列顺序构成的矩阵就是正交矩阵 $\boldsymbol{Q}$，而且

$$\boldsymbol{Q}^{-1}\boldsymbol{A}\boldsymbol{Q}=\boldsymbol{Q}^{\mathrm{T}}\boldsymbol{A}\boldsymbol{Q}=\boldsymbol{\Lambda}=\begin{bmatrix}\lambda_1&&&\\&\lambda_2&&\\&&\ddots&\\&&&\lambda_n\end{bmatrix}$$

例 4-9　对于下列矩阵 $\boldsymbol{A}$，求正交矩阵 $\boldsymbol{Q}$，使得 $\boldsymbol{Q}^{-1}\boldsymbol{A}\boldsymbol{Q}=\boldsymbol{\Lambda}$：

(1) $\boldsymbol{A}=\begin{bmatrix}1&0&1\\0&1&1\\1&1&2\end{bmatrix}$　　　　(2) $\boldsymbol{A}=\begin{bmatrix}1&2&2\\2&1&2\\2&2&1\end{bmatrix}$

解　(1) 由 $|\lambda\boldsymbol{E}-\boldsymbol{A}|=\begin{vmatrix}\lambda-1&0&-1\\0&\lambda-1&-1\\-1&-1&\lambda-2\end{vmatrix}=\lambda(\lambda-1)(\lambda-3)=0$，得 $\boldsymbol{A}$ 的特征值 $\lambda_1=1,\lambda_2=3,\lambda_3=0$。

当 $\lambda_1=1$ 时，解齐次线性方程组 $(1\cdot\boldsymbol{E}-\boldsymbol{A})\boldsymbol{x}=\boldsymbol{0}$，得一相应的特征向量 $\boldsymbol{\alpha}_1=\begin{bmatrix}-1\\1\\0\end{bmatrix}$。

当 $\lambda_2=3$ 时，解齐次线性方程组 $(1\cdot\boldsymbol{E}-\boldsymbol{A})\boldsymbol{x}=\boldsymbol{0}$，得一相应的特征向量 $\boldsymbol{\alpha}_2=\begin{bmatrix}1\\1\\2\end{bmatrix}$。

当 $\lambda_3=0$ 时，解齐次线性方程组 $(0\boldsymbol{E}-\boldsymbol{A})\boldsymbol{x}=\boldsymbol{0}$，得一相应的特征向量 $\boldsymbol{\alpha}_3=\begin{bmatrix}-1\\-1\\1\end{bmatrix}$。

由于 $\lambda_1,\lambda_2,\lambda_3$ 互不相同，所以 $\boldsymbol{\alpha}_1,\boldsymbol{\alpha}_2,\boldsymbol{\alpha}_3$ 相互正交，将其单位化：

$$\boldsymbol{\eta}_1=\frac{\boldsymbol{\alpha}_1}{\|\boldsymbol{\alpha}_1\|}=\frac{1}{\sqrt{2}}\begin{bmatrix}-1\\1\\0\end{bmatrix},\ \boldsymbol{\eta}_2=\frac{\boldsymbol{\alpha}_2}{\|\boldsymbol{\alpha}_2\|}=\frac{1}{\sqrt{6}}\begin{bmatrix}1\\1\\2\end{bmatrix},\ \boldsymbol{\eta}_3=\frac{\boldsymbol{\alpha}_3}{\|\boldsymbol{\alpha}_3\|}=\frac{1}{\sqrt{3}}\begin{bmatrix}-1\\-1\\1\end{bmatrix}$$

若令 $\boldsymbol{Q}=\begin{bmatrix}-1/\sqrt{2} & 1/\sqrt{6} & -1/\sqrt{3}\\ 1/\sqrt{2} & 1/\sqrt{6} & -1/\sqrt{3}\\ 0 & 2/\sqrt{6} & 1/\sqrt{3}\end{bmatrix}$，$\boldsymbol{\Lambda}=\begin{bmatrix}1 & & \\ & 3 & \\ & & 0\end{bmatrix}$。则有 $\boldsymbol{Q}^{-1}\boldsymbol{A}\boldsymbol{Q}=\boldsymbol{\Lambda}$。

(2) 由 $|\lambda\boldsymbol{E}-\boldsymbol{A}|=\begin{vmatrix}\lambda-1 & -2 & -2\\ -2 & \lambda-1 & -2\\ -2 & -2 & \lambda-1\end{vmatrix}=(\lambda-5)(\lambda+1)^2=0$，得 A 的特征值 $\lambda_1=\lambda_2=-1$，$\lambda_3=5$。

当 $\lambda_1=\lambda_2=-1$ 时，解齐次线性方程组 $(-1\cdot\boldsymbol{E}-\boldsymbol{A})\boldsymbol{X}=\boldsymbol{0}$，得相应的特征向量

$$\boldsymbol{\alpha}_1=\begin{bmatrix}-1\\1\\0\end{bmatrix},\ \boldsymbol{\alpha}_2=\begin{bmatrix}-1\\0\\1\end{bmatrix}$$

由于 $\boldsymbol{\alpha}_1,\boldsymbol{\alpha}_2$ 线性无关，可利用施密特(Schmidt)方法将其正交化：

$$\boldsymbol{\beta}_1=\boldsymbol{\alpha}_1=\begin{bmatrix}-1\\1\\0\end{bmatrix}$$

$$\boldsymbol{\beta}_2=\boldsymbol{\alpha}_2-\frac{(\boldsymbol{\alpha}_2,\boldsymbol{\beta}_1)}{(\boldsymbol{\beta}_1,\boldsymbol{\beta}_1)}\boldsymbol{\beta}_1=\begin{bmatrix}-1\\0\\1\end{bmatrix}-\frac{1}{2}\begin{bmatrix}-1\\1\\0\end{bmatrix}=\frac{1}{2}\begin{bmatrix}-1\\-1\\2\end{bmatrix}$$

当 $\lambda_3=5$ 时，解齐次线性方程组 $(5\boldsymbol{E}-\boldsymbol{A})\boldsymbol{X}=\boldsymbol{0}$，得一相应的特征向量 $\boldsymbol{\alpha}_3=\begin{bmatrix}1\\1\\1\end{bmatrix}$，再将它们单位化：

$$\boldsymbol{\eta}_1=\frac{\boldsymbol{\beta}_1}{\|\boldsymbol{\beta}_1\|}=\frac{1}{\sqrt{2}}\begin{bmatrix}-1\\1\\0\end{bmatrix},\ \boldsymbol{\eta}_2=\frac{\boldsymbol{\beta}_2}{\|\boldsymbol{\beta}_2\|}=\frac{1}{\sqrt{6}}\begin{bmatrix}-1\\-1\\2\end{bmatrix},\ \boldsymbol{\eta}_3=\frac{\boldsymbol{\alpha}_3}{\|\boldsymbol{\alpha}_3\|}=\frac{1}{\sqrt{3}}\begin{bmatrix}1\\1\\1\end{bmatrix}$$

若令 $\boldsymbol{Q}=\begin{bmatrix}-1/\sqrt{2} & -1/\sqrt{6} & 1/\sqrt{3}\\ 1/\sqrt{2} & -1/\sqrt{6} & 1/\sqrt{3}\\ 0 & 2/\sqrt{6} & 1/\sqrt{3}\end{bmatrix}$，$\boldsymbol{\Lambda}=\begin{bmatrix}-1 & & \\ & -1 & \\ & & 5\end{bmatrix}$，则有 $\boldsymbol{Q}^{-1}\boldsymbol{A}\boldsymbol{Q}=\boldsymbol{\Lambda}$。

小　结

1. 矩阵的特征值与特征向量的基本概念

(1) 特征值与特征向量：设 $\boldsymbol{A}$ 为 n 阶矩阵，若有常数 λ 和 n 维非零向量 $\boldsymbol{\alpha}$，使得

$$\boldsymbol{A}\boldsymbol{\alpha}=\lambda\boldsymbol{\alpha}$$

则称 λ 为 $\boldsymbol{A}$ 的特征值，$\boldsymbol{\alpha}$ 为 $\boldsymbol{A}$ 的属于特征值 λ 的特征向量。

(2) 矩阵 $\lambda\boldsymbol{E}-\boldsymbol{A}$ 称为 $\boldsymbol{A}$ 的特征矩阵。

(3) 矩阵 $\lambda\boldsymbol{E}-\boldsymbol{A}$ 的行列式的展开式

$$|\lambda\boldsymbol{E}-\boldsymbol{A}|=\begin{vmatrix}\lambda-a_{11} & -a_{12} & \cdots & -a_{1n}\\ -a_{21} & \lambda-a_{22} & \cdots & -a_{2n}\\ \vdots & \vdots & \vdots & \vdots\\ -a_{n1} & -a_{n2} & \cdots & \lambda-a_{nn}\end{vmatrix}=\lambda^n+a_1\lambda^{n-1}+a_2\lambda^{n-2}+\cdots+a_{n-1}\lambda+a_n$$

称为 $\boldsymbol{A}$ 的特征多项式。

(4) 方程 $|\lambda\boldsymbol{E}-\boldsymbol{A}|=0$ 称为 $\boldsymbol{A}$ 的特征方程。

2. 矩阵的特征值与特征向量的性质

(1) 若 $\boldsymbol{\alpha}$ 是 $\boldsymbol{A}$ 的属于 λ 的特征向量，则 $k\boldsymbol{\alpha}\,(k\neq 0)$ 也是 $\boldsymbol{A}$ 的属于 λ 的特征向量。

(2) 若 $\boldsymbol{\alpha}_1,\boldsymbol{\alpha}_2$ 是 A 的属于 λ 的特征向量，则当 $k_1\boldsymbol{\alpha}_1+k_2\boldsymbol{\alpha}_2\neq\boldsymbol{0}$ 时，$k_1\boldsymbol{\alpha}_1+k_2\boldsymbol{\alpha}_2$ 也是 $\boldsymbol{A}$ 的属于 λ 的特征向量。

(3) 0 为矩阵 $\boldsymbol{A}$ 的特征值 $\Leftrightarrow |\boldsymbol{A}|=0$。

(4) $\boldsymbol{A}$ 的不同特征值所对应的特征向量线性无关。

(5) 设 λ_0 是 n 阶矩阵 $\boldsymbol{A}$ 的一个特征值。

① 若 $f(A)=b_m\boldsymbol{A}^m+b_{m-1}\boldsymbol{A}^{m-1}+b_{m-2}\boldsymbol{A}^{m-2}+\cdots+b_1\boldsymbol{A}+b_0E$

$$f(\lambda)=b_m\lambda^m+b_{m-1}\lambda^{m-1}+b_{m-2}\lambda^{m-2}+\cdots+b_1\lambda+b_0$$

则 $f(\lambda_0)$ 是矩阵 $f(\boldsymbol{A})$ 的特征值。

② 若 $\boldsymbol{A}$ 可逆，则 $\dfrac{1}{\lambda_0},\dfrac{|\boldsymbol{A}|}{\lambda_0}$ 分别是矩阵 $\boldsymbol{A}^{-1},\boldsymbol{A}^*$ 的特征值。

(6) 设 n 阶矩阵 $\boldsymbol{A}=(a_{ij})$ 的全部特征值为 $\lambda_1,\lambda_2,\cdots,\lambda_n$ (其中可能有重根、复根)，则

① $\lambda_1+\lambda_2+\cdots+\lambda_n=a_{11}+a_{22}+\cdots+a_{nn}=tr(\boldsymbol{A})$ ($\boldsymbol{A}$ 的迹)

② $\lambda_1\lambda_2\cdots\lambda_n=|\boldsymbol{A}|$

③ 若 $r(\boldsymbol{A})=1$，则 $\boldsymbol{A}$ 的特征值为：$\lambda_1=a_{11}+a_{22}+\cdots+a_{nn}$，$\lambda_2=\lambda_3=\cdots=\lambda_n=0$。

(7) 求方阵特征值与特征向量的方法

① 方程 $|\lambda\boldsymbol{E}-\boldsymbol{A}|=0$ 的全部根 $\lambda_1,\lambda_2,\cdots,\lambda_n$ (可能有重根与复数根)就是 A 的全部特

征值；

② 对于每一个特征值 λ_i，求出齐次线性方程组 $(\lambda_i \boldsymbol{E}-\boldsymbol{A})\boldsymbol{X}=\boldsymbol{0}$ 的一个基础解系 $\boldsymbol{\alpha}_1,\boldsymbol{\alpha}_2,\cdots,\boldsymbol{\alpha}_s$，则 $\boldsymbol{A}$ 的属于特征值 λ_i 的全部特征向量为 $k_1\boldsymbol{\alpha}_1+k_2\boldsymbol{\alpha}_2+\cdots+k_s\boldsymbol{\alpha}_s$，其中 $k_1,k_2,\cdots,k_s$ 不全为 0。

[注]

① 只有方阵才有特征值与特征向量。

② 特征向量是非零向量。

③ 矩阵 $\boldsymbol{A}$ 的特征值有限而特征向量却有无穷多个。

④ 每个特征向量有唯一特征值，而有许多特征向量却有相同的特征值。

⑤ 一般先求特征值，后求特征向量。

3. 相似矩阵与矩阵对角化

(1) 相似矩阵：$\boldsymbol{A}\sim\boldsymbol{B} \Leftrightarrow$ 存在可逆矩阵 $\boldsymbol{P}$，使得 $\boldsymbol{P}^{-1}\boldsymbol{A}\boldsymbol{P}=\boldsymbol{B}$。

特别，若 $\boldsymbol{A}\sim\boldsymbol{\Lambda}=\begin{bmatrix}\lambda_1 & & & \\ & \lambda_2 & & \\ & & \ddots & \\ & & & \lambda_n\end{bmatrix}$，则称 $\boldsymbol{A}$ 可对角化。

(2) 相似矩阵的性质：若 $\boldsymbol{A}\sim\boldsymbol{B}$，则

① $|\lambda\boldsymbol{E}-\boldsymbol{A}|=|\lambda\boldsymbol{E}-\boldsymbol{B}|$，从而 $\boldsymbol{A}$ 与 $\boldsymbol{B}$ 有相同的特征值。

② $|\boldsymbol{A}|=|\boldsymbol{B}|$

③ $r(\boldsymbol{A})=r(\boldsymbol{B})$

④ $\boldsymbol{A}^{-1}\sim\boldsymbol{B}^{-1}$

⑤ $\sum_{i=1}^{n}a_{ii}=\sum_{i=1}^{n}b_{ii}$

4. n 阶矩阵 A 可对角化的条件

(1) 充要条件：

① $\boldsymbol{A}$ 有 n 个线性无关的特征向量。

② 对 $\boldsymbol{A}$ 的每一特征值 λ_i，都有 $r(\lambda_i\boldsymbol{E}-\boldsymbol{A})=n-r_i$，其中 r_i 为特征值 λ_i 重数。

(2) 充分条件：

① $\boldsymbol{A}$ 有 n 个不同的特征值。

② $\boldsymbol{A}$ 是实对称矩阵。

(3) 矩阵对角化方法：

① 求 $\boldsymbol{A}$ 的全部根 $\lambda_1,\lambda_2,\cdots,\lambda_n$；

② 求方程组 $(\lambda_i\boldsymbol{E}-\boldsymbol{A})\boldsymbol{X}=\boldsymbol{0}\ (i=1,2,\cdots,n)$ 的基础解系，基础解系的解向量即为 $\boldsymbol{A}$ 的属于特征值 λ_i 的特征向量；

③ 以 $\lambda_i\ (i=1,2,\cdots,n)$ 的特征向量为列，按特征值的顺序从左往右构成可逆距阵 $\boldsymbol{P}$；

④ 与特征向量相对应，将 λ_i 写在矩阵主对角线上构成对角阵 $\boldsymbol{\Lambda}$；

⑤ 写出相似关系式：$\boldsymbol{P}^{-1}\boldsymbol{A}\boldsymbol{P}=\boldsymbol{\Lambda}$。

5. 向量内积

设实向量 $\boldsymbol{\alpha}=\begin{bmatrix}a_1\\a_2\\\vdots\\a_n\end{bmatrix}$， $\boldsymbol{\beta}=\begin{bmatrix}b_1\\b_2\\\vdots\\b_n\end{bmatrix}$

(1) 称实数 $(\boldsymbol{\alpha},\boldsymbol{\beta})=\boldsymbol{\alpha}^{\mathrm{T}}\boldsymbol{\beta}=a_1b_1+a_2b_2+\cdots+a_nb_n$ 为向量 $\boldsymbol{\alpha},\boldsymbol{\beta}$ 的内积。

(2) 若 $(\boldsymbol{\alpha},\boldsymbol{\beta})=0$，则称 $\boldsymbol{\alpha}$ 与 $\boldsymbol{\beta}$ 正交。

(3) 称 $\|\boldsymbol{\alpha}\|=\sqrt{(\boldsymbol{\alpha},\boldsymbol{\alpha})}=\sqrt{\sum\limits_{i=1}^{n}a_i^2}$ 为向量 $\boldsymbol{\alpha}$ 的长度。

(4) 若 $\|\boldsymbol{\alpha}\|=1$，则称 $\boldsymbol{\alpha}$ 为单位向量。

(5) 运算性质：

① $(\boldsymbol{\alpha},\boldsymbol{\beta})=(\boldsymbol{\beta},\boldsymbol{\alpha})$

② $(\boldsymbol{\alpha}_1+\boldsymbol{\alpha}_2,\boldsymbol{\beta})=(\boldsymbol{\alpha}_1,\boldsymbol{\beta})+(\boldsymbol{\alpha}_2,\boldsymbol{\beta})$

③ $(k\boldsymbol{\alpha},\boldsymbol{\beta})=k(\boldsymbol{\alpha},\boldsymbol{\beta})$

④ $\|\boldsymbol{\alpha}\|\geqslant 0$，且 $\|\boldsymbol{\alpha}\|=0\Leftrightarrow\boldsymbol{\alpha}=\mathbf{0}$

⑤ $\|k\boldsymbol{\alpha}\|=|k|\|\boldsymbol{\alpha}\|$

6. 正交向量组

(1) 正交向量组：如果非零向量组 $\boldsymbol{\alpha}_1,\boldsymbol{\alpha}_2,\cdots,\boldsymbol{\alpha}_s$ 两两正交，即

$$(\boldsymbol{\alpha}_i,\boldsymbol{\alpha}_j)=0,\quad i\neq j;\ \boldsymbol{\alpha}_i\neq\mathbf{0}\quad i,j=1,2,\cdots,n$$

则称 $\boldsymbol{\alpha}_1,\boldsymbol{\alpha}_2,\cdots,\boldsymbol{\alpha}_s$ 为正交向量组。

(2) 单位正交向量组：若 $\boldsymbol{\alpha}_1,\boldsymbol{\alpha}_2,\cdots,\boldsymbol{\alpha}_s$ 为正交向量组，且 $\|\boldsymbol{\alpha}_i\|=1$， $i=1,2,\cdots,n$，则称 $\boldsymbol{\alpha}_1,\boldsymbol{\alpha}_2,\cdots,\boldsymbol{\alpha}_s$ 为单位正交向量组。

(3) 正交向量组的性质：正交向量组 $\boldsymbol{\alpha}_1,\boldsymbol{\alpha}_2,\cdots,\boldsymbol{\alpha}_s$ 线性无关。

7. 施密特(Schmidt)正交化方法

设 $\boldsymbol{\alpha}_1,\boldsymbol{\alpha}_2,\cdots,\boldsymbol{\alpha}_s$ 线性无关，令

$$\boldsymbol{\beta}_1=\boldsymbol{\alpha}_1$$

$$\boldsymbol{\beta}_2=\boldsymbol{\alpha}_2-\frac{(\boldsymbol{\alpha}_2,\boldsymbol{\beta}_1)}{(\boldsymbol{\beta}_1,\boldsymbol{\beta}_1)}\boldsymbol{\beta}_1$$

$$\boldsymbol{\beta}_3=\boldsymbol{\alpha}_3-\frac{(\boldsymbol{\alpha}_3,\boldsymbol{\beta}_1)}{(\boldsymbol{\beta}_1,\boldsymbol{\beta}_1)}\boldsymbol{\beta}_1-\frac{(\boldsymbol{\alpha}_3,\boldsymbol{\beta}_2)}{(\boldsymbol{\beta}_2,\boldsymbol{\beta}_2)}\boldsymbol{\beta}_2$$

$$\boldsymbol{\beta}_s=\boldsymbol{\alpha}_s-\frac{(\boldsymbol{\alpha}_s,\boldsymbol{\beta}_1)}{(\boldsymbol{\beta}_1,\boldsymbol{\beta}_1)}\boldsymbol{\beta}_1-\frac{(\boldsymbol{\alpha}_s,\boldsymbol{\beta}_2)}{(\boldsymbol{\beta}_2,\boldsymbol{\beta}_2)}\boldsymbol{\beta}_2-\cdots-\frac{(\boldsymbol{\alpha}_s,\boldsymbol{\beta}_{s-1})}{\boldsymbol{\beta}_{s-1},\boldsymbol{\beta}_{s-1}}\boldsymbol{\beta}_{s-1}$$

则 $\boldsymbol{\beta}_1,\boldsymbol{\beta}_2,\cdots,\boldsymbol{\beta}_s$ 是与向量组 $\boldsymbol{\alpha}_1,\boldsymbol{\alpha}_2,\cdots,\boldsymbol{\alpha}_s$ 等价的正交向量组，从而

$$\boldsymbol{\eta}_1=\frac{\boldsymbol{\beta}_1}{\|\boldsymbol{\beta}_1\|},\ \boldsymbol{\eta}_2=\frac{\boldsymbol{\beta}_2}{\|\boldsymbol{\beta}_2\|},\cdots,\boldsymbol{\eta}_s=\frac{\boldsymbol{\beta}_s}{\|\boldsymbol{\beta}_s\|}$$

是与向量组 $\boldsymbol{\alpha}_1,\boldsymbol{\alpha}_2,\cdots,\boldsymbol{\alpha}_s$ 等价的单位正交向量组。

8. 正交矩阵

(1) 正交矩阵：设Q为n阶实矩阵，如果满足$Q^{T}Q=E$，则称Q为正交矩阵。

(2) 正交矩阵的性质：

① 若Q为正交矩阵，则$|Q|=\pm1$。

② 若Q为正交矩阵，则$Q^{T}=Q^{-1}$。

③ 若P,Q都是正交矩阵，则PQ也是正交矩阵。

(3) 正交矩阵的充分必要条件：

① $Q=(\beta_1,\beta_2,\cdots,\beta_n)$是正交矩阵$\Leftrightarrow Q$的列向量组$\beta_1,\beta_2,\cdots,\beta_n$是单位正交向量组；

② $Q=\begin{bmatrix}\alpha_1\\ \alpha_2\\ \vdots\\ \alpha_n\end{bmatrix}$是正交矩阵$\Leftrightarrow Q$的行向量组$\alpha_1,\alpha_2,\cdots,\alpha_n$是单位正交向量组。

9. 实对称矩阵的性质

设A是一个实对称矩阵，则

(1) A的特征值都是实数，特征向量都是实向量。

(2) A的属于不同特征值的特征向量相互正交。

[注] 对于一般方阵，不同特征值对应的特征向量线性无关；对于实对称矩阵，不同特征值对应的特征向量正交。

(3) A的k重特征值必有k个线性无关的特征向量。

(4) 存在正交矩阵Q，使得$Q^{T}AQ=\Lambda$，从而$Q^{-1}AQ=\Lambda$。

(5) 用正交矩阵Q化对称矩阵A为对角矩阵的方法如下。

① 求出n阶矩阵A的全部特征值$\lambda_1,\lambda_2,\cdots,\lambda_n$；

② 对于每一特征值λ_i，求方程组$(\lambda_i E-A)X=0$的基础解系，并将该基础解系正交化、单位化；

③ 将这n个已正交化、单位化的特征向量作为列向量，按特征值的排列顺序构成的矩阵就是正交矩阵Q，而且

$$Q^{-1}AQ=Q^{T}AQ=\Lambda=\begin{bmatrix}\lambda_1 & & & \\ & \lambda_2 & & \\ & & \ddots & \\ & & & \lambda_n\end{bmatrix}$$

阶梯化训练题

基础能力题

1. 求下列矩阵的特征值与特征向量：

(1) $A=\begin{bmatrix}3 & 1\\ 5 & -1\end{bmatrix}$　　(2) $A=\begin{bmatrix}3 & 4\\ 5 & 2\end{bmatrix}$

(3) $A=\begin{bmatrix}1&2&2\\2&1&2\\2&2&1\end{bmatrix}$　　(4) $A=\begin{bmatrix}-1&1&0\\-4&3&0\\1&0&2\end{bmatrix}$

(5) $A=\begin{bmatrix}2&-1&2\\5&-3&3\\-1&0&-2\end{bmatrix}$

2. 已知三阶矩阵 A 的特征值为 1，2，3，求 $|A^3-5A^2+7A|$。

3. 已知三阶矩阵 A 的特征值为 1，2，−3，求 $|A^*+3A+2E|$。

4. 假定 n 阶矩阵 A 的任意一行中，n 个元素的和都是 a，试证 $\lambda=a$ 是 A 的特征值，且 $(1,1,\cdots,1)^{\mathrm{T}}$ 是对应于 $\lambda=a$ 的特征向量，又问此时 A^{-1} 的每行元素之和为多少？

5. 判断下列矩阵 A 是否可对角化，若是，求可逆矩阵 P，并化 A 为对角矩阵：

(1) $A=\begin{bmatrix}0&1&0\\0&0&1\\-6&-11&-6\end{bmatrix}$　　(2) $A=\begin{bmatrix}1&2&2\\2&1&2\\2&2&1\end{bmatrix}$

(3) $A=\begin{bmatrix}-1&1&0\\-4&3&0\\1&0&2\end{bmatrix}$

6. 已知 $A=\begin{bmatrix}-2&0&0\\2&x&2\\3&1&1\end{bmatrix}$ 相似于 $B=\begin{bmatrix}-1&&\\&2&\\&&y\end{bmatrix}$，求 x 和 y。

7. 设三阶实对称矩阵 A 的特征值 $\lambda_1=1,\lambda_2=3,\lambda_3=-3$，属于 λ_1,λ_2 的特征向量依次为 $\alpha_1=\begin{bmatrix}1\\-1\\0\end{bmatrix}$，$\alpha_2=\begin{bmatrix}1\\1\\1\end{bmatrix}$，求 A。

8. 将下列线性无关的向量组单位正交化：

(1) $\alpha_1=\begin{bmatrix}1\\1\\1\end{bmatrix},\alpha_2=\begin{bmatrix}0\\1\\2\end{bmatrix},\alpha_3=\begin{bmatrix}2\\0\\3\end{bmatrix}$

(2) $\alpha_1=\begin{bmatrix}1\\1\\1\\1\end{bmatrix},\alpha_2=\begin{bmatrix}3\\3\\1\\1\end{bmatrix},\alpha_3=\begin{bmatrix}5\\3\\3\\1\end{bmatrix},\alpha_4=\begin{bmatrix}3\\-1\\4\\-2\end{bmatrix}$

9. 对下列矩阵 A，求正交矩阵 Q，使得 $Q^{\mathrm{T}}AQ=\Lambda$：

(1) $A=\begin{bmatrix}1&1&1\\1&1&1\\1&1&1\end{bmatrix}$　　(2) $A=\begin{bmatrix}0&1&1&-1\\1&0&-1&1\\1&-1&0&1\\-1&1&1&0\end{bmatrix}$

10. 设$\boldsymbol{\alpha}$为n维列向量，$\boldsymbol{A}$为n阶正交矩阵，证明$\|\boldsymbol{A\alpha}\|=\|\boldsymbol{\alpha}\|$。

综合提高题

1. 设$\boldsymbol{A}$是二阶矩阵，$\boldsymbol{\alpha}_1,\boldsymbol{\alpha}_2$为线性无关的二维列向量，$\boldsymbol{A\alpha}_1=\boldsymbol{0},\boldsymbol{A\alpha}_2=2\boldsymbol{\alpha}_1+\boldsymbol{\alpha}_2$，求$\boldsymbol{A}$的非零特征值。

2. 若三维列向量$\boldsymbol{\alpha},\boldsymbol{\beta}$满足$\boldsymbol{\alpha}^{\mathrm{T}}\boldsymbol{\beta}=2$，求$\boldsymbol{\beta\alpha}^{\mathrm{T}}$的非零特征值。

3. 已知三阶矩阵$\boldsymbol{A}$与三维列向量$\boldsymbol{x}$，使得向量组$\boldsymbol{x},\boldsymbol{Ax},\boldsymbol{A}^2\boldsymbol{x}$线性无关，且满足$\boldsymbol{A}^3\boldsymbol{x}=3\boldsymbol{Ax}-2\boldsymbol{A}^2\boldsymbol{x}$

(1) 记$\boldsymbol{P}=(\boldsymbol{x},\boldsymbol{Ax},\boldsymbol{A}^2\boldsymbol{x})$，求三阶矩阵$\boldsymbol{B}$，使得$\boldsymbol{A}=\boldsymbol{PBP}^{-1}$；

(2) 计算行列式$|\boldsymbol{A}+\boldsymbol{E}|$。

4. 设n阶矩阵$\boldsymbol{A}$的元素全是1，求$\boldsymbol{A}$的n个特征值。

5. 设$\boldsymbol{A}$是n阶矩阵，$|\boldsymbol{A}|\neq 0$。若$\boldsymbol{A}$有特征值λ，求$(\boldsymbol{A}^*)^2+\boldsymbol{E}$的一个特征值。

6. 设矩阵$\boldsymbol{A}=\begin{bmatrix}2&1&1\\1&2&1\\1&1&a\end{bmatrix}$可逆，向量$\boldsymbol{\alpha}=\begin{bmatrix}1\\b\\1\end{bmatrix}$是矩阵$\boldsymbol{A}^*$的一个特征向量，$\lambda$是$\boldsymbol{\alpha}$对应的特征值。试求$a,b,\lambda$的值。

7. 设矩阵$\boldsymbol{A}=\begin{bmatrix}a&-1&c\\5&b&3\\1-c&0&-a\end{bmatrix}$，其行列式$|\boldsymbol{A}|=-1$，又$\lambda_0$是$\boldsymbol{A}^*$的一个特征值，属于$\lambda_0$的一个特征向量是$\boldsymbol{\alpha}=\begin{bmatrix}-1\\-1\\1\end{bmatrix}$，求$a,b,c,\lambda_0$的值。

8. 设$\boldsymbol{A}$是三阶矩阵，$\boldsymbol{\alpha}_1,\boldsymbol{\alpha}_2,\boldsymbol{\alpha}_3$是三维线性无关的列向量，且

$$\boldsymbol{A\alpha}_1=4\boldsymbol{\alpha}_1-4\boldsymbol{\alpha}_2+3\boldsymbol{\alpha}_3,\quad \boldsymbol{A\alpha}_2=-6\boldsymbol{\alpha}_1-\boldsymbol{\alpha}_2+\boldsymbol{\alpha}_3,\quad \boldsymbol{A\alpha}_3=\boldsymbol{0}$$

求矩阵$\boldsymbol{A}$的特征值。

9. 设$\boldsymbol{\alpha}=\begin{bmatrix}a_1\\a_2\\\vdots\\a_n\end{bmatrix},\boldsymbol{\beta}=\begin{bmatrix}b_1\\b_2\\\vdots\\b_n\end{bmatrix}$都是非零向量，且满足$\boldsymbol{\alpha}^{\mathrm{T}}\boldsymbol{\beta}=0$，记$n$阶矩阵$\boldsymbol{A}=\boldsymbol{\alpha\beta}^{\mathrm{T}}$。

求：(1) $\boldsymbol{A}^2$；

(2) $\boldsymbol{A}$的全部特征值和特征向量。

10. 已知$\boldsymbol{\alpha}=\begin{bmatrix}1\\1\\-1\end{bmatrix}$是矩阵$\boldsymbol{A}=\begin{bmatrix}2&-1&2\\5&a&3\\-1&b&-2\end{bmatrix}$的一个特征向量。

(1) 试确定参数a,b及特征向量$\boldsymbol{\alpha}$所对应的特征值；

(2) $\boldsymbol{A}$能否相似于对角矩阵？说明理由。

11. 设$\boldsymbol{A},\boldsymbol{B}$为$n$阶矩阵，且$\boldsymbol{A}$与$\boldsymbol{B}$相似，则________。

(A) $\lambda\boldsymbol{E}-\boldsymbol{A}=\lambda\boldsymbol{E}-\boldsymbol{B}$

(B) $\boldsymbol{A}$ 与 $\boldsymbol{B}$ 有相同的特征值与特征向量

(C) $\boldsymbol{A}$ 与 $\boldsymbol{B}$ 都相似于一个对角矩阵

(D) 对任意常数 t，$t\boldsymbol{E}-\boldsymbol{A}$ 与 $t\boldsymbol{E}-\boldsymbol{B}$ 相似

12. 设 n 阶矩阵 $\boldsymbol{A}=\begin{bmatrix}1 & b & \cdots & b\\ b & 1 & \cdots & b\\ \vdots & \vdots & \ddots & \vdots\\ b & b & \cdots & 1\end{bmatrix}$

(1) 求 $\boldsymbol{A}$ 的特征值和特征向量；

(2) 求可逆矩阵 $\boldsymbol{P}$，使得 $\boldsymbol{P}^{-1}\boldsymbol{AP}$ 为对角矩阵。

13. 若矩阵 $\boldsymbol{A}=\begin{bmatrix}2 & 2 & 0\\ 8 & 2 & a\\ 0 & 0 & 6\end{bmatrix}$ 相似于对角矩阵 $\boldsymbol{\Lambda}$，试确定常数 a 的值；并求可逆矩阵 $\boldsymbol{P}$，使得 $\boldsymbol{P}^{-1}\boldsymbol{AP}=\boldsymbol{\Lambda}$。

14. 设 $\boldsymbol{A}$ 为三阶矩阵，$\boldsymbol{\alpha}_1,\boldsymbol{\alpha}_2,\boldsymbol{\alpha}_3$ 是线性无关的三维列向量，且满足 $\boldsymbol{A\alpha}_1=\boldsymbol{\alpha}_1+\boldsymbol{\alpha}_2+\boldsymbol{\alpha}_3$，$\boldsymbol{A\alpha}_2=2\boldsymbol{\alpha}_2+\boldsymbol{\alpha}_3$，$\boldsymbol{A\alpha}_3=2\boldsymbol{\alpha}_2+3\boldsymbol{\alpha}_3$

(1) 求矩阵 $\boldsymbol{B}$，使得 $\boldsymbol{A}(\boldsymbol{\alpha}_1,\boldsymbol{\alpha}_2,\boldsymbol{\alpha}_3)=(\boldsymbol{\alpha}_1,\boldsymbol{\alpha}_2,\boldsymbol{\alpha}_3)\boldsymbol{B}$；

(2) 求矩阵 $\boldsymbol{A}$ 的特征值；

(3) 求可逆矩阵 $\boldsymbol{P}$，使得 $\boldsymbol{P}^{-1}\boldsymbol{AP}$ 为对角矩阵。

15. 设 $\boldsymbol{A}$ 是四阶实对称矩阵，且 $\boldsymbol{A}^2+\boldsymbol{A}=\boldsymbol{O}$，若 $r(A)=3$，则 $\boldsymbol{A}$ 相似于________。

(A) $\begin{bmatrix}1 & & & \\ & 1 & & \\ & & 1 & \\ & & & 0\end{bmatrix}$　　(B) $\begin{bmatrix}1 & & & \\ & 1 & & \\ & & -1 & \\ & & & 0\end{bmatrix}$

(C) $\begin{bmatrix}1 & & & \\ & -1 & & \\ & & -1 & \\ & & & 0\end{bmatrix}$　　(D) $\begin{bmatrix}-1 & & & \\ & -1 & & \\ & & -1 & \\ & & & 0\end{bmatrix}$

16. 设三阶实对称矩阵 $\boldsymbol{A}$ 的各行元素之和均为 3，向量 $\boldsymbol{\alpha}_1=\begin{bmatrix}-1\\ 2\\ -1\end{bmatrix},\boldsymbol{\alpha}_2=\begin{bmatrix}0\\ -1\\ 1\end{bmatrix}$ 是线性方程组 $\boldsymbol{AX}=\boldsymbol{0}$ 的两个解。

(1) 求 $\boldsymbol{A}$ 的特征值与特征向量；

(2) 求正交矩阵 $\boldsymbol{Q}$ 和对角矩阵 $\boldsymbol{\Lambda}$，使得 $\boldsymbol{Q}^{\mathrm{T}}\boldsymbol{AQ}=\boldsymbol{\Lambda}$。

17. 某试验性生产线每年 1 月份进行熟练工与非熟练工的人数统计，然后将 1/6 的熟练工支援其他生产部门，其缺额由招收新的非熟练工补齐。新、老非熟练工经过培训及实践至年终考核有 2/5 成为熟练工。设第 n 年 1 月份统计的熟练工和非熟练工所占百分比分别为 x_n 和 y_n，记成向量 $\begin{bmatrix}x_n\\ y_n\end{bmatrix}$。

(1) 求$\begin{bmatrix} x_{n+1} \\ y_{n+1} \end{bmatrix}$与$\begin{bmatrix} x_n \\ y_n \end{bmatrix}$的关系式并写成矩阵形式：

$$\begin{bmatrix} x_{n+1} \\ y_{n+1} \end{bmatrix} = \boldsymbol{A} \begin{bmatrix} x_n \\ y_n \end{bmatrix}$$

(2) 验证$\boldsymbol{\alpha}_1 = \begin{bmatrix} 4 \\ 1 \end{bmatrix}, \boldsymbol{\alpha}_2 = \begin{bmatrix} -1 \\ 1 \end{bmatrix}$是$\boldsymbol{A}$的两个线性无关的特征向量，并求出相应的特征值；

(3) 当$\begin{bmatrix} x_1 \\ y_1 \end{bmatrix} = \begin{bmatrix} \frac{1}{2} \\ \frac{1}{2} \end{bmatrix}$时，求$\begin{bmatrix} x_{n+1} \\ y_{n+1} \end{bmatrix}$。

18. 证明n维列向量$\boldsymbol{\alpha}_1, \boldsymbol{\alpha}_2, \cdots, \boldsymbol{\alpha}_n$线性无关的充分必要条件是

$$\boldsymbol{D} = \begin{vmatrix} (\boldsymbol{\alpha}_1, \boldsymbol{\alpha}_1) & (\boldsymbol{\alpha}_1, \boldsymbol{\alpha}_2) & \cdots & (\boldsymbol{\alpha}_1, \boldsymbol{\alpha}_n) \\ (\boldsymbol{\alpha}_2, \boldsymbol{\alpha}_1) & (\boldsymbol{\alpha}_2, \boldsymbol{\alpha}_2) & \cdots & (\boldsymbol{\alpha}_2, \boldsymbol{\alpha}_n) \\ \vdots & \vdots & \ddots & \vdots \\ (\boldsymbol{\alpha}_n, \boldsymbol{\alpha}_1) & (\boldsymbol{\alpha}_n, \boldsymbol{\alpha}_2) & \cdots & (\boldsymbol{\alpha}_n, \boldsymbol{\alpha}_n) \end{vmatrix} \neq 0$$

19. 设三阶实对称矩阵$\boldsymbol{A}$的特征值是$\lambda_1 = 1, \lambda_2 = 2, \lambda_3 = -2$，且$\boldsymbol{\alpha}_1 = \begin{bmatrix} 1 \\ -1 \\ 1 \end{bmatrix}$是$\boldsymbol{A}$的属于$\lambda_1$的一个特征向量，记$\boldsymbol{B} = \boldsymbol{A}^5 - 4\boldsymbol{A}^3 + \boldsymbol{E}$。

(1) 验证$\boldsymbol{\alpha}_1$是矩阵$\boldsymbol{B}$的特征向量，并求$\boldsymbol{B}$的全部特征值与特征向量；

(2) 求矩阵$\boldsymbol{B}$。

20. 若$\boldsymbol{A}$是n阶正交矩阵，证明$\boldsymbol{A}^*$也是正交矩阵。

21. 设三阶实对称矩阵$\boldsymbol{A}$的特征值是1,2,3，矩阵$\boldsymbol{A}$的属于特征值1,2的特征向量分别是$\boldsymbol{\alpha}_1 = \begin{bmatrix} -1 \\ -1 \\ 1 \end{bmatrix}, \boldsymbol{\alpha}_2 = \begin{bmatrix} 1 \\ -2 \\ -1 \end{bmatrix}$。

(1) 求$\boldsymbol{A}$的属于特征值3的特征向量α_3；

(2) 求矩阵$\boldsymbol{A}$。

22. 设三阶实对称矩阵$\boldsymbol{A}$的各行元素之和均为3，向量$\boldsymbol{\alpha}_1 = (-1, 2, -1)^{\mathrm{T}}, \boldsymbol{\alpha}_2 = (0, -1, 1)^{\mathrm{T}}$是线性方程组$\boldsymbol{AX} = \boldsymbol{0}$的两个解。

(1) 求$\boldsymbol{A}$的特征值与特征向量；

(2) 求正交矩阵$\boldsymbol{Q}$和对角矩阵$\boldsymbol{\Lambda}$，使得$\boldsymbol{Q}^{\mathrm{T}}\boldsymbol{AQ} = \boldsymbol{\Lambda}$；

(3) 求$\boldsymbol{A}$及$\left(\boldsymbol{A} - \frac{3}{2}\boldsymbol{E}\right)^6$。

第5章 二 次 型

二次型理论起源于化二次曲线、二次曲面方程为标准形问题，化为标准形易于识别曲线、曲面的类型和研究其性质。

5.1 二次型与对称矩阵

1. 二次型及其矩阵

定义 5-1 变量 $x_1,x_2,\cdots,x_n$ 的二次齐次多项式

$$f(x_1,x_2,\cdots,x_n)=\sum_{i=1}^{n}\sum_{j=1}^{n}a_{i,j}x_ix_j=a_{11}x_1^2+2a_{12}x_1x_2+2a_{13}x_1x_3+\cdots+2a_{1n}x_1x_n$$
$$+a_{22}x_2^2+2a_{23}x_2x_3+\cdots+2a_{2n}x_2x_n \tag{5-1}$$
$$+\cdots\cdots\cdots\cdots\cdots+a_{nn}x_n^2$$

称为 n 元二次型，简称为二次型。

利用矩阵的乘法，式(5-1)可以表示成矩阵形式：

$$f(x_1,x_2,\cdots,x_n)=(x_1,x_2,\cdots,x_n)\begin{bmatrix}a_{11}&a_{12}&\cdots&a_{1n}\\a_{21}&a_{22}&\cdots&a_{2n}\\\vdots&\vdots&&\vdots\\a_{n1}&a_{n2}&\cdots&a_{nn}\end{bmatrix}\begin{bmatrix}x_1\\x_2\\\vdots\\x_n\end{bmatrix} \tag{5-2}$$

若令 $\boldsymbol{A}=\begin{bmatrix}a_{11}&a_{12}&\cdots&a_{1n}\\a_{21}&a_{22}&\cdots&a_{2n}\\\vdots&\vdots&\ddots&\vdots\\a_{n1}&a_{n2}&\cdots&a_{nn}\end{bmatrix}$，$\boldsymbol{X}=\begin{bmatrix}x_1\\x_2\\\vdots\\x_n\end{bmatrix}$，其中 $a_{ij}=a_{ji}\ (i\neq j)$，式(5-2)又可以表示成：

$$f(\boldsymbol{X})=\boldsymbol{X}^{\mathrm{T}}\boldsymbol{A}\boldsymbol{X} \tag{5-3}$$

式(5-3)称为二次型(5-1)的矩阵形式。

式(5-3)中，矩阵 $\boldsymbol{A}$ 是对称矩阵，即 $\boldsymbol{A}^{\mathrm{T}}=\boldsymbol{A}$。二次型 $f(\boldsymbol{X})$ 与矩阵 $\boldsymbol{A}$ 是一一对应的，称对称矩阵 $\boldsymbol{A}$ 为二次型 f 的矩阵，称 f 为 $\boldsymbol{A}$ 的二次型；称 $\boldsymbol{A}$ 的秩为 f 的秩，即

$r(f(X))=r(A)$。

例 5-1 设二次型 $f(x_1,x_2,x_3,x_4)=x_1^2+2x_2^2+3x_3^2+4x_1x_2+2x_2x_3$，求其矩阵。

解 $A=\begin{bmatrix}1&2&0&0\\2&2&1&0\\0&1&3&0\\0&0&0&0\end{bmatrix}$

例 5-2 设对称矩阵 $A=\begin{bmatrix}1&2&4\\2&2&-1\\4&-1&3\end{bmatrix}$，求其对应的二次型。

解 $f(x_1,x_2,x_3)=x_1^2+2x_2^2+3x_3^2+4x_1x_2+8x_1x_3-2x_2x_3$

2. 线性变换

定义 5-2 关系式

$$\left.\begin{aligned}x_1&=p_{11}y_1+p_{12}y_2+\cdots+p_{1n}y_n\\x_2&=p_{21}y_1+p_{22}y_2+\cdots+p_{2n}y_n\\&\cdots\cdots\cdots\cdots\cdots\cdots\\x_n&=p_{n1}y_1+p_{n2}y_2+\cdots+p_{nn}y_n\end{aligned}\right\}\tag{5-4}$$

称为由变量 $x_1,x_2,\cdots,x_n$ 到变量 $y_1,y_2,\cdots,y_n$ 的一个线性变换。

若令 $\boldsymbol{X}=\begin{bmatrix}x_1\\x_2\\\vdots\\x_n\end{bmatrix}$，$\boldsymbol{Y}=\begin{bmatrix}y_1\\y_2\\\vdots\\y_n\end{bmatrix}$，$\boldsymbol{P}=\begin{bmatrix}p_{11}&p_{12}&\cdots&p_{1n}\\p_{21}&p_{22}&\cdots&p_{2n}\\\vdots&\vdots&&\vdots\\p_{n1}&p_{n2}&\cdots&p_{nn}\end{bmatrix}$

则式(5-4)可以写成矩阵形式：

$$\begin{bmatrix}x_1\\x_2\\\vdots\\x_n\end{bmatrix}=\begin{bmatrix}p_{11}&p_{12}&\cdots&p_{1n}\\p_{21}&p_{22}&\cdots&p_{2n}\\\vdots&\vdots&&\vdots\\p_{n1}&p_{n2}&\cdots&p_{nn}\end{bmatrix}\begin{bmatrix}y_1\\y_2\\\vdots\\y_n\end{bmatrix}$$

即

$$\boldsymbol{X}=\boldsymbol{P}\boldsymbol{Y}\tag{5-5}$$

若 $|\boldsymbol{P}|\neq 0$，线性变换 $\boldsymbol{X}=\boldsymbol{P}\boldsymbol{Y}$ 称为非退化线性变换。

我们的目的是寻找非退化线性变换 $\boldsymbol{X}=\boldsymbol{P}\boldsymbol{Y}$，使得

$$f(\boldsymbol{X})=\boldsymbol{X}^{\mathrm{T}}\boldsymbol{A}\boldsymbol{X}=(\boldsymbol{P}\boldsymbol{Y})^{\mathrm{T}}\boldsymbol{A}(\boldsymbol{P}\boldsymbol{Y})=\boldsymbol{Y}^{\mathrm{T}}(\boldsymbol{P}^{\mathrm{T}}\boldsymbol{A}\boldsymbol{P})\boldsymbol{Y}$$

$$=(y_1,y_2,\cdots,y_n)\begin{bmatrix}d_1&&&&\\&\ddots&&&\\&&d_r&&\\&&&0&\\&&&&\ddots\\&&&&&0\end{bmatrix}\begin{bmatrix}y_1\\y_2\\\vdots\\y_n\end{bmatrix}=\boldsymbol{Y}^{\mathrm{T}}\boldsymbol{D}\boldsymbol{Y}$$

$$=d_1y_1^2+d_2y_2^2+\cdots+d_ry_r^2$$

其中 $d_i\neq 0$，$i=1,2,\cdots,r$；$\boldsymbol{D}=\begin{bmatrix} d_1 & & & & & \\ & \ddots & & & & \\ & & d_r & & & \\ & & & 0 & & \\ & & & & \ddots & \\ & & & & & 0 \end{bmatrix}$。

称 $f(y_1,y_2,\cdots,y_n)=d_1y_1^2+d_2y_2^2+\cdots+d_ry_r^2$ 为二次型(5-1)的标准形。

[注] 所谓二次型的标准形，就是二次型中只有变量的平方项的系数可以是非零数，所有混合项 y_iy_j $(i\neq j)$ 的系数全为 0。

将(5-1)化成标准形的关键是：对实对称矩阵 $\boldsymbol{A}$，寻找可逆矩阵 $\boldsymbol{P}$，使得 $\boldsymbol{P}^{\mathrm{T}}\boldsymbol{A}\boldsymbol{P}=\boldsymbol{D}$。

定义 5-3　设 $\boldsymbol{A},\boldsymbol{B}$ 都是 n 阶矩阵，若存在可逆矩阵 $\boldsymbol{P}$，使得 $\boldsymbol{P}^{\mathrm{T}}\boldsymbol{A}\boldsymbol{P}=\boldsymbol{B}$，则称 $\boldsymbol{A}$ 合同于 $\boldsymbol{B}$，记作 $\boldsymbol{A}\simeq\boldsymbol{B}$。

性质　(1) $\boldsymbol{A}\simeq\boldsymbol{A}$；

(2) 若 $\boldsymbol{A}\simeq\boldsymbol{B}$，则 $\boldsymbol{B}\simeq\boldsymbol{A}$；

(3) 若 $\boldsymbol{A}\simeq\boldsymbol{B}$，$\boldsymbol{B}\simeq\boldsymbol{C}$，则 $\boldsymbol{A}\simeq\boldsymbol{C}$。

5.2　二次型的标准形与规范形

1. 二次型的标准形

定理 5-1　对任意二次型 $f(\boldsymbol{X})=\boldsymbol{X}^{\mathrm{T}}\boldsymbol{A}\boldsymbol{X}$，恒存在非退化线性变换 $\boldsymbol{X}=\boldsymbol{P}\boldsymbol{Y}$，将二次型 $f(\boldsymbol{X})$ 化为标准形：

$$f(\boldsymbol{Y})=d_1y_1^2+d_2y_2^2+\cdots+d_ry_r^2 \tag{5-6}$$

证明略。

定理 5-2　(惯性定理) 设 $f(\boldsymbol{X})=\boldsymbol{X}^{\mathrm{T}}\boldsymbol{A}\boldsymbol{X}$ 的秩为 r，则在 f 的标准形中

(1) 系数不为 0 的平方项的个数一定是 r；

(2) 正项的个数 p 一定(称为 f 的正惯性指数)；

(3) 负项个数 $r-p$ 也一定(称为 f 的负惯性指数)。

证明略。

[注] (1) $d_1,d_2,\cdots,d_r$ 不一定是矩阵 $\boldsymbol{A}$ 的特征值；

(2) 二次型的标准形不唯一，与所做的线性变换 $\boldsymbol{X}=\boldsymbol{P}\boldsymbol{Y}$ 有关。但标准形中系数不为 0 的平方项个数 r 是唯一的，正惯性指数 p、负惯性指数 $r-p$ 也是唯一的，它们都是由 $\boldsymbol{A}$ 确定的。

2. 二次型的规范形

定理 5-3　对任意二次型 $f(\boldsymbol{X})=\boldsymbol{X}^{\mathrm{T}}\boldsymbol{A}\boldsymbol{X}$，恒存在非退化线性变换 $\boldsymbol{X}=\boldsymbol{P}\boldsymbol{Y}$，将其化成规范形：

$$f(\boldsymbol{Y})=y_1^2+y_2^2+\cdots+y_p^2-y_{p+1}^2-y_{p+2}^2-\cdots-y_r^2 \tag{5-7}$$

而且其规范形是唯一的。

证明略。

[注] 所谓二次型的规范形，就是其标准形中变量的平方项系数只能是$1,-1,0$。

3. 用初等变换法化二次型为标准形、规范形

求可逆矩阵P，使得 $P^{T}AP=D=\begin{bmatrix} d_1 & & & & & \\ & \ddots & & & & \\ & & d_r & & & \\ & & & 0 & & \\ & & & & \ddots & \\ & & & & & 0 \end{bmatrix}$

由于可逆矩阵恒可表示为若干个初等矩阵的乘积，则不妨设$P=P_1P_2\cdots P_k$，其中$P_1,P_2,\cdots,P_k$都是初等矩阵，因此有

(1) $P^{T}AP=D \Leftrightarrow P_k^{T}\cdots P_2^{T}P_1^{T}AP_1P_2\cdots P_k=D$

(2) $P=EP=EP_1P_2\cdots P_k$

于是 $\begin{bmatrix} \dfrac{P^{T}A}{E} \end{bmatrix}P=\begin{bmatrix} \dfrac{P^{T}AP}{P} \end{bmatrix}=\begin{bmatrix} \dfrac{D}{P} \end{bmatrix}$，即 $\begin{bmatrix} \dfrac{P_k^{T}\cdots P_2^{T}P_1^{T}A}{E} \end{bmatrix}P_1P_2\cdots P_k=\begin{bmatrix} \dfrac{D}{P} \end{bmatrix}$

上式的含义是：若对$2n\times n$分块矩阵$\begin{bmatrix} \dfrac{A}{E} \end{bmatrix}$的子块$A$的行施以若干次初等变换，然后对矩阵$\begin{bmatrix} \dfrac{A}{E} \end{bmatrix}$整体的列施以同样的初等变换，当子块$A$变为对角矩阵$D$时，子块$E$即是$P$。

例 5-3 求非退化线性变换，化下列二次型为标准形、规范形：

(1) $f(x_1,x_2,x_3)=x_1^2+2x_2^2+2x_1x_2-2x_1x_3$

(2) $f(x_1,x_2,x_3)=x_1x_2+x_1x_3+x_2x_3$

解 (1) $$\begin{bmatrix} A \\ E \end{bmatrix}=\begin{bmatrix} 1 & 1 & -1 \\ 1 & 2 & 0 \\ -1 & 0 & 0 \\ 1 & 0 & 0 \\ 0 & 1 & 0 \\ 0 & 0 & 1 \end{bmatrix}\xrightarrow{①}\begin{bmatrix} 1 & 1 & -1 \\ 0 & 1 & 1 \\ 0 & 1 & -1 \\ 1 & 0 & 0 \\ 0 & 1 & 0 \\ 0 & 0 & 1 \end{bmatrix}\xrightarrow{②}\begin{bmatrix} 1 & 0 & 0 \\ 0 & 1 & 1 \\ 0 & 1 & -1 \\ 1 & -1 & 1 \\ 0 & 1 & 0 \\ 0 & 0 & 1 \end{bmatrix}$$

$$\xrightarrow{③}\begin{bmatrix} 1 & 0 & 0 \\ 0 & 1 & 1 \\ 0 & 0 & -2 \\ 1 & -1 & 1 \\ 0 & 1 & 0 \\ 0 & 0 & 1 \end{bmatrix}\xrightarrow{④}\begin{bmatrix} 1 & 0 & 0 \\ 0 & 1 & 0 \\ 0 & 0 & -2 \\ 1 & -1 & 2 \\ 0 & 1 & -1 \\ 0 & 0 & 1 \end{bmatrix}$$

[注] 变换规则如下：

① 用-1乘以第一行加于第二行，再将第一行加于第三行。

② 用-1乘以第一列加于第二列，再将第一列加于第三列。

③ 用-1乘以第二行加于第三行。

④ 用 −1 乘以第二列加于第三列。

于是若作线性变换：$\begin{cases} x_1 = y_1 - y_2 + 2y_3 \\ x_2 = \qquad y_2 - \ \ y_3 \\ x_3 = \qquad\qquad y_3 \end{cases}$，可得其标准形 $f = y_1^2 + y_2^2 - 2y_3^2$。

若对上面的矩阵继续进行初等变换还可以得其规范形：

$$\begin{bmatrix} 1 & 0 & 0 \\ 0 & 1 & 0 \\ 0 & 0 & -2 \\ 1 & -1 & 2 \\ 0 & 1 & -1 \\ 0 & 0 & 1 \end{bmatrix} \xrightarrow{⑤} \begin{bmatrix} 1 & 0 & 0 \\ 0 & 1 & 0 \\ 0 & 0 & -\sqrt{2} \\ 1 & -1 & 2 \\ 0 & 1 & -1 \\ 0 & 0 & 1 \end{bmatrix} \xrightarrow{⑥} \begin{bmatrix} 1 & 0 & 0 \\ 0 & 1 & 0 \\ 0 & 0 & -1 \\ 1 & -1 & \sqrt{2} \\ 0 & 1 & -\frac{\sqrt{2}}{2} \\ 0 & 0 & \frac{\sqrt{2}}{2} \end{bmatrix}$$

[注] 变换规则如下：

⑤ 用 $-\dfrac{1}{\sqrt{2}}$ 乘以第三行。

⑥ 用 $-\dfrac{1}{\sqrt{2}}$ 乘以第三列。

于是若作线性变换：$\begin{cases} x_1 = z_1 - z_2 + \sqrt{2}z_3 \\ x_2 = \qquad z_2 - \dfrac{\sqrt{2}}{2}z_3 \\ x_3 = \qquad\qquad \dfrac{\sqrt{2}}{2}z_3 \end{cases}$，可得其规范形 $f = z_1^2 + z_2^2 - z_3^2$

(2) $$\begin{bmatrix} \boldsymbol{A} \\ \boldsymbol{E} \end{bmatrix} = \begin{bmatrix} 0 & \frac{1}{2} & \frac{1}{2} \\ \frac{1}{2} & 0 & \frac{1}{2} \\ \frac{1}{2} & \frac{1}{2} & 0 \\ 1 & 0 & 0 \\ 0 & 1 & 0 \\ 0 & 0 & 1 \end{bmatrix} \xrightarrow{①} \begin{bmatrix} \frac{1}{2} & \frac{1}{2} & 1 \\ \frac{1}{2} & 0 & \frac{1}{2} \\ \frac{1}{2} & \frac{1}{2} & 0 \\ 1 & 0 & 0 \\ 0 & 1 & 0 \\ 0 & 0 & 1 \end{bmatrix} \xrightarrow{②} \begin{bmatrix} 1 & \frac{1}{2} & 1 \\ \frac{1}{2} & 0 & \frac{1}{2} \\ 1 & \frac{1}{2} & 0 \\ 1 & 0 & 0 \\ 1 & 1 & 0 \\ 0 & 0 & 1 \end{bmatrix}$$

$$\xrightarrow{③} \begin{bmatrix} 1 & \frac{1}{2} & 1 \\ 0 & -\frac{1}{4} & 0 \\ 0 & 0 & -1 \\ 1 & 0 & 0 \\ 1 & 1 & 0 \\ 0 & 0 & 1 \end{bmatrix} \xrightarrow{④} \begin{bmatrix} 1 & 0 & 0 \\ 0 & -\frac{1}{4} & 0 \\ 0 & 0 & -1 \\ 1 & -\frac{1}{2} & -1 \\ 1 & \frac{1}{2} & -1 \\ 0 & 0 & 1 \end{bmatrix}$$

[注] 变换规则如下:

① 将第 2 行加于第一行。

② 将第二列加于第一列。

③ 用 $-\frac{1}{2}$ 乘以第一行加于第二行；再将 -1 乘以第一行加于第三行。

④ 用 $-\frac{1}{2}$ 乘以第一列加于第二列；再将 -1 乘以第一列加于第三列。

于是若作线性变换：$\begin{cases} x_1 = y_1 - \frac{1}{2}y_2 - y_3 \\ x_2 = y_1 + \frac{1}{2}y_2 - y_3 \\ x_3 = \qquad\qquad y_3 \end{cases}$，可得其标准形 $f = y_1^2 - \frac{1}{4}y_2^2 - y_3^2$。

若对上面的矩阵继续进行初等变换还可以得其规范形：

$$\begin{bmatrix} 1 & 0 & 0 \\ 0 & -\frac{1}{4} & 0 \\ 0 & 0 & -1 \\ 1 & -\frac{1}{2} & -1 \\ 1 & \frac{1}{2} & -1 \\ 0 & 0 & 1 \end{bmatrix} \xrightarrow{⑤} \begin{bmatrix} 1 & 0 & 0 \\ 0 & -\frac{1}{2} & 0 \\ 0 & 0 & -1 \\ 1 & -\frac{1}{2} & -1 \\ 1 & \frac{1}{2} & -1 \\ 0 & 0 & 1 \end{bmatrix} \xrightarrow{⑥} \begin{bmatrix} 1 & 0 & 0 \\ 0 & -1 & 0 \\ 0 & 0 & -1 \\ 1 & -1 & -1 \\ 1 & 1 & -1 \\ 0 & 0 & 1 \end{bmatrix}$$

[注] 变换规则如下:

⑤ 用 2 乘以第二行。

⑥ 用 2 乘以第二列。

于是若作线性变换 $\begin{cases} x_1 = z_1 - z_2 - z_3 \\ x_2 = z_1 + z_2 - z_3 \\ x_3 = \qquad\quad z_3 \end{cases}$，可得其规范形 $f = z_1^2 - z_2^2 - z_3^2$。

4. 用正交变换法化二次型为标准形

定理 5-4 对二次型 $f(\boldsymbol{X}) = \boldsymbol{X}^{\mathrm{T}}\boldsymbol{A}\boldsymbol{X}$，则一定存在正交矩阵 $\boldsymbol{Q}$，使得经过正交变换 $\boldsymbol{X} = \boldsymbol{Q}\boldsymbol{Y}$，将其化为标准形

$$f(\boldsymbol{Y}) = \lambda_1 y_1^2 + \lambda_2 y_2^2 + \cdots + \lambda_n y_n^2$$

证明 由定理 4-11，对实对称矩阵 $\boldsymbol{A}$，一定存在正交矩阵 $\boldsymbol{Q}$，使得

$$\boldsymbol{Q}^{\mathrm{T}}\boldsymbol{A}\boldsymbol{Q} = \boldsymbol{\Lambda} = \begin{bmatrix} \lambda_1 & & & \\ & \lambda_2 & & \\ & & \ddots & \\ & & & \lambda_n \end{bmatrix}$$

其中 $\lambda_1, \lambda_2, \cdots, \lambda_n$ 为 $\boldsymbol{A}$ 的特征值。于是作正交变换 $\boldsymbol{X} = \boldsymbol{Q}\boldsymbol{Y}$，则得

$$f = X^{\mathrm{T}}AX = (QY)^{\mathrm{T}}A(QY) = Y^{\mathrm{T}}(Q^{\mathrm{T}}AQ)Y = Y^{\mathrm{T}}\Lambda Y$$
$$= \lambda_1 y_1^2 + \lambda_2 y_2^2 + \cdots + \lambda_n y_n^2$$

例 5-4　用正交变换将二次型 $f(x_1,x_2,x_3) = x_1^2 + x_2^2 + 2x_3^2 + 2x_1x_3 + 2x_2x_3$ 化为标准形，并写出所作的正交变换。

解　二次型 f 的矩阵是 $A = \begin{bmatrix} 1 & 0 & 1 \\ 0 & 1 & 1 \\ 1 & 1 & 2 \end{bmatrix}$。由例 4-9(1) 知，存在正交矩阵 $Q = \begin{bmatrix} -1/\sqrt{2} & 1/\sqrt{6} & -1/\sqrt{3} \\ 1/\sqrt{2} & 1/\sqrt{6} & -1/\sqrt{3} \\ 0 & 2/\sqrt{6} & 1/\sqrt{3} \end{bmatrix}$，使得 $Q^{\mathrm{T}}AQ = \Lambda = \begin{bmatrix} 1 & & \\ & 3 & \\ & & 0 \end{bmatrix}$。于是可作正交变换 $X = QY$，即

$$\begin{cases} x_1 = -\dfrac{1}{\sqrt{2}}y_1 + \dfrac{1}{\sqrt{6}}y_2 - \dfrac{1}{\sqrt{3}}y_3 \\ x_2 = \dfrac{1}{\sqrt{2}}y_1 + \dfrac{1}{\sqrt{6}}y_2 - \dfrac{1}{\sqrt{3}}y_3 \\ x_3 = \dfrac{2}{\sqrt{6}}y_2 + \dfrac{1}{\sqrt{3}}y_3 \end{cases}$$

可得其标准形：
$$f = y_1^2 + 3y_2^2$$

5.3　二次型与对称矩阵的正定性

定义 5-4　若对 $\forall X \neq \mathbf{0}, f(X) = X^{\mathrm{T}}AX > 0(\geqslant 0)$，称 $f(X)$ 为正定二次型(半正定二次型)，A 为正定矩阵(半正定矩阵)。

若对 $\forall X \neq \mathbf{0}, f(X) = X^{\mathrm{T}}AX > 0(\leqslant 0)$，称 $f(X)$ 为负定二次型(半负定二次型)，A 为负定矩阵(半负定矩阵)。

定理 5-5　n 元二次型 $f(X) = X^{\mathrm{T}}AX$ 正定的充分必要条件是下列条件之一成立：

(1) 正惯性指数为 n；

(2) A 的特征值全为正数；

(3) A 的顺序主子式全大于 0，即

$$|a_{11}| > 0, \begin{vmatrix} a_{11} & a_{12} \\ a_{21} & a_{22} \end{vmatrix} > 0, \begin{vmatrix} a_{11} & a_{12} & a_{13} \\ a_{21} & a_{22} & a_{23} \\ a_{31} & a_{32} & a_{33} \end{vmatrix} > 0, \cdots, \begin{vmatrix} a_{11} & a_{12} & \cdots & a_{1n} \\ a_{21} & a_{22} & \cdots & a_{2n} \\ \vdots & \vdots & \ddots & \vdots \\ a_{n1} & a_{n2} & \cdots & a_{nn} \end{vmatrix} > 0$$

证明略。

例 5-5　判断下列二次型的正定性：

(1) $f(x_1,x_2,x_3) = 5x_1^2 + x_2^2 + 5x_3^2 + 4x_1x_2 - 8x_1x_3 - 4x_2x_3$

(2) $f(x_1,x_2,x_3) = 2x_1^2 + 5x_2^2 + 5x_3^2 + 4x_1x_2 - 4x_1x_3 - 8x_2x_3$

解　(1) 由二次型的矩阵 $A=\begin{bmatrix}5 & 2 & -4\\ 2 & 1 & -2\\ -4 & -2 & 5\end{bmatrix}$，得其顺序主子式及其符号依次为

$$|5|>0，\begin{vmatrix}5 & 2\\ 2 & 1\end{vmatrix}=1>0，\begin{vmatrix}5 & 2 & -4\\ 2 & 1 & -2\\ -4 & -2 & 5\end{vmatrix}=1>0$$

故 f 为正定二次型。

(2) 由二次型的矩阵 $A=\begin{bmatrix}2 & 2 & -2\\ 2 & 5 & -4\\ -2 & -4 & 5\end{bmatrix}$，得 A 的特征方程为

$$|\lambda E-A|=\begin{vmatrix}\lambda-2 & -2 & 2\\ -2 & \lambda-5 & 4\\ 2 & 4 & \lambda-5\end{vmatrix}=(\lambda-1)^2(\lambda-10)=0$$

因其特征值 $\lambda_1=\lambda_2=1>0,\lambda_3=10>0$，所以 f 为正定二次型。

定理 5-6　n 元二次型 $f(X)=X^{\mathrm{T}}AX$ 为负定二次型的充分必要条件是下列条件之一成立：

(1) $-f=X^{\mathrm{T}}(-A)X$ 为正定二次型；

(2) f 的负惯性指数为 n；

(3) A 的特征值全为负数。

证明略。

定理 5-7　设 A,B 都是实对称矩阵，若 $A\sim B$，则 $A\simeq B$。

证明略。

定理 5-8　实对称矩阵 A 与 B 合同的充分必要条件是 $X^{\mathrm{T}}AX$ 与 $X^{\mathrm{T}}BX$ 有相同的正、负惯性指数。

证明略。

例 5-6　证明：若 A 为正定矩阵，则 A^{-1} 也是正定矩阵。

证明　因 A 为正定矩阵，则 $A^{\mathrm{T}}=A$，从而 $(A^{-1})^{\mathrm{T}}=(A^{\mathrm{T}})^{-1}=A^{-1}$。又 A 为正定矩阵，则 A 的特征值全大于 0，从而它们的倒数，即 A^{-1} 的特征值也全大于 0，因此 A^{-1} 也是正定矩阵。

小　结

1. 基本概念

(1) 二次型：$f(x_1,x_2,\cdots,x_n)=(x_1,x_2,\cdots,x_n)\begin{bmatrix}a_{11} & a_{12} & \cdots & a_{1n}\\ a_{21} & a_{22} & \cdots & a_{2n}\\ \vdots & \vdots & & \vdots\\ a_{n1} & a_{n2} & \cdots & a_{nn}\end{bmatrix}\begin{bmatrix}x_1\\ x_2\\ \vdots\\ x_n\end{bmatrix}$

即
$$f(X)=X^{\mathrm{T}}AX$$

① 称对称矩阵 $\boldsymbol{A}$ 为二次型 f 的矩阵，称 f 为 $\boldsymbol{A}$ 的二次型。

② 称 $\boldsymbol{A}$ 的秩为 f 的秩，即 $r(f(\boldsymbol{X}))=r(\boldsymbol{A})$。

(2) 非退化线性变换：若 $|\boldsymbol{P}|\neq 0$，则称

$$\begin{bmatrix} x_1 \\ x_2 \\ \vdots \\ x_n \end{bmatrix}=\begin{bmatrix} p_{11} & p_{12} & \cdots & p_{1n} \\ p_{21} & p_{22} & \cdots & p_{2n} \\ \vdots & \vdots & & \vdots \\ p_{n1} & p_{n2} & \cdots & p_{nn} \end{bmatrix}\begin{bmatrix} y_1 \\ y_2 \\ \vdots \\ y_n \end{bmatrix}$$

即

$$\boldsymbol{X}=\boldsymbol{PY}$$

为由变量 $x_1,x_2,\cdots,x_n$ 到变量 $y_1,y_2,\cdots,y_n$ 的一个非退化线性变换。

(3) 合同矩阵：设 $\boldsymbol{A},\boldsymbol{B}$ 都是 n 阶矩阵，若存在可逆矩阵 $\boldsymbol{P}$，使得 $\boldsymbol{P}^{\mathrm{T}}\boldsymbol{AP}=\boldsymbol{B}$，则称 $\boldsymbol{A}$ 合同于 $\boldsymbol{B}$，记作 $\boldsymbol{A}\simeq\boldsymbol{B}$。

(4) 正交变换：若 $\boldsymbol{Q}$ 为正交矩阵，则称线性变换 $\boldsymbol{X}=\boldsymbol{QY}$ 为正交变换。

[注] 正交变换不改变向量的长度。

2. 二次型的标准形与规范形

(1) 对任意二次型 $f(\boldsymbol{X})=\boldsymbol{X}^{\mathrm{T}}\boldsymbol{AX}$，恒存在非退化线性变换 $\boldsymbol{X}=\boldsymbol{PY}$，将二次型 $f(\boldsymbol{X})$ 化为标准形：

$$f(\boldsymbol{Y})=d_1y_1^2+d_2y_2^2+\cdots+d_ry_r^2$$

(2) 对任意二次型 $f(\boldsymbol{X})=\boldsymbol{X}^{\mathrm{T}}\boldsymbol{AX}$，恒存在非退化线性变换 $\boldsymbol{X}=\boldsymbol{PY}$，将其化成规范形：

$$f(\boldsymbol{Y})=y_1^2+y_2^2+\cdots+y_p^2-y_{p+1}^2-y_{p+2}^2-\cdots-y_r^2$$

而且其规范形是唯一的。

(3) (惯性定理) 设 $f(\boldsymbol{X})=\boldsymbol{X}^{\mathrm{T}}\boldsymbol{AX}$ 的秩为 r，则在 f 的标准形中：

① 系数不为 0 的平方项的个数一定是 r。

② 正项的个数 p 一定(称为 f 的正惯性指数)。

③ 负项个数 $r-p$ 也一定(称为 f 的负惯性指数)。

3. 化二次型为标准形之方法

(1) 初等变换方法

(2) 正交变换方法

4. 二次型与对称矩阵的正定性

(1) 正(负)定二次型：若对 $\forall\boldsymbol{X}\neq\boldsymbol{0}, f(\boldsymbol{X})=\boldsymbol{X}^{\mathrm{T}}\boldsymbol{AX}>0(\geqslant 0)$，则称 $f(\boldsymbol{X})$ 为正定二次型(半正定二次型)，$\boldsymbol{A}$ 为正定矩阵(半正定矩阵)。

若对 $\forall\boldsymbol{X}\neq\boldsymbol{0}, f(\boldsymbol{X})=\boldsymbol{X}^{\mathrm{T}}\boldsymbol{AX}<0(\leqslant 0)$，则称 $f(\boldsymbol{X})$ 为负定二次型(半负定二次型)，$\boldsymbol{A}$ 为负定矩阵(半负定矩阵)。

(2) 正定二次型的充分必要条件

n 元二次型 $f(\boldsymbol{X})=\boldsymbol{X}^{\mathrm{T}}\boldsymbol{AX}$ 正定：

$\Leftrightarrow$ 正惯性指数为 n；

$\Leftrightarrow$ $\boldsymbol{A}$ 的特征值全为正数；

$\Leftrightarrow$ $\boldsymbol{A}$ 的顺序主子式全大于0，即

$$|a_{11}|>0,\begin{vmatrix}a_{11}&a_{12}\\a_{21}&a_{22}\end{vmatrix}>0,\begin{vmatrix}a_{11}&a_{12}&a_{13}\\a_{21}&a_{22}&a_{23}\\a_{31}&a_{32}&a_{33}\end{vmatrix}>0,\cdots,\begin{vmatrix}a_{11}&a_{12}&\cdots&a_{1n}\\a_{21}&a_{22}&\cdots&a_{2n}\\\vdots&\vdots&\ddots&\vdots\\a_{n1}&a_{n2}&\cdots&a_{nn}\end{vmatrix}>0$$

(3) 负定二次型的充分必要条件

n 元二次型 $f(\boldsymbol{X})=\boldsymbol{X}^{\mathrm{T}}\boldsymbol{A}\boldsymbol{X}$ 为负定二次型：

$\Leftrightarrow$ $-f=\boldsymbol{X}^{\mathrm{T}}(-\boldsymbol{A})\boldsymbol{X}$ 为正定二次型；

$\Leftrightarrow$ f 的负惯性指数为 n；

$\Leftrightarrow$ $\boldsymbol{A}$ 的特征值全为负数；

$\Leftrightarrow$ $\boldsymbol{A}$ 的奇数阶顺序主子式全小于0； $\boldsymbol{A}$ 的偶数阶顺序主子式全大于0。

(4) 两个矩阵合同的充分必要条件：

① 实对称矩阵 $\boldsymbol{A}$ 与 $\boldsymbol{B}$ 合同 $\Leftrightarrow$ $\boldsymbol{X}^{\mathrm{T}}\boldsymbol{A}\boldsymbol{X}$ 与 $\boldsymbol{X}^{\mathrm{T}}\boldsymbol{B}\boldsymbol{X}$ 有相同的正、负惯性指数。

② 实对称矩阵 $\boldsymbol{A}$ 与 $\boldsymbol{B}$ 合同的充分条件是 $\boldsymbol{A}\sim\boldsymbol{B}$。

③ 实对称矩阵 $\boldsymbol{A}$ 与 $\boldsymbol{B}$ 合同的必要条件是 $r(\boldsymbol{A})=r(\boldsymbol{B})$。

(5) 对二次型的非退化线性变换和正交变换都不改变二次型的正定性。

阶梯化训练题

基础能力题

1. 写出下列二次型的矩阵：

(1) $f(x_1,x_2)=3x_1^2+5x_1x_2+x_2^2$

(2) $f(x_1,x_2,x_3,x_4)=x_1^2+2x_2^2+3x_3^2+4x_1x_2+2x_2x_3$

(3) $f(x_1,x_2,x_3)=x_1^2-2x_1x_2+3x_1x_3-2x_2^2+8x_2x_3+3x_3^2$

2. 写出下列对称矩阵所对应的二次型：

(1) $\boldsymbol{A}=\begin{bmatrix}1&2&4\\2&2&-1\\4&-1&3\end{bmatrix}$　　(2) $\boldsymbol{A}=\begin{bmatrix}0&\frac{3}{2}&1\\\frac{3}{2}&2&-3\\1&-3&1\end{bmatrix}$

3. 用初等变换化下列二次型为标准形和规范形：

(1) $f(x_1,x_2,x_3)=2x_1x_2+2x_1x_3-6x_2x_3$

(2) $f(x_1,x_2,x_3)=x_1^2+5x_2^2-4x_3^2+2x_1x_2-4x_1x_3$

(3) $f(x_1,x_2,x_3)=x_1x_2-4x_1x_3+6x_2x_3$

4. 用正交变换把下列二次型化为标准形，并写出所做的变换：

(1) $f(x_1,x_2,x_3)=2x_1^2+5x_2^2+5x_3^2+4x_1x_2-4x_1x_3-8x_2x_3$

(2) $f(x_1,x_2,x_3,x_4)=2x_1x_2+2x_1x_3-2x_1x_4-2x_2x_3+2x_2x_4+2x_3x_4$

5. 已知 $f(x_1,x_2,x_3)=5x_1^2+5x_2^2+cx_3^2-2x_1x_2+6x_1x_3-6x_2x_3$，$r(f)=2$。

(1) 求 c；

(2) 用正交变换化 $f(x_1,x_2,x_3)$ 为标准形；

(3) $f(x_1,x_2,x_3)=1$ 表示哪类二次曲面？

6. 判断下列二次型的正定性：

(1) $f(x_1,x_2,x_3)=5x_1^2+x_2^2+5x_3^2+4x_1x_2-8x_1x_3-4x_2x_3$

(2) $f(x_1,x_2,x_3)=-5x_1^2-6x_2^2-4x_3^2+4x_1x_2+4x_1x_3$

7. 设 $\boldsymbol{A}=(a_{ij})_{n\times n}$ 实对称矩阵，证明：

(1) 若 $\boldsymbol{A}$ 为正定矩阵，则 $a_{ii}>0 \quad (i=1,2,\cdots,n)$；

(2) 若 $\boldsymbol{A}$ 为负定矩阵，则 $a_{ii}<0 \quad (i=1,2,\cdots,n)$。

8. 设 $\boldsymbol{A}$ 为 n 阶实对称矩阵，且满足 $\boldsymbol{A}^3+\boldsymbol{A}^2+\boldsymbol{A}=3\boldsymbol{E}$，证明 $\boldsymbol{A}$ 是正定矩阵。

综合提高题

1. 设 $\boldsymbol{A}=\begin{bmatrix}1&1&1&1\\1&1&1&1\\1&1&1&1\\1&1&1&1\end{bmatrix},\boldsymbol{B}=\begin{bmatrix}4&0&0&0\\0&0&0&0\\0&0&0&0\\0&0&0&0\end{bmatrix}$，则 $\boldsymbol{A}$ 与 $\boldsymbol{B}$ ________。

(A) 合同，且相似　　　　(B) 合同，但不相似

(C) 不合同，但相似　　　　(D) 既不合同，也不相似

2. 设 $\boldsymbol{A}=\begin{bmatrix}2&-1&-1\\-1&2&-1\\-1&-1&2\end{bmatrix},\boldsymbol{B}=\begin{bmatrix}1&0&0\\0&1&0\\0&0&0\end{bmatrix}$，则 $\boldsymbol{A}$ 与 $\boldsymbol{B}$ ________。

(A) 合同，且相似　　　　(B) 合同，但不相似

(C) 不合同，但相似　　　　(D) 既不合同，也不相似

3. 设 $\boldsymbol{A},\boldsymbol{B}$ 为同阶可逆矩阵，则________。

(A) $\boldsymbol{AB}=\boldsymbol{BA}$

(B) 存在可逆矩阵 $\boldsymbol{P}$，使 $\boldsymbol{P}^{-1}\boldsymbol{AP}=\boldsymbol{B}$

(C) 存在可逆矩阵 $\boldsymbol{C}$，使 $\boldsymbol{C}^{\mathrm{T}}\boldsymbol{AC}=\boldsymbol{B}$

(D) 存在可逆矩阵 $\boldsymbol{P}$ 和 $\boldsymbol{Q}$，使 $\boldsymbol{PAQ}=\boldsymbol{B}$

4. 设 $\boldsymbol{A}=\begin{bmatrix}1&2\\2&1\end{bmatrix}$，则在实数范围内与 $\boldsymbol{A}$ 合同的矩阵为________。

(A) $\begin{bmatrix}-2&1\\1&-2\end{bmatrix}$　　　　(B) $\begin{bmatrix}2&-1\\-1&2\end{bmatrix}$

(C) $\begin{bmatrix}2&1\\1&2\end{bmatrix}$　　　　(D) $\begin{bmatrix}1&-2\\-2&1\end{bmatrix}$

5. 设二次型 $f(x_1,x_2,x_3)=ax_1^2+ax_2^2+(a-1)x_3^2+2x_1x_3-2x_2x_3$

(1) 求二次型 f 的矩阵的所有特征值；

(2) 若二次型 f 的规范形为 $y_1^2+y_2^2$，求 a 的值。

6. 已知二次型 $f(x_1,x_2,x_3)=(1-a)x_1^2+(1-a)x_2^2+2x_3^2+2(1+a)x_1x_2$ 的秩为 2。

(1) 求 a 的值；

(2) 求正交变换 $\boldsymbol{X}=\boldsymbol{QY}$，把 $f(x_1,x_2,x_3)$ 化成标准形；

(3) 求方程 $f(x_1,x_2,x_3)=0$ 的解。

7. 已知二次曲面方程 $x^2+ay^2+z^2+2bxy+2xz+2yz=4$，可以经过正交变换

$$\begin{bmatrix} x \\ y \\ z \end{bmatrix}=\boldsymbol{Q}\begin{bmatrix} \boldsymbol{\xi} \\ \boldsymbol{\eta} \\ \boldsymbol{\zeta} \end{bmatrix}$$

化为椭圆柱面方程 $\boldsymbol{\eta}^2+4\boldsymbol{\xi}^2=4$，求 a,b 的值和正交矩阵 $\boldsymbol{Q}$。

8. 已知实二次型 $f(x_1,x_2,x_3)=a(x_1^2+x_2^2+x_3^2)+4x_1x_2+4x_1x_3+4x_2x_3$ 经过正交变换 $\boldsymbol{X}=\boldsymbol{QY}$ 可化成标准形 $f=6y_1^2$，求 a 的值。

9. 设二次型

$$f(x_1,x_2,x_3)=\boldsymbol{X}^{\mathrm{T}}\boldsymbol{AX}=ax_1^2+2x_2^2-2x_3^2+2bx_1x_3\ (b>0)$$

其中二次型的矩阵 $\boldsymbol{A}$ 的特征值之和为 1，特征值之积为 -12。

(1) 求 a,b 的值；

(2) 利用正交变换将二次型 f 化为标准形，并写出所作的正交变换和对应的正交矩阵。

10. 若二次型 $f(x_1,x_2,x_3)=2x_1^2+x_2^2+x_3^2+2x_1x_2+tx_2x_3$ 是正定的，求 t 的取值范围。

11. 已知二次型 $f(x_1,x_2,x_3)=\boldsymbol{X}^{\mathrm{T}}\boldsymbol{AX}$ 在正交变换 $\boldsymbol{X}=\boldsymbol{QY}$ 下的标准形为 $y_1^2+y_2^2$，且 $\boldsymbol{Q}$ 的第三列为 $\begin{bmatrix} \sqrt{2}/2 \\ 0 \\ \sqrt{2}/2 \end{bmatrix}$。

(1) 求矩阵 $\boldsymbol{A}$；

(2) 证明 $\boldsymbol{A}+\boldsymbol{E}$ 为正定矩阵。

12. 设 $\boldsymbol{A}$ 为 m 阶实对称矩阵且正定，$\boldsymbol{B}$ 为 $m\times n$ 实矩阵，试证：$\boldsymbol{B}^{\mathrm{T}}\boldsymbol{AB}$ 为正定矩阵的充分必要条件是 $r(\boldsymbol{B})=n$。

13. 设 $\boldsymbol{A}=(a_{ij})$ 是秩为 n 的 n 阶实对称矩阵，A_{ij} 是 $|\boldsymbol{A}|$ 中元素 a_{ij} 的代数余子式 $(i,j=1,2,\cdots,n)$，二次型 $f(x_1,x_2,\cdots,x_n)=\sum\limits_{i=1}^{n}\sum\limits_{j=1}^{n}\dfrac{A_{ij}}{|\boldsymbol{A}|}x_ix_j$

(1) 记 $\boldsymbol{X}=(x_1,x_2,\cdots,x_n)^{\mathrm{T}}$，试写出二次型 $f(x_1,x_2,\cdots,x_n)$ 的矩阵形式；

(2) 判断二次型 $g(\boldsymbol{X})=\boldsymbol{X}^{\mathrm{T}}\boldsymbol{AX}$ 与 $f(\boldsymbol{X})$ 的规范形是否相同，并说明理由。

14. 假设二次型 $f(x_1,x_2,x_3)=(x_1+ax_2-2x_3)^2+(2x_2+3x_3)^2+(x_1+3x_2+ax_3)^2$ 正定，求 a 的取值范围。

15. 设 $\boldsymbol{A},\boldsymbol{B}$ 均是 n 阶正定矩阵，判断矩阵 $\boldsymbol{A}+\boldsymbol{B}$ 的正定性。

16. 设 $\boldsymbol{A}$ 为 n 阶正定矩阵，证明 $\boldsymbol{E}+\boldsymbol{A}$ 的行列式大于 1。

17. 证明：若 $\boldsymbol{A}$ 是正定矩阵，则 $\boldsymbol{A}^*$ 也是正定矩阵。

18. 设 $\boldsymbol{A}$ 为三阶实对称矩阵，且满足 $\boldsymbol{A}^2+2\boldsymbol{A}=\boldsymbol{O}$，已知 $r(\boldsymbol{A})=2$。

(1) 求 $\boldsymbol{A}$ 的全部特征值；

(2) 当 k 为何值时，矩阵 $\boldsymbol{A}+k\boldsymbol{E}$ 为正定矩阵。

19. 设有 n 元实二次型

$$f(x_1,x_2,\cdots,x_n)=(x_1+a_1x_2)^2+(x_2+a_2x_3)^2+\cdots+(x_{n-1}+a_{n-1}x_n)^2+(x_n+a_nx_1)^2$$

其中 $a_i\ (i=1,2,\cdots,n)$ 为实数。试问：当 $a_1,a_2,\cdots,a_n$ 满足什么条件时，二次型 $f(x_1,x_2,\cdots,x_n)$ 为正定二次型。

20. 设矩阵 $\boldsymbol{A}=\begin{bmatrix}1&0&1\\0&2&0\\1&0&1\end{bmatrix}$，矩阵 $\boldsymbol{B}=(k\boldsymbol{E}+\boldsymbol{A})^2$，其中 k 为实数。求对角矩阵 $\boldsymbol{\Lambda}$，使 $\boldsymbol{B}$ 与 $\boldsymbol{\Lambda}$ 相似，并求 k 为何值时，$\boldsymbol{B}$ 为正定矩阵。

21. 设 $\boldsymbol{A}$ 为 $m\times n$ 实矩阵，已知 $\boldsymbol{B}=\lambda\boldsymbol{E}+\boldsymbol{A}^{\mathrm{T}}\boldsymbol{A}$，试证：当 $\lambda>0$ 时，矩阵 $\boldsymbol{B}$ 为正定矩阵。

22. 设 $\boldsymbol{D}=\begin{bmatrix}\boldsymbol{A}&\boldsymbol{C}\\\boldsymbol{C}^{\mathrm{T}}&\boldsymbol{B}\end{bmatrix}$ 为正定矩阵，其中 $\boldsymbol{A},\boldsymbol{B}$ 分别为 m 阶、n 阶对称矩阵，$\boldsymbol{C}$ 为 $m\times n$ 矩阵。

(1) 计算 $\boldsymbol{P}^{\mathrm{T}}\boldsymbol{D}\boldsymbol{P}$，其中 $\boldsymbol{P}=\begin{bmatrix}\boldsymbol{E}_m&-\boldsymbol{A}^{-1}\boldsymbol{C}\\\boldsymbol{O}&\boldsymbol{E}_n\end{bmatrix}$；

(2) 利用(1)的结果判断矩阵 $\boldsymbol{B}-\boldsymbol{C}^{\mathrm{T}}\boldsymbol{A}^{-1}\boldsymbol{C}$ 是否为正定矩阵，并证明你的结论。

23. 设 $\boldsymbol{A}$ 为 n 阶正定矩阵，证明 $\boldsymbol{A}+\boldsymbol{E}$ 的行列式大于 1。

阶梯化训练题答案

第 1 章

基础能力题

1. (1) -1　(2) 5
   (3) 0　(4) x^3-x^2-1
2. (1) 5　(2) 11
   (3) $2x^3-6x^2+6$　(4) $(a-b)(b-c)(c-a)$
3. 2 或 3
4. (1) 4　(2) 3
   (3) 4　(4) 7
   (5) $\dfrac{n(n-1)}{2}$　(6) $\dfrac{n(n-1)}{2}$
5. (1) 正　(2) 负
   (3) 负　(4) 正
6. (1) 8　(2) 0
   (3) $8a^4$　(4) $x^2y^2+2x^2y+2xy^2$
7. 略
8. (1) $(2n-1)(n-1)^{n-1}$　(2) 0
   (3) $x+(-1)^{n+1}y^n$　(4) $x^{n-1}(a_1+a_2+\cdots+a_n)$
9. (1) $x_1=\dfrac{1}{2},x_2=7$　(2) $x_1=1,x_2=2,x_3=-2$
   (3) $x_1=1,x_2=2,x_3=3$　(4) $x_1=1,x_2=2,x_3=1,x_4=-1$
10. $\lambda\neq1$
11. $\lambda=0,2$ 或 3

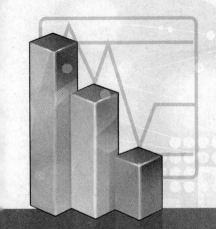

综合提高题

1. (1) $(-1)^{n-1}n!$ (2) $(-1)^{\frac{n(n-1)}{2}}a_{1n}a_{2\,n-1}\cdots a_{n1}$

(3) $(-1)^{\frac{(n-1)(n-2)}{2}}b_1b_2\cdots b_n$

2. (1) -294×10^5 (2) $-2(x^3+y^3)$

(3) $a_1a_2\cdots a_n\left(a_0-\sum_{i=1}^{n}\frac{1}{a_i}\right)$ (4) $a_1a_2\cdots a_n\left(1+\sum_{i=1}^{n}\frac{1}{a_i}\right)$

(5) $-2(n-2)!$

3. 略

4. $1-a+a^2-a^3+a^4-a^5$

5. (D)

6. 略

7. 略

8. (1) 0； (2) -1

9. 略

10. 略

11. 略

第 2 章

基础能力题

1. (1) $\begin{bmatrix}-1 & 4 & 6\\-3 & -3 & 5\end{bmatrix}$ (2) $\begin{bmatrix}-2 & 5\\2 & 1\end{bmatrix}$

(3) $\begin{bmatrix}2 & 4\\6 & 8\end{bmatrix}$ (4) $\begin{bmatrix}2a+3c & -4b+c\\-2b-c & a+b\\3a-b+8c & -a-5b\end{bmatrix}$

2. $\begin{bmatrix}2 & 3 & -2\\2 & -2 & 1\\1 & -1 & -2\end{bmatrix}$

3. (1) $\begin{bmatrix}35\\6\\49\end{bmatrix}$ (2) 10

(3) $\begin{bmatrix}-1 & 2\\-2 & 4\\-3 & 6\end{bmatrix}$ (4) $\begin{bmatrix}6 & -7 & 8\\20 & -5 & -6\end{bmatrix}$

(5) $\begin{bmatrix}-6 & 29\\5 & 32\end{bmatrix}$

4. $\begin{bmatrix}-2 & 13 & 22\\-2 & -17 & 20\\4 & 29 & -2\end{bmatrix}$，$\begin{bmatrix}0 & 5 & 8\\0 & -5 & 6\\2 & 9 & 0\end{bmatrix}$

5. $\boldsymbol{A}^k=\begin{bmatrix}1 & 0\\ka & 1\end{bmatrix}$

6. $a^{k-2}\begin{bmatrix} a^2 & ka & \frac{k(k-1)}{2} \\ 0 & a^2 & ka \\ 0 & 0 & a^2 \end{bmatrix}$

7. 略

8. 略

9. $\begin{bmatrix} 1 & 1 & 1 \\ 2 & 2 & 2 \\ 3 & 3 & 3 \end{bmatrix}$

10. $\frac{9}{64}$

11. $-k^4$

12. $2^n k^{n+1}$

13. 略

14. 略

15. 略

16. $\begin{bmatrix} a & o & ac & 0 \\ 0 & a & 0 & ac \\ 1 & 0 & c+bd & 0 \\ 0 & 1 & 0 & c+bd \end{bmatrix}$

17. (1) $\begin{bmatrix} \frac{4}{5} & -\frac{1}{5} \\ -\frac{3}{5} & \frac{2}{5} \end{bmatrix}$

(2) $\begin{bmatrix} -\frac{1}{2} & -\frac{3}{2} & -\frac{5}{2} \\ \frac{1}{2} & \frac{1}{2} & \frac{1}{2} \\ 0 & 1 & 1 \end{bmatrix}$

(3) $\begin{bmatrix} 1 & -4 & -3 \\ 1 & -5 & -3 \\ -1 & 6 & 4 \end{bmatrix}$

(4) $\begin{bmatrix} 0 & \frac{1}{3} & \frac{1}{3} \\ 0 & \frac{1}{3} & -\frac{2}{3} \\ -1 & \frac{2}{3} & -\frac{1}{3} \end{bmatrix}$

(5) $\begin{bmatrix} 1 & -2 & 1 & 0 \\ 0 & 1 & -2 & 1 \\ 0 & 0 & 1 & -2 \\ 0 & 0 & 0 & 1 \end{bmatrix}$

(6) $\begin{bmatrix} \frac{1}{a_1} & & & \\ & \frac{1}{a_2} & & \\ & & \ddots & \\ & & & \frac{1}{a_n} \end{bmatrix}$

18. $\begin{bmatrix} \frac{1}{10} & 0 & 0 \\ \frac{1}{5} & \frac{1}{5} & 0 \\ \frac{3}{10} & \frac{2}{5} & \frac{1}{2} \end{bmatrix}$

19. $\lambda \neq 1$， $A^{-1} = \frac{1}{3(\lambda-1)}\begin{bmatrix} 3 & 3 & -3 \\ 2 & 3\lambda-1 & -2\lambda \\ -1 & -1 & \lambda \end{bmatrix}$

20. (1) $\begin{bmatrix} 1 & -1 & 0 & 0 \\ -1 & 2 & 0 & 0 \\ 0 & 0 & 3 & -5 \\ 0 & 0 & -1 & 2 \end{bmatrix}$

(2) $\begin{bmatrix} 1 & -2 & 1 & 0 \\ 0 & 1 & -2 & 1 \\ 0 & 0 & 1 & -2 \\ 0 & 0 & 0 & 1 \end{bmatrix}$

21. $\begin{bmatrix} 2 & 0 & 1 \\ 0 & 3 & 0 \\ 1 & 0 & 2 \end{bmatrix}$

22. $\begin{bmatrix} 6 & 0 & 0 \\ 0 & 2 & 0 \\ 0 & 0 & 1 \end{bmatrix}$

23. 2

24. 2

25. $\frac{1}{2}$

26. −12

27. $A-3E$

28. $(A-E)^2$

29. $\frac{1}{2}(A-E)$， $-\frac{1}{4}(A-3E)$

30. 略

31. (1) $\begin{bmatrix} 1 & 0 \\ 0 & 1 \end{bmatrix}$

(2) $\begin{bmatrix} 1 & 0 \\ 0 & 1 \end{bmatrix}$

(3) $\begin{bmatrix} 1 & 0 & 0 \\ 0 & 1 & 0 \\ 0 & 0 & 1 \end{bmatrix}$

(4) $\begin{bmatrix} 1 & 0 & 0 \\ 0 & 1 & 0 \end{bmatrix}$

(5) $\begin{bmatrix} 1 & 0 \\ 0 & 1 \\ 0 & 0 \end{bmatrix}$

32. (1) $\begin{bmatrix} \frac{7}{6} & \frac{2}{3} & -\frac{3}{2} \\ -1 & -1 & 2 \\ -\frac{1}{2} & 0 & \frac{1}{2} \end{bmatrix}$

(2) $\begin{bmatrix} 1 & 1 & -2 & -4 \\ 0 & 1 & 0 & -1 \\ -1 & -1 & 3 & 6 \\ 2 & 1 & -6 & -10 \end{bmatrix}$

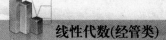

(3) $\begin{bmatrix} \frac{1}{2} & -\frac{1}{2} & 0 & 0 \\ 0 & \frac{1}{2} & -\frac{1}{2} & 0 \\ 0 & 0 & \frac{1}{2} & -\frac{1}{2} \\ \frac{1}{2} & 0 & 0 & \frac{1}{2} \end{bmatrix}$

(4) $\begin{bmatrix} 1 & -3 & 11 & -20 \\ 0 & 1 & -2 & 1 \\ 0 & 0 & 1 & -2 \\ 0 & 0 & 0 & 1 \end{bmatrix}$

33. $\begin{bmatrix} 10 & 2 \\ -15 & -3 \\ 12 & 4 \end{bmatrix}$

34. $\begin{bmatrix} 0 & 1 & -1 \\ -1 & 0 & 1 \\ 1 & -1 & 0 \end{bmatrix}$

35. (1) 3
(2) 2
(3) 4
(4) 2
(5) 3

36. $\lambda = 1$

37. $\lambda = 1$时秩为 2；$\lambda \neq 1$时秩为 3

38. $a = -1, b = -2$

39. $\lambda = 3$

40. $a = 1$时秩为 1；$a = -2$ 时秩为 2；$a \neq 1$且$a \neq -2$ 时秩为 3

综合提高题

1. $(a^2 + b^2 + c^2 + d^2)^2$

2. $\begin{bmatrix} 4 & 5 & 6 \\ 1 & 2 & 3 \\ 7 & 8 & 9 \end{bmatrix}$

3. $\boldsymbol{O}$

4. 2

5. $\begin{bmatrix} 1 & \frac{1}{2} & 0 \\ -\frac{1}{2} & 1 & 0 \\ 0 & 0 & 2 \end{bmatrix}$

6. $\frac{1}{2}(\boldsymbol{E} + \boldsymbol{A})$

7. (C)

8. (A)

9. $\frac{1}{2}(\boldsymbol{A} + 2\boldsymbol{E})$

10. (C)

11. (D)

12. (1)略　(2) $\boldsymbol{E}(i, j)$

13. (D)

14. (B)

15. (A)

16. $\begin{bmatrix} \frac{1}{6} & \frac{1}{6} & \frac{1}{6} \\ 0 & \frac{1}{3} & \frac{1}{3} \\ 0 & 0 & \frac{1}{2} \end{bmatrix}$

17. $\frac{1}{9}$

18. 略

19. $B=\begin{bmatrix}6&0&0&0\\0&6&0&0\\6&0&6&0\\0&3&0&-1\end{bmatrix}$

20. (C)

21. $|A|=1$

22. (A)

23. 略

24. $\begin{bmatrix}0&0&\cdots&0&\frac{1}{a_n}\\\frac{1}{a_1}&0&\cdots&0&0\\0&\frac{1}{a_2}&\cdots&0&0\\\vdots&\vdots&&\vdots&\vdots\\0&0&\cdots&\frac{1}{a_{n-1}}&0\end{bmatrix}$

25. (B)

26. (D)

27. (A)

28. (B)

29. $\begin{bmatrix}2&0&0\\0&-4&0\\0&0&2\end{bmatrix}$

30. $-\frac{5}{12}$

31. $(1,0,0,\cdots,0)^T$

32. 略

第 3 章

基础能力题

1. (1) $\begin{cases}x_1=\frac{4}{3}k\\x_2=-3k\\x_3=\frac{4}{3}k\\x_4=k\end{cases}$，$k$ 为任意常数

(2) $\begin{cases}x_1=0\\x_2=0\\x_3=0\end{cases}$

(3) 无解

(4) $\begin{cases}x=-2k-1\\y=k+2\\z=k\end{cases}$，$k$ 为任意常数

(5) $\begin{cases}x_1=1\\x_2=2\\x_3=1\end{cases}$

(6) 无解

(7) $\begin{cases} x_1 = \frac{1}{2} + k_1 \\ x_2 = k_1 \\ x_3 = \frac{1}{2} + k_2 \\ x_4 = k_2 \end{cases}$ ，k_1, k_2 为任意常数

(8) $\begin{cases} x_1 = k_1 + 5k_2 - 16 \\ x_2 = -2k_1 - 6k_2 + 23 \\ x_3 = 0 \\ x_4 = k_1 \\ x_5 = k_2 \end{cases}$ ，k_1, k_2 为任意常数

2. (3,8,7)

3. (−8,−13,−3,−7)

4. (1) $\beta = -11\alpha_1 + 14\alpha_2 + 9\alpha_3$　(2) $\beta = \alpha_2 + \alpha_3$ (有无穷多种表示法)

5. (1) 线性相关　(2) 线性无关

6. 略

7. (1) α_1, α_2 是 $\alpha_1, \alpha_2, \alpha_3$ 的一个极大线性无关组，且 $\alpha_3 = -2\alpha_1 + 0\alpha_2$

(2) α_1, α_2 是 $\alpha_1, \alpha_2, \alpha_3$ 的一个极大线性无关组，且 $\alpha_3 = -\frac{11}{9}\alpha_1 + \frac{5}{9}\alpha_2$

(3) α_1, α_2 是 $\alpha_1, \alpha_2, \alpha_3, \alpha_4$ 的一个极大线性无关组；

且 $\alpha_3 = -\frac{1}{2}\alpha_1 - \frac{1}{2}\alpha_2$，$\alpha_4 = -\frac{5}{2}\alpha_1 + \frac{3}{2}\alpha_2$

8. (1) $k\begin{bmatrix} \frac{4}{3} \\ -3 \\ \frac{4}{3} \\ 1 \end{bmatrix}$，$k$ 为任意常数　(2) $k\begin{bmatrix} 1 \\ 1 \\ 1 \end{bmatrix}$，$k$ 为任意常数

(3) $k_1\begin{bmatrix} -2 \\ 1 \\ 0 \\ 0 \end{bmatrix} + k_2\begin{bmatrix} 1 \\ 0 \\ 0 \\ 1 \end{bmatrix}$，$k_1, k_2$ 为任意常数　(4) $k_1\begin{bmatrix} -4 \\ \frac{3}{4} \\ 1 \\ 0 \end{bmatrix} + k_2\begin{bmatrix} 0 \\ \frac{1}{4} \\ 0 \\ 1 \end{bmatrix}$，$k_1, k_2$ 为任意常数

9. (1) $k\begin{bmatrix} -1 \\ 1 \\ 1 \\ 0 \end{bmatrix} + \begin{bmatrix} -8 \\ 13 \\ 0 \\ 2 \end{bmatrix}$，$k$ 为任意常数

(2) $k_1\begin{bmatrix}-\frac{9}{7}\\ \frac{1}{7}\\ 1\\ 0\end{bmatrix}+k_2\begin{bmatrix}\frac{1}{2}\\ -\frac{1}{2}\\ 0\\ 1\end{bmatrix}+\begin{bmatrix}1\\ -2\\ 0\\ 0\end{bmatrix}$，$k_1,k_2$ 为任意常数

(3) $k_1\begin{bmatrix}1\\ 1\\ 0\\ 0\end{bmatrix}+k_2\begin{bmatrix}0\\ 0\\ 1\\ 1\end{bmatrix}+\begin{bmatrix}\frac{1}{2}\\ 0\\ \frac{1}{2}\\ 0\end{bmatrix}$，$k_1,k_2$ 为任意常数

(4) $k_1\begin{bmatrix}1\\ -2\\ 0\\ 1\\ 0\end{bmatrix}+k_2\begin{bmatrix}5\\ -6\\ 0\\ 0\\ 1\end{bmatrix}+\begin{bmatrix}-16\\ 23\\ 0\\ 0\\ 0\end{bmatrix}$，$k_1,k_2$ 为任意常数

10. $k\begin{bmatrix}-1\\ -1\\ -1\end{bmatrix}+\begin{bmatrix}1\\ 0\\ -1\end{bmatrix}$，$k$ 为任意常数

11. 略

综合提高题

1. (C)

2. 3

3. 2

4. 略

5. (C)

6. 4

7. (D)

8. (A)

9. (1) $\lambda\neq 0,\lambda\neq -3$　(2) $\lambda=0$　(3) $\lambda=-3$

10. (A)

11. 略

12. 略

13. 当 $a=1$ 时，全部公共解为 $k\begin{bmatrix}-1\\ 0\\ 1\end{bmatrix}$，$k$ 为任意常数；当 $a=2$ 时，唯一公共解为 $\begin{bmatrix}0\\ 1\\ -1\end{bmatrix}$

14. -1

15. 当$a=0$时，通解是$\boldsymbol{X}=k_1\begin{bmatrix}-1\\1\\0\\\vdots\\0\end{bmatrix}+k_2\begin{bmatrix}-1\\0\\1\\\vdots\\0\end{bmatrix}+\cdots+k_{n-1}\begin{bmatrix}-1\\0\\0\\\vdots\\1\end{bmatrix}$，其中$k_1,k_2,\cdots,k_{n-1}$为任意常数；当$a\neq0$时，通解是$\boldsymbol{X}=k\begin{bmatrix}1\\2\\\vdots\\n\end{bmatrix}$，其中$k$为任意常数

16. (1) $\lambda=-1,a=-2$ (2) $\boldsymbol{X}=\frac{1}{2}\begin{bmatrix}3\\-1\\0\end{bmatrix}+k\begin{bmatrix}1\\0\\1\end{bmatrix}$，其中$k$为任意常数

17. $\boldsymbol{Y}=k_1\begin{bmatrix}a_{11}\\a_{12}\\\vdots\\a_{12n}\end{bmatrix}+k_2\begin{bmatrix}a_{21}\\a_{22}\\\vdots\\a_{22n}\end{bmatrix}+\cdots+k_n\begin{bmatrix}a_{n1}\\a_{n2}\\\vdots\\a_{n2n}\end{bmatrix}$，其中$k_1,k_2,\cdots,k_n$为任意常数

18. -3

19. 通解是$\boldsymbol{X}=k_1\begin{bmatrix}1\\2\\3\end{bmatrix}+k_2\begin{bmatrix}3\\6\\8\end{bmatrix}$，其中$k_1,k_2$为任意常数

20. 略

21. $a=2,b=1,c=2$

22. (1) 略 (2) $\boldsymbol{X}=\begin{bmatrix}-1\\1\\1\end{bmatrix}+k\begin{bmatrix}2\\0\\-2\end{bmatrix}$ (k为任意常数)

23. (B)

24. (D)

25. (1) $\boldsymbol{PQ}=\begin{bmatrix}\boldsymbol{A} & \boldsymbol{\alpha}\\\boldsymbol{0} & |\boldsymbol{A}|(b-\boldsymbol{\alpha}^{\mathrm{T}}\boldsymbol{A}^{-1}\boldsymbol{\alpha})\end{bmatrix}$ (2) 略

26. 略

27. 略

28. (D)

29. (1) 当$a\neq b,a\neq(1-n)b$时，方程组只有零解；

(2) 当$a=b$，基础解系

$\boldsymbol{\alpha}_1=(-1,1,0,\cdots,0)^{\mathrm{T}}$，$\boldsymbol{\alpha}_2=(-1,0,1,\cdots,0)^{\mathrm{T}}$，$\cdots$，$\boldsymbol{\alpha}_{n-1}=(-1,0,0,\cdots,1)^{\mathrm{T}}$

通解是$k_1\boldsymbol{\alpha}_1+k_2\boldsymbol{\alpha}_2+\cdots+k_{n-1}\boldsymbol{\alpha}_{n-1}$($k_1,k_2,\cdots,k_{n-1}$为任意常数)；

(3) $a=(1-n)b$，基础解系$\boldsymbol{\alpha}=(1,1,\cdots,1)^{\mathrm{T}}$，通解$k\boldsymbol{\alpha}$($k$为任意常数)

30. (B)

31. s为偶数$t_1\neq\pm t_2$；s为奇数$t_1\neq-t_2$

32. $(1,0,\cdots,0)^{\mathrm{T}}$

33. $\boldsymbol{X}=k\begin{bmatrix}1\\2\\1\end{bmatrix}+\begin{bmatrix}0\\0\\-\frac{1}{2}\end{bmatrix}$（$k$ 为任意常数）

34. (C)　　35. (A)

36. (1)（Ⅰ）的基础解系 $(0,0,1,0)^{\mathrm{T}},(-1,1,0,1)^{\mathrm{T}}$；

(2)（Ⅰ）和（Ⅱ）非零公共解 $k(1,-1,-1,-1)^{\mathrm{T}},(k\neq 0)$

第 4 章

基础能力题

1. (1) $\lambda_1=4$，$k_1\begin{bmatrix}1\\1\end{bmatrix}$，$k_1\neq 0$；$\lambda_2=-2$，$k_2\begin{bmatrix}1\\-5\end{bmatrix}$，$k_2\neq 0$

(2) $\lambda_1=-2$，$k_1\begin{bmatrix}-4\\5\end{bmatrix}$，$k_1\neq 0$；$\lambda_2=7$，$k_2\begin{bmatrix}1\\1\end{bmatrix}$，$k_2\neq 0$

(3) $\lambda_1=5$，$k_1\begin{bmatrix}1\\1\\1\end{bmatrix}$，$k_1\neq 0$；$\lambda_2=\lambda_3=-1$，$k_2\begin{bmatrix}-1\\1\\0\end{bmatrix}+k_3\begin{bmatrix}-1\\0\\1\end{bmatrix}$，$k_2,k_3$ 不同时为 0

(4) $\lambda_1=2$，$k_1\begin{bmatrix}0\\0\\1\end{bmatrix}$，$k_1\neq 0$；$\lambda_2=\lambda_3=1$，$k_2\begin{bmatrix}-1\\-2\\1\end{bmatrix}$，$k_2\neq 0$

(5) $\lambda_1=\lambda_2=\lambda_3=-1, k\begin{bmatrix}-1\\-1\\1\end{bmatrix}$，$k\neq 0$

2. 18
3. 25
4. 略
5. (1) $\boldsymbol{P}=\begin{bmatrix}1&1&1\\-1&-2&-3\\1&4&9\end{bmatrix}$，$\boldsymbol{\Lambda}=\begin{bmatrix}-1&&\\&-2&\\&&-3\end{bmatrix}$

(2) $\boldsymbol{P}=\begin{bmatrix}1&-1&-1\\1&1&0\\1&0&1\end{bmatrix}$，$\boldsymbol{\Lambda}=\begin{bmatrix}5&&\\&-1&\\&&-1\end{bmatrix}$

(3) $\boldsymbol{A}$ 不可对角化

6. $x=0, y=-2$
7. $\begin{bmatrix}1&0&2\\0&1&2\\2&2&-1\end{bmatrix}$

8. (1) $\eta_1=\begin{bmatrix}1/\sqrt{3}\\1/\sqrt{3}\\1/\sqrt{3}\end{bmatrix},\eta_2=\begin{bmatrix}-1/\sqrt{2}\\0\\1/\sqrt{2}\end{bmatrix},\eta_3=\begin{bmatrix}1/\sqrt{6}\\-2/\sqrt{6}\\1/\sqrt{6}\end{bmatrix}$

(2) $\eta_1=\begin{bmatrix}1/2\\1/2\\1/2\\1/2\end{bmatrix},\eta_2=\begin{bmatrix}1/2\\1/2\\-1/2\\-1/2\end{bmatrix},\eta_3=\begin{bmatrix}1/2\\-1/2\\1/2\\-1/2\end{bmatrix},\eta_4=\begin{bmatrix}-1/2\\1/2\\1/2\\-1/2\end{bmatrix}$

9. (1) $\boldsymbol{Q}=\begin{bmatrix}-\frac{1}{\sqrt{2}} & -\frac{1}{\sqrt{6}} & \frac{1}{\sqrt{3}}\\ \frac{1}{\sqrt{2}} & -\frac{1}{\sqrt{6}} & \frac{1}{\sqrt{3}}\\ 0 & \frac{2}{\sqrt{6}} & \frac{1}{\sqrt{3}}\end{bmatrix},\boldsymbol{\Lambda}=\begin{bmatrix}0&0&0\\0&0&0\\0&0&3\end{bmatrix}$

(2) $\boldsymbol{Q}=\begin{bmatrix}1/\sqrt{2} & 0 & 1/2 & -1/2\\ 1/\sqrt{2} & 0 & -1/2 & 1/2\\ 0 & 1/\sqrt{2} & 1/2 & 1/2\\ 0 & 1/\sqrt{2} & -1/2 & -1/2\end{bmatrix}$，$\boldsymbol{\Lambda}=\begin{bmatrix}1&&&\\&1&&\\&&1&\\&&&-3\end{bmatrix}$

10. 略

综合提高题

1. 1

2. 2

3. (1) $\boldsymbol{B}=\begin{bmatrix}0&0&0\\1&0&3\\0&1&-2\end{bmatrix}$ (2) -4

4. $n,0,0,\cdots,0$

5. $\left(\frac{|\boldsymbol{A}|}{\lambda}\right)^2+1$

6. $a=2$；当 $b=1$ 时，$\lambda=1$，当 $b=-2$ 时，$\lambda=4$

7. $a=c=2,b=-3,\lambda_0=1$

8. $\lambda_1=7,\lambda_2=-4,\lambda_3=0$

9. (1) $\boldsymbol{A}^2=\boldsymbol{O}$；(2) $\lambda_1=\lambda_2=\cdots=\lambda_n=0$；

$$k_1\begin{bmatrix}-\frac{b_2}{b_1}\\1\\0\\\vdots\\0\end{bmatrix}+k_2\begin{bmatrix}-\frac{b_3}{b_1}\\0\\1\\\vdots\\0\end{bmatrix}+\cdots+k_{n-1}\begin{bmatrix}-\frac{b_n}{b_1}\\0\\0\\\vdots\\1\end{bmatrix}$$

($k_1,k_2,\cdots,k_{n-1}$ 不全为 0，并设 $a_1\neq 0,b_1\neq 0$)

10. (1) $a=-3,b=0$ (2) 不能

11. (D)

12. (1) $\lambda_1=\lambda_2=\cdots=\lambda_{n-1}=1-b$， $k_1\begin{bmatrix}1\\-1\\0\\\vdots\\0\end{bmatrix}+k_2\begin{bmatrix}1\\0\\-1\\\vdots\\0\end{bmatrix}+\cdots+k_{n-1}\begin{bmatrix}1\\0\\0\\\vdots\\-1\end{bmatrix}$

($k_1,k_2,\cdots,k_{n-1}$ 不全为 0)

$$\lambda_n=1+(n-1)b，\ k_n\begin{bmatrix}1\\1\\\vdots\\1\end{bmatrix}(k_n\neq 0)$$

(2) $\boldsymbol{P}=\begin{bmatrix}1&1&\cdots&1&1\\-1&0&\cdots&0&1\\0&-1&\cdots&0&1\\\vdots&\vdots&&\vdots&\vdots\\0&0&\cdots&-1&1\end{bmatrix}$， $\boldsymbol{P}^{-1}\boldsymbol{AP}=\boldsymbol{\Lambda}=\begin{bmatrix}1-b&&&&\\&1-b&&&\\&&\ddots&&\\&&&1-b&\\&&&&1+(n-1)b\end{bmatrix}$

13. $a=0$； $\boldsymbol{P}=\begin{bmatrix}1&0&1\\2&0&-2\\0&1&0\end{bmatrix}$

14. (1) $\boldsymbol{B}=\begin{bmatrix}1&0&0\\1&2&2\\1&1&3\end{bmatrix}$ (2) $\boldsymbol{A}$ 的特征值为 1，1，4

(3) $\boldsymbol{P}=(-\alpha_1+\alpha_2,-2\alpha_1+\alpha_3,\alpha_2+\alpha_3)$， $\boldsymbol{P}^{-1}\boldsymbol{AP}=\begin{bmatrix}1&&\\&1&\\&&4\end{bmatrix}$

15. (D)

16. (1) $\lambda=3$， $\boldsymbol{\alpha}=k\begin{bmatrix}1\\1\\1\end{bmatrix}$，($k$ 为任意非零常数)； $\lambda_1=\lambda_2=0$， $k_1\boldsymbol{\alpha}_1+k_2\boldsymbol{\alpha}_2$ (k_1,k_2 为不全为 0 的任意常数)

(2) $\boldsymbol{Q}=\begin{bmatrix}1/\sqrt{3}&-1/\sqrt{6}&-1/\sqrt{2}\\1/\sqrt{3}&2/\sqrt{6}&0\\1/\sqrt{3}&-1/\sqrt{6}&1/\sqrt{2}\end{bmatrix}$， $\boldsymbol{\Lambda}=\begin{bmatrix}3&&\\&0&\\&&0\end{bmatrix}$

17. (1) $\begin{bmatrix}x_{n+1}\\y_{n+1}\end{bmatrix}=\begin{bmatrix}\frac{9}{10}&\frac{2}{5}\\\frac{1}{10}&\frac{3}{5}\end{bmatrix}\begin{bmatrix}x_n\\y_n\end{bmatrix}$ (2) $\lambda_1=1,\lambda_2=\frac{1}{2}$

(3) $\begin{bmatrix} x_{n+1} \\ y_{n+1} \end{bmatrix} = \frac{1}{10}\begin{bmatrix} 8-3\left(\frac{1}{2}\right)^n \\ 2+3\left(\frac{1}{2}\right)^n \end{bmatrix}$

18. 略

19. (1) $\mu_1=-2$，$k_1\begin{bmatrix}1\\-1\\1\end{bmatrix}$ (k_1 为任意非零常数)； $\mu_2=\mu_3=1$，$k_2\begin{bmatrix}1\\1\\0\end{bmatrix}+k_3\begin{bmatrix}-1\\0\\1\end{bmatrix}$ (k_2,k_3 为不全为 0 的任意常数)

(2) $\boldsymbol{B}=\begin{bmatrix}0&1&-1\\1&0&1\\-1&1&0\end{bmatrix}$

20. 略

21. (1) $\alpha_3=k\begin{bmatrix}1\\0\\1\end{bmatrix}$ (k 为任意非零常数)　(2) $\boldsymbol{A}=\frac{1}{6}\begin{bmatrix}13&-2&5\\-2&10&2\\5&2&13\end{bmatrix}$

22. (1) $\lambda_1=\lambda_2=0$，$k_1\begin{bmatrix}-1\\2\\-1\end{bmatrix}+k_2\begin{bmatrix}0\\-1\\1\end{bmatrix}$ (k_1,k_2 不全为 0)，

$\lambda_3=3$，$k_3\begin{bmatrix}1\\1\\1\end{bmatrix}$ $(k_3\neq 0)$

(2) $\boldsymbol{Q}=\begin{bmatrix}-\frac{1}{\sqrt{6}}&-\frac{1}{\sqrt{2}}&\frac{1}{\sqrt{3}}\\ \frac{2}{\sqrt{6}}&0&\frac{1}{\sqrt{3}}\\ -\frac{1}{\sqrt{6}}&\frac{1}{\sqrt{2}}&\frac{1}{\sqrt{3}}\end{bmatrix}$，$\boldsymbol{\Lambda}=\begin{bmatrix}0&&\\&0&\\&&3\end{bmatrix}$

(3) $\boldsymbol{A}=\begin{bmatrix}1&1&1\\1&1&1\\1&1&1\end{bmatrix}$； $\left(\boldsymbol{A}-\frac{3}{2}\boldsymbol{E}\right)^6=\left(\frac{3}{2}\right)^6\boldsymbol{E}$

第 5 章

基础能力题

1. (1) $\begin{bmatrix} 3 & \frac{5}{2} \\ \frac{5}{2} & 1 \end{bmatrix}$ (2) $\begin{bmatrix} 1 & 2 & 0 & 0 \\ 2 & 2 & 1 & 0 \\ 0 & 1 & 3 & 0 \\ 0 & 0 & 0 & 0 \end{bmatrix}$

(3) $\begin{bmatrix} 1 & -1 & \frac{3}{2} \\ -1 & -2 & 4 \\ \frac{3}{2} & 4 & 3 \end{bmatrix}$

2. (1) $f(x_1,x_2,x_3)=x_1^2+2x_2^2+3x_3^2+4x_1x_2+8x_1x_3-2x_2x_3$

(2) $f(x_1,x_2,x_3)=2x_2^2+x_3^2+3x_1x_2+2x_1x_3-6x_2x_3$

3. (1) 线性变换 $\begin{bmatrix} x_1 \\ x_2 \\ x_3 \end{bmatrix}=\begin{bmatrix} 1 & -1/2 & 3 \\ 1 & 1/2 & -1 \\ 0 & 0 & 1 \end{bmatrix}\begin{bmatrix} y_1 \\ y_2 \\ y_3 \end{bmatrix}$，标准形 $f=2y_1^2-\frac{1}{2}y_2^2+6y_3^2$；

线性变换 $\begin{bmatrix} x_1 \\ x_2 \\ x_3 \end{bmatrix}=\begin{bmatrix} \sqrt{2}/2 & \sqrt{6}/2 & -\sqrt{2}/2 \\ \sqrt{2}/2 & -\sqrt{6}/2 & \sqrt{2}/2 \\ 0 & \sqrt{6}/6 & 0 \end{bmatrix}\begin{bmatrix} z_1 \\ z_2 \\ z_3 \end{bmatrix}$，规范形 $f=z_1^2+z_2^2-z_3^2$

(2) 线性变换 $\begin{bmatrix} x_1 \\ x_2 \\ x_3 \end{bmatrix}=\begin{bmatrix} 1 & -1 & 5/2 \\ 0 & 1 & -1/2 \\ 0 & 0 & 1 \end{bmatrix}\begin{bmatrix} y_1 \\ y_2 \\ y_3 \end{bmatrix}$，标准形 $f=y_1^2+4y_2^2-9y_3^2$；

线性变换 $\begin{bmatrix} x_1 \\ x_2 \\ x_3 \end{bmatrix}=\begin{bmatrix} 1 & -1/2 & 5/6 \\ 0 & 1/2 & -1/6 \\ 0 & 0 & 1/3 \end{bmatrix}\begin{bmatrix} z_1 \\ z_2 \\ z_3 \end{bmatrix}$，规范形 $f=z_1^2+z_2^2-z_3^2$

(3) 线性变换 $\begin{bmatrix} x_1 \\ x_2 \\ x_3 \end{bmatrix}=\begin{bmatrix} 1 & -1/2 & -6 \\ 1 & 1/2 & 4 \\ 0 & 0 & 1 \end{bmatrix}\begin{bmatrix} y_1 \\ y_2 \\ y_3 \end{bmatrix}$，标准形 $f=y_1^2-\frac{1}{4}y_2^2+24y_3^2$；

线性变换 $\begin{bmatrix} x_1 \\ x_2 \\ x_3 \end{bmatrix}=\begin{bmatrix} 1 & -\sqrt{6}/2 & -1 \\ 1 & \sqrt{6}/3 & 1 \\ 0 & \sqrt{6}/12 & 0 \end{bmatrix}\begin{bmatrix} z_1 \\ z_2 \\ z_3 \end{bmatrix}$，规范形 $f=z_1^2+z_2^2-z_3^2$

4. (1) 正交变换 $\begin{bmatrix} x_1 \\ x_2 \\ x_3 \end{bmatrix}=\begin{bmatrix} 0 & 4/3\sqrt{2} & 1/3 \\ 1/\sqrt{2} & -1/3\sqrt{2} & 2/3 \\ 1/\sqrt{2} & 1/3\sqrt{2} & 2/3 \end{bmatrix}\begin{bmatrix} y_1 \\ y_2 \\ y_3 \end{bmatrix}$，

标准形 $f=y_1^2+y_2^2+10y_3^2$

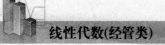

(2) 正交变换 $\begin{bmatrix} x_1 \\ x_2 \\ x_3 \\ x_4 \end{bmatrix} = \begin{bmatrix} 1/\sqrt{2} & 0 & 1/2 & -1/2 \\ 1/\sqrt{2} & 0 & -1/2 & 1/2 \\ 0 & 1/\sqrt{2} & 1/2 & 1/2 \\ 0 & 1/\sqrt{2} & -1/2 & -1/2 \end{bmatrix} \begin{bmatrix} y_1 \\ y_2 \\ y_3 \\ y_4 \end{bmatrix}$,

标准形 $f = y_1^2 + y_2^2 + y_3^2 - 3y_4^2$

5. (1) $c = 3$

(2) 正交变换 $\begin{bmatrix} x_1 \\ x_2 \\ x_3 \end{bmatrix} = \begin{bmatrix} -1/\sqrt{6} & 1/\sqrt{2} & 1/\sqrt{3} \\ 1/\sqrt{6} & 1/\sqrt{2} & -1/\sqrt{3} \\ 2/\sqrt{6} & 0 & 1/\sqrt{3} \end{bmatrix} \begin{bmatrix} y_1 \\ y_2 \\ y_3 \end{bmatrix}$，标准形 $f = 0y_1^2 + 4y_2^2 + 9y_3^2$

(3) $4y_2^2 + 9y_3^2 = 1$ 表示椭圆柱面

6. (1) 正定二次型　　(2) 负定二次型

7. 略　　8. 略

综合提高题

1. (A)　　2. (B)

3. (D)　　4. (D)

5. (1) $\lambda_1 = a-2, \lambda_2 = a, \lambda_3 = a+1$　(2) $a = 2$

6. (1) $a = 0$　(2) $f = 2y_1^2 + 2y_2^2$　(3) $\boldsymbol{X} = \begin{bmatrix} c \\ -c \\ 0 \end{bmatrix}$，($c$ 为任意常数)

7. $a = 3, b = 1$，$\boldsymbol{Q} = \begin{bmatrix} 1/\sqrt{2} & 1/\sqrt{3} & 1/\sqrt{6} \\ 0 & -1/\sqrt{3} & 2/\sqrt{6} \\ -1/\sqrt{2} & 1/\sqrt{3} & 1/\sqrt{6} \end{bmatrix}$

8. $a = 2$

9. (1) $a = 1, b = 2$　(2) $\boldsymbol{Q} = \begin{bmatrix} 0 & \frac{2}{\sqrt{5}} & \frac{1}{\sqrt{5}} \\ 1 & 0 & 0 \\ 0 & \frac{1}{\sqrt{5}} & -\frac{2}{\sqrt{5}} \end{bmatrix}$, $\boldsymbol{X} = \boldsymbol{QY}$, $f = 2y_1^2 + 2y_2^2 - 3y_3^2$

10. $-\sqrt{2} < t < \sqrt{2}$

11. (1) $\boldsymbol{A} = \begin{bmatrix} \frac{1}{2} & 0 & -\frac{1}{2} \\ 0 & 1 & 0 \\ -\frac{1}{2} & 0 & \frac{1}{2} \end{bmatrix}$　(2)略

12. 略

13. (1) $f(\boldsymbol{X}) = \boldsymbol{X}^{\mathrm{T}} \boldsymbol{A}^{-1} \boldsymbol{X}$　(2) 相同

14. $a \neq 1$　　15. 正定

16. 略　　17. 略

18. (1) $\lambda_1=\lambda_2=-2,\lambda_3=0$ (2) $k>2$

19. $a_1a_2\cdots a_n\neq(-1)^n$

20. $\boldsymbol{A}=\begin{bmatrix}(k+2)^2 & & \\ & (k+2)^2 & \\ & & k^2\end{bmatrix}$，当 $k\neq-2,k\neq0$ 时，$\boldsymbol{B}$ 为正定矩阵

21. 略

22. (1) $\boldsymbol{P}^{\mathrm{T}}\boldsymbol{D}\boldsymbol{P}=\begin{bmatrix}\boldsymbol{A} & \boldsymbol{O}\\ \boldsymbol{O} & \boldsymbol{B}-\boldsymbol{C}^{\mathrm{T}}\boldsymbol{A}^{-1}\boldsymbol{C}\end{bmatrix}$ (2) $\boldsymbol{B}-\boldsymbol{C}^{\mathrm{T}}\boldsymbol{A}^{-1}\boldsymbol{C}$ 为正定矩阵

23. 略

参 考 文 献

[1] 谢帮杰. 线性代数. 北京：人民教育出版社，1978

[2] 蒋尔雄，高坤敏，吴景琨. 线性代数. 北京：人民教育出版社，1978

[3] 武汉大学数学系数学专业组. 线性代数. 北京：人民教育出版社，1977

[4] 赵树嫄. 线性代数. 北京：中国人民大学出版社，2008

[5] 同济大学数学教研室. 线性代数. 北京：高等教育出版社，1982

[6] 西北工业大学应用数学系线性代数教学组. 线性代数. 西安：西北工业大学出版社，2006

[7] 李永乐，李元正，袁荫棠. 数学复习全书. 北京：国家行政学院出版社，2010

[8] 陈文灯，黄先开，曹显兵. 考研数学复习指南. 北京：世界图书出版公司，2008

[9] (美)利昂. 线性代数(原书第 7 版). 张文博，张丽静译. 北京：机械工业出版社，2007